LABYRINTHS OF REASON

PARADOX, PUZZLES, AND THE FRAILTY OF KNOWLEDGE

推理的迷宫

悖论、谜题及知识的脆弱性

[美] 威廉·庞德斯通 (William Poundstone)◎著

李大强◎译

中信出版集团 · CHINACITICPRESS · 北京

图书在版编目（CIP）数据

推理的迷宫 /（美）庞德斯通著；李大强译. — 北京：中信出版社，2015.12（2024.1重印）
书名原文：Labyrinths of Reason
ISBN 978-7-5086-5542-0

I. ①推… II. ①庞… ②李… III. ①逻辑思维 IV. ① B804.1

中国版本图书馆 CIP 数据核字（2015）第 231411 号

推理的迷宫

著　　者：[美]威廉 · 庞德斯通
译　　者：李大强
策划推广：中信出版社（China CITIC Press）
出版发行：中信出版集团股份有限公司
（北京市朝阳区东三环北路 27 号嘉铭中心　邮编　100020）

承 印 者：北京通州皇家印刷厂

开　　本：880mm × 1230mm　1/32　　印　　张：9.75　　字　　数：320 千字
版　　次：2015 年 12 月第 1 版　　印　　次：2024 年 1 月第 32 次印刷
京权图字：01–2015–6591
书　　号：ISBN 978-7-5086-5542-0 / B · 196
定　　价：45.00 元

服务热线：010–84849555　　服务传真：010–84849000
投稿邮箱：author@citicpub.com

目 录

LABYRINTHS OF REASON

第 3 章　范畴：绿蓝—蓝绿悖论

第 4 章　不可知者：夜间倍增

第二部分

插曲：华生大夫的谜题

第 5 章 演绎：谷堆悖论

第 6 章 观念：意外绞刑悖论

第三部分

第 10 章　意义：孪生地球

第 11 章 心灵：塞尔的中文屋

第 12 章 全知者：纽康悖论

前　言

我在1987年写这本书时，未曾想过它会在21世纪找到新的知音。如果我一开始就知道，也许我会为书中内容可能过时而担忧。在中文版出版前，我检查了一遍，值得欣慰的是，这本书的内容并未过时。由此看来，卓越的悖论有很长的保质期，不过有一章需要一些补充。借中文版面世的机会，介绍如下。

本书第10章讨论了《伏尼契手稿》（*Voynich Manuscript*），这是一部用密码书写的神秘著作，从未被破译出来。在2004年1月出版的《密码学》上，英国基尔大学的戈登·鲁格（Gordon Rugg）宣布，《伏尼契手稿》是一场精妙绝伦的骗局。此前有人曾做出同样的论断，但主要是基于书稿无法破译这一事实。鲁格的独特贡献在于，他发现了一种方法，而《伏尼契手稿》可能就是利用这种方法炮制的。这种方法被称为“卡登格”，即把字母、字节或符号写在方格里面，然后用一张卡片盖住，卡片上有一些有规则的孔。一些符号会从孔中露出来，把这些符号拼凑起来，就造出了假冒的“单词”。随后在方格上挪动卡片，就生成了文本，而且这些文本从表面上看符合真实语言的统计规则。

鲁格注意到，在1550年，意大利数学家吉罗拉莫·卡尔达诺（Girolamo Cardano）介绍过“卡登格”，而《伏尼契手稿》就是在这前后出现的。鲁格利用这种方法制造出了一些令人信服的文本，风格与《伏尼契手稿》一致。鲁格认为，设计《伏尼契手稿》的目的是骗钱（鲁道夫二世花费600块金币买下此手稿，这价钱相当于今天3万美元的价值）。鲁格提供的首要嫌疑犯是爱德华·凯利（Edward Kelley），他是伊丽莎白女王的律师，也是骗术大师。他曾因伪造罪被割掉耳朵，所以总戴着一顶奇怪的帽子，把伤口遮起来。凯利对炼金术很在行，有一群王公贵族深信他有炼金本领，便向他提供资助。但是他交不出黄金，最终被投入监牢。关于此人的下场，有一种传说是，他把狱卒毒翻在地，用床单做绳子逃出监牢，从此在世间消失。

我的目的是让读者享受沉思的欢娱，但愿我不会令你失望。

LABYRINTHS

第一部分

OF REASON

第1章　悖论

蓝天，烈日，似曾相识的感觉被一丝恐惧笼罩着。一件可怕的事情马上就要发生了。这是一个明媚的夏日，原野上，草长得很高，J.V.跟在她的兄弟们后面，懒洋洋地漫步。地面上出现了一片阴影，草丛中有些东西在沙沙作响。J.V.不由自主地转过身，看见了一个陌生的男人。这个人拿着一个袋子，她看不清袋子里是什么，只见里面的东西在不停地扭动。这个陌生的男人问道："钻进这个袋子里陪我的蛇，好吗？"

J.V.的经历是20世纪思想史上的一个里程碑——虽然其意义当时未引起足够的关注。J.V.是一个14岁的女孩，实际上，此刻她并非身处夏日的原野，而是躺在蒙特利尔神经学研究院的手术台上。她的医生怀尔德·彭菲尔德（Wilder Penfield）正在尝试通过一种实验性的手术治疗她严重的癫痫症。手术小组已经掀开了她颅骨的侧面，让她大脑的颞叶露了出来。为了确定病灶的位置，彭菲尔德用电极探查她的大脑，电极连在一台脑电图描记器（简称EEG）上。手术需要医生和病人的合作。在整个手术过程中，J.V.必须保持清醒，帮助医生确定病灶的位置。当彭菲尔德的探针触到

J.V.的大脑颞叶的某个特定位置时，她发现自己又一次置身于草丛中……

J.V.遇到那个陌生男人的经历实际上发生在7年前的加拿大——我们称之为“真实世界”。J.V.报告说，她看见了当年的自己，那时她还是一个7岁的小女孩。当时她吓坏了，但是并没有受外伤，她哭着跑回家找妈妈。此后，恐怖的瞬间一次次地纠缠她，那个拿着一袋蛇的男人一次次闯入她的梦境，导致她生活在噩梦之中。渐渐地，她心灵上的创伤开始伴随癫痫性抽搐。这段掠过脑海的往事就像勾起回忆的提示，可以触发她的整个回忆，而后是癫痫发作。

在EEG探针的刺激下，J.V.不仅回忆起这段遭遇，而且重新经历了这段遭遇。细节如此丰富，恐惧感如此真切，最初的经历原样重现。彭菲尔德的探针让女孩的大脑就像放电影一样再现往事。利用标着字母或数字的小纸片，彭菲尔德找到了储存这段回忆的大脑皮层的相应位置。此外，刺激该位置附近的点会引发不同的感觉。当探针触碰某个点时，J.V.会回忆起某人责骂她做错了事；当探针触碰另外一些点时，却只能引发她脑中彩色光点闪烁的幻觉。

缸中之脑

彭菲尔德针对人脑所做的这个经典实验完成于20世纪30年代。受这个实验启发，一个著名的难题产生了，多年以来哲学研究者称之为“缸中之脑”。问题是这样的：你以为自己正坐在那儿读这本书，实际情况可能是，你是一颗已经与身体分离的大脑，在某地的一间实验室里，被浸泡在一缸营养液中。大脑连着电极，一位疯狂的科学家正持续向大脑输送刺激信号，这些信号模拟了“读这本书”的体验。

让我们对这一奇想做些详细的探讨，探查一下问题的全貌。在过去某个不确定的时刻，当你睡觉的时候，大脑被取走，脱离了身体。每一根神经都在高明的外科医生的处置下连上了微电极。这些数以百万计的微电极都接在同一台机器上，而这台机器能发出与原来的神经信号一模一样的微弱的电信号。

当你翻页时，你会感觉到自己正在触摸一页书，但这只是因为从电极传来的信号与原来的神经信号完全相同。这些信号让你感觉自己真实的手指在摸一页真实的书，实际上，书和手指都是幻象。把书移向你的脸，书看起来变大了；伸直手臂让书远离，书看起来变小了……这种立体感也是通过精密地调节电极上的电压模拟出来的，这些电极能够直接刺激残余的视神经。与此同时，如果你还闻到了意大利面的味道，听到扬琴演奏的乐曲，这些也都是幻象的一部分。你可以掐自己一下，你会得到期望的痛感，但是这不能说明任何问题。事实上，你没有任何办法证明实际情况并不是这样。既然如此，你如何证明外部世界是真实存在的呢？

梦境和邪恶的天才

对于任何一个具有怀疑精神的人来说，“缸中之脑”的悖论既引人入胜，又令人烦恼。以上论证提出了一种令人震惊的可能性：你所知的一切可能都是假的！

彭菲尔德和其他大脑研究者的工作确实影响了关于这个问题的思考，然而，对于世界本身的真实性的怀疑绝不是现代人的独特发明。“缸中之脑”不过是一个古老谜题的强化版，这个谜题是：“你怎么知道这一切不是一场梦？”在关于此问题的所有表述中，最著名的一个是中国“庄周梦蝶”的故事，它可追溯至公元前4世纪。庄子梦见自己是一只蝴蝶，醒来以后开始怀疑：莫非自己本来是一只蝴蝶，只是梦见自己是一个人？

庄子的故事不足以令人信服。确实，我们在做梦的时候经常没有意识到身在梦中；然而，在醒着的时候人们始终知道自己不在梦中。不是吗？

分歧由此而生。法国哲学家兼数学家勒内·笛卡儿（Rene Descartes）在《第一哲学沉思集》（1641年）中得出结论，他不可能完全肯定自己没在做梦。大多数人可能会反对笛卡儿。比如，此刻你就没有做梦，而且你知道这一点，因为梦境中的体验与清醒的生活不同。

然而，想确切地说明二者的区别是困难的。如果清醒的生活是绝对无疑地、确定无误地不同于梦境，那么我们应当可以通过一个绝对可靠的检验方法区分两者。例如：

- 一个古老的鉴别方法：如果想知道自己是不是在做梦，只需掐自己一下。原理很简单，在梦里你不会觉得疼痛——然而，我本人曾经在梦里感觉到疼痛，而且我猜想所有人都有过同样的体验。因此，这个方案被否决了。
- 由于梦境极少是彩色的，所以桌上这枝红玫瑰就能证明你是清醒的——这个说法也不可靠。彩色的梦境并不罕见，许多人都做过彩色的梦。况且，即使你过去从未做过彩色的梦，将来你还是有可能与彩色的梦境相遇。
- 与梦境相比，现实生活中的细节显得更加丰富，一致性也更强。因而，如果你可以站在一堵墙的前面，检查墙上每一条细小的缝隙，这就证明你是清醒的；另外，如果你能用计算器把一些数字加起来，这也可以证明你是清醒的。这种鉴别方法比前两种好，但还是不够严密（说不定在你听说用检查墙缝的办法可以辨别真实与幻觉之后，你就会梦见自己在检查细小的墙缝）。
- 有人说，如果你在怀疑自己是不是在做梦，这种怀疑本身就证明你是清醒的。因为在清醒时，你保留着对梦境的知觉；但是在梦中，你已忘记二者的区别（你不会梦到自己处于清醒状态）。如果这种说法是正确的，那么我们在梦中就永远不会意识到自己正在做梦，但是事实上，许多人都曾在梦中意识到自己在做梦，这相当常见。
- 下面，我提出一种鉴别方法，其核心可称为“明晰的新事物”。你可以在床边放一本打油诗集，不要读它，在那儿摆着就行。一旦遇到需要判断自己是否在梦中的情况，你就可以走进卧室，翻开诗集，随便翻到一页（当然，这可能是梦中卧室里的梦中的诗集）。读一首打油诗，要确保这首诗你以前从未读过或听过。你不大可能在短短的一瞬间就做出一首像样的打油诗——清醒时你都做不到，何况在梦中？我们很容易判断出我们正在读的东西算不算打油诗。打油诗也有严格的韵律和韵脚，而且内容是滑稽的（当然，内容也有可能不滑稽，但是它一定体现了某种固有模式）。如果你正在读的那首诗符合以上条件，就说明这首打油诗一定是外部世界的一部分，而非梦中的虚构。[①]

布林莫尔有位年轻姑娘
有一回出了大洋相
她松开了裙子的束腰
露出了——
嗨，我没法儿对你讲[②]

我想表达的要点是，我们无须以任何方式证明自己是清醒的；用不着证明，我们就是知道。庄子等人强调的是，所谓的“真实”生活只不过是一场不可靠的梦。

然而，这场所谓的“梦”也许不同于我们通常所说的梦。关于这一主

① 塞缪尔·泰勒·柯尔律治（Samuel Taylor Coleridge）的杰作《忽必烈汗》是在梦中诞生的。柯尔律治在研读忽必烈大帝的历史时睡着了，做了一个梦。令人震惊的是，梦境异常清晰：他梦到了一首300行的诗。醒来后，柯尔律治爬起来，想趁着还有印象时，把诗记录下来。他记下了大约50行——这就是我们所知的《忽必烈汗》，可是他被一个来访者打断了。以后，其余的250行他只能记起只言片语。然而，柯尔律治在现实生活里就是一个诗人。我向大家推荐的这种鉴定方法只适用于那些没有做过打油诗的人。此外，柯尔律治的故事也许不足为例，因为此人曾服用鸦片当安眠药。

② 这是一首典型的打油诗。作者把它放在这儿，意思是说：如果你想确证自己是清醒的，这首诗就足够了。这首诗你写不出来，所以它一定是外部世界的一部分，而非梦境的一部分。——译者注

题的最著名的研讨见于笛卡儿的《沉思录》(*Meditations*)。笛卡儿怀疑，包括他的身体在内的这个所谓的“外部世界”也许是一个幻象，有一个“邪恶的天才”在刻意欺骗他，特意制造了这个幻象。“我会设想，……某个法力无边的恶魔在费尽心机算计我。我会以为，天空、大气、土地、色彩、形状、声音以及所有其他的外物都不过是梦中的错觉，它们都是那个恶魔为了愚弄我而制造出来的。我会以为自己并没有手、眼、血、肉以及知觉，我不过是误以为自己拥有了这些东西。”

笛卡儿的推论是，这个骗局的要旨在于，唯有恶魔的心灵和笛卡儿的心灵这二者才是真实存在的。如果存在第三个心灵见证了这出骗局，那么这至少说明笛卡儿关于心灵存在(例如他自己的心灵的存在)的结论是正确的。

前文“缸中之脑”悖论描述的全部要点，笛卡儿的恶魔同样具备。其实，彭菲尔德所做的实验不过是通过实操证实了笛卡儿的哲学沉思。彭菲尔德实验中的幻象比梦境和回忆更真实，虽然也还不是完全真实。彭菲尔德的病人在具有双重意识的状态下描述这些幻象：当他们细腻地再现过去的经历之时，仍能意识到此刻自己正处在手术台上。

我们甚至可以设想比“缸中之脑”悖论中的神经学幻象更加彻底的幻象。实际上，眼睛传递给大脑的并非图像，耳朵传递给大脑的也并非声音。感官和大脑交流的无非是神经细胞中的电-化学信号。神经系统中的各个细胞只能“见到”邻近细胞的脉冲信号，但它们见不到引发这些信号的外界刺激。

如果我们对基本的感觉神经与大脑交换数据的机制有更深入的了解(这也许会在大约一个世纪内实现)，就有可能用人工手段模拟各种真实经验。这种可能性把我们的全部经验都置于可疑的境地。即使现在我们所说的神经学仍处于萌芽期，我们的感觉依然是不可靠的。完全存在这样的可能性：现在的真实时间是25世纪，我们其实是实验室里的“缸中之脑”，操控我们的力量让我们以为这是根本没发生这些事的20世纪。

大脑的真实存在与外部世界的真实存在同样可疑。我们之所以把这个主题称为“缸中之脑”，只是为了方便讨论，其实这个说法很容易把我们引向拙劣的科学幻想。当我们说“大脑”时，我们的真实指涉其实是“心灵”。难道我们的意识栖息在一颗大脑中而非整个身体里吗？对此我们已不再确信无疑。如果我们把以上设想推向极致，那么整个世界——包括彭菲尔德、J.V.和这个“缸中之脑”之谜——统统是你的心灵中的幻觉。

不确定性

“缸中之脑”完美地表述了哲学家所说的“知识问题”。要点不在于“我们可能是‘缸中之脑’”这种微乎其微的可能性，而在于我们有可能受到蒙蔽——以某些我们甚至无法想象的方式。几乎每个人在15岁以前都曾沿着这个思路思考过。对于任何一件事，我们怎样才能确信无疑？

我们的全部经验是许多神经脉冲信号汇集起来的。一粒形状不规则的珍珠的光泽、拨电话号码时的声音、杏树的芬芳，所有这一切都是由神经脉冲信号构成的。我们构想了这个世界。这个世界完全可以解释为我们自出生以来（包括出生前的几个月）所接收到的神经脉冲信号的独特汇集。我们习惯把神经系统经验的表象称为“真实的外部世界”，但是这并非唯一可能的解释。我们不得不承认，一个邪恶天才或一个“缸中之脑”实验可以同样圆满地解释这些神经系统的经验。经验本身是永远没有立场的。

科学严格地信奉感观证据。大多数人对鬼魂、尼斯湖怪兽和飞碟等事物持怀疑态度，不是因为这些人头脑僵化愚蠢，仅仅是因为没有人能提供关于以上种种的不可辩驳的感观证据。“缸中之脑”问题（明显合理地）反转了这种怀疑论。若以感觉为基础，你怎样才能确定自己不是一颗“缸中之脑”？你不能！“你不是一颗缸中之脑”这一观念永远不可能以实证方式证明。用哲学术语来说，这是一个“超验”问题。

以上分析是对“任何问题都可以用科学方法予以解决”这一观念的严峻挑战。我们讨论的不是“霸王龙的颜色”之类的小问题。如果我们连外部世界是否存在都无法确定，那么就说明我们的知识有严重的局限。我们对事物的惯常看法可能错得离谱。

爱因斯坦（Albert Einstein）和利奥波德·因费尔德（Leopold Infeld）提出的一个著名类比可以说明这种不确定性。他们于 1938 年写道：

> 我们绞尽脑汁，希望理解客观实在，这种情况很像如下场景：一个人面对一只外壳封闭的表，他想了解表的内部运转情况。他看见表盘和移动的指针，甚至听到嘀嗒的声音，但是没法打开外壳去看。如果这个人够聪明，他有可能构想出一种表运行的机制，这种机制可以解释他观察到的所有现象，然而，他永远不能信心十足地断定，除了他构想的机制以外其他方法都不能解释他观察到的现象。他永远无法把自己的构想与实际情况相比较，他甚至无法设想这种比较具有什么意义。

有什么东西是确定的吗？

笛卡儿的“邪恶的天才”标志着一个开端：我们开始探究自己如何才能确信我们已知的。笛卡儿写道：“若干年前，我发现了一个令我震惊的事实：我童年时信以为真的许许多多的事情其实都是假的，而我的整个知识大厦是建立在这些错误之上的，全部知识在本质上是极为可疑的。我意识到，如果我希望建立任何科学的、可靠的、有可能经受住考验的知识，就必须在我的生命历程中做一回这样的工作：彻底推翻一切既有成果，从最根本处着手重建知识体系。”

笛卡儿设想的解决知识问题的方案与欧几里得在两千年以前处理几何学的方法极其相似。欧几里得几何学的整个体系是从一个公理集合推导出来的，这个公理集合包括 5 条公理。在欧几里得的时代，公理是一种明显为真的陈述，其真理性如此显而易见，以至于没有人能想象其为假的可能性（例如，“任意两点决定一条直线”就是一条公理）。传统几何学的所有定理（被证明为真的命题）都可以从欧几里得的 5 条公理演绎而来。

笛卡儿试图对真实世界中的事实做同样的处理。首先，他必须找到一些被视为绝对无误的事实，由这些事实构成事实集合，这些事实将充当笛卡儿自然哲学的基本公理；其次，设立有效推理的规则；最后，从作为出发点的无可辩驳的事实集合出发，应用这些推理规则推导出新的事实。

遗憾的是，几乎任何描述这个真实世界的命题在某种程度上都是可疑的。笛卡儿发现，他的自然哲学大厦的地基在他的脚下消失了："我在昨天的沉思中展示的可疑性是如此有力，以至于我既不能把它们从我的心灵中剔除，也找不到解决它们的出路。我好像意外地跌进了一个深深的旋涡，在旋涡中晕头转向，踩不着底，也够不着顶。"

用这个令人眩晕的旋涡描述本体论非常恰当。本体论是关于"什么是最真实的实在"的研究。在建构一种本体论时，首先需要意识到，日常生活中被我们接受的关于外部世界的事实是可疑的。对于每一个毫无疑问的观念，你几乎总是可以找到一种它可能是错误的情形。巴黎是法国的首都吗？很可能是，然而，有一片疑云永远无法消除。我们完全可以设想出这样一种可能性：法国政府是一个专制的阴谋政府，政府出于某种原因不想让大家知道法国的实际首都在哪里。政府官员改写了所有历史和地理学方面的著作，强令每个教师向每一个新生代的孩子灌输"巴黎是法国的首都"的假象。当然你可以说，去年夏天你曾经去过巴黎，你亲眼见到了法国政府大楼的建筑群。然而，你无法根除这种可能性：那其实不是巴黎，而是政府刻意修建的主题公园，其目的是让公民形成旅行自由的错觉。

诸如此类的大胆设想并不能掩盖一个事实：某些事物比其他事物更加可疑。对于大多数人来说，尼斯湖怪兽比霸王龙的可疑性大，而这二者与上周日你在动物园见到的大象相比都更加可疑。那么，什么东西才是最可靠的呢？

一个流行的答案是，逻辑真理和数学真理是最可靠的。你可以怀疑你的老师受阴谋政府的指派，从小学一年级起就开始向你灌输假象，但是你无法怀疑"2+2=4"的真理性。此刻你可以在纸上画两个圈，在旁边再画两个圈，一共是 4 个圈。在任何可能的世界中，这一推导看来都是明白无误的真理——在我们相信真实存在的外部世界中，在“缸中之脑”实验室中，或是其他什么稀奇古怪的地方，都是如此。

但是，以上分析有两个问题。第一个问题是，你可以持极端怀疑主义立场，把逻辑和数学都斥为幻想。这样，即使你看不出“2+2=4”可能是错的，也不意味着它必定就是对的。

当你获得逻辑或数学方面的有效结论时，你的大脑显然处于某种特定状态。对于操纵“缸中之脑”的幕后黑手来说，既然他可以就物理世界欺骗你，又有什么力量能阻止他在算术领域也欺骗你呢？这种情况是有可能的：“2+2=62 987”，但是这个疯狂的科学家用一种精密的方法刺激了你的大脑，让你误以为等于 4，还让你相信，“2+2”明显等于 4，并且你可以证明结果是 4。他们有可能制造了一系列的“缸中之脑”，其中每一颗对于“2+2”等于几的看法都不同，而且每一颗“缸中之脑”都对各自的结果深信不疑，认为其结果符合“实际”。哲学家的怀疑很少能推进到这种程度——经验世界中的东西已经够他们怀疑的了。

质疑逻辑和数学的确定性的第二个问题更具有实用主义特征：逻辑和数学的确定性无助于鉴定物理世界中的观念。即使算术是可靠的，我们也算不出哪儿是法国的首都。我们的问题是，除了逻辑和数学，是否还存在我们可以确定的事实？

笛卡儿有些有趣的想法。他注意到想象力是有限度的，那个邪恶天才的想象力恐怕也是有限度的。梦境或超现实主义绘画中的虚拟对象都是以真实对象为原型的。笛卡儿写道：“画家在创作时，即使画的是形体最为怪异的海妖和林妖，他也无法在某一方面为这些怪物发明新的特征；他所能做的不过是把各种动物的肢体拼凑在一起。”（所有神秘怪兽都不过是由这种方法拼凑出来的大杂烩，例如半人马、人身牛头怪、独角兽、狮身鹫首怪、狮头羊身蛇尾怪、狮身人面怪、狮身人首蝎尾怪——有例外吗？从这些相似性看，人类的想象力没什么了不起，这些怪兽还不如袋鼠和海星新奇。）

笛卡儿很可能会断言，那个操控“缸中之脑”的幕后黑手也不可能凭空构造出什么东西。如果他为“缸中之脑”设计了“狗”的幻象，那么我们有理由认为，在实验室之外的“真实”的外部世界中，即使不存在“狗”，也会存在眼睛、皮毛之类的东西。笛卡儿还谈到了颜色：即使在最奇幻的绘画中，画中的颜色都是完全真实的。因此，他认为有理由相信，即使他处于邪恶天才的蒙蔽之下，“红色”这种颜色也是真实存在的。（你同意吗？是否可以想象这种可能性：真实世界实际上是黑白的，而颜色不过是一个极富创造性的“缸中之脑”研究部门发明出来的神经学幻象。）

当笛卡儿谈论颜色的时候，他指的是我们对颜色的主观感觉，而非色素、光波波长以及诸如此类的在我们看来与原始感觉相关的东西。实际上，笛卡儿的结论是，一个人可以确定的唯有主观感觉——尤其是他本人的主观感觉。（理由是，谁敢肯定别人的想法和感觉与他本人的相同？）

假设你对自己心灵的实在性感到怀疑，那么，你在怀疑“你在怀疑”这件事——这样一来，你始终在怀疑。你可能在许多方面都受到蒙蔽，但是一定至少存在着一个正在遭受蒙蔽的心灵。笛卡儿由此得出著名的结论：“我思故我在。”

唯心主义认为唯有心灵是真实而可知的。笛卡儿不是一个彻底的唯心主义者，但是他开启了唯心主义潮流。当你吃了一口红辣椒，嘴里火辣辣的，唯心主义者会说，痛和热的感觉是无可置疑的真实存在。红辣椒本身倒可能是一个幻象：也许是一块杏仁糖沾了塔巴斯科辣酱汁，或者是消化不良导致的噩梦的一部分。痛和味道是纯粹主观的，你感到痛和味道这一事实是不容置疑的。主观感觉高于引发这些感觉的物理实体。

另一个例子：几乎每个人都曾遭受过恐怖电影、恐怖小说和噩梦的惊吓。尽管这不过是一部电影（或一部小说、一场梦），但当时的恐惧感却是真实的。在彭菲尔德的手术中，当J.V.“看见”那个拿着一袋子蛇的男人时，尽管这个男人仅仅是一个幻象（在手术台上产生的基于神经学的记忆再现），可是J.V.的恐惧依然是真实的。类似地，当一个人处在幸福、悲伤、爱、痛或嫉妒的情绪之中时，只要相应的心理状态存在，此人就不能怀疑这些体验的真实性。

以主观感受为基础论证外部世界，这个地基是很不牢靠的。尽管如此，笛卡儿依然认为，他可以从自我心灵的实在性出发推导出许多意义重大的结论。他从“我存在”推出“上帝存在”。笛卡儿的推理是，有果必有因，所以必然存在一个创造者。从“上帝存在”，笛卡儿得出“外部世界存在”，理由是：上帝是一个完美的存在，他不可能欺骗我们，也不会任由一个邪恶天才用虚幻的外部世界蒙蔽我们。

现代的哲学家很难同意以上推论方式。“一切事物都有其原因”看起来是对的，但我们如何保证它是绝对可靠的真理？此外，“因”和“果”也有可能是邪恶天才虚构出来并投射在我们心灵中的。

即使我们承认，一个人的存在是有“原因”的，我们也无法推出这个“原因”就是“上帝”。“上帝”的含义远比一个人存在的原因丰富。也许我们存在的原因是达尔文提出的进化，但大多数人所理解的“上帝”并不是这个意思。此外，即使我们承认上帝存在，但我们怎么知道上帝不会支持那个邪恶天才呢？

当然，以上分析不足以证明笛卡儿是错误的，只能说明笛卡儿背离了他作为出发点的怀疑精神。苏格兰哲学家兼历史学家大卫·休谟（David Hume，1711~1776）是笛卡儿最激烈的反对者之一。休谟声望极高，在伦敦和巴黎很有影响，但因为他是一个直言不讳的无神论者，所以他无法在大学任教。有一阵子他靠给愚蠢的安南达尔三世侯爵（the Third Marquess Annandale）当家庭教师艰难度日。休谟质疑笛卡儿推理的每一个环节，甚至怀疑一个人自我心灵的存在。他说，他在反省时总是“无意中遇到”观念和感觉，他也从来没有发现一个与这些内容有别的“自我”。

休谟论证说，只有两种真理为我们所知：一是“推理的真理”，诸如“2+2=4”之类；二是“实际的事情”，例如“哥本哈根动物园鸟族馆中的乌鸦是黑色的”。这种真理二分法被称为“休谟叉”（Hume’s fork）。休谟坚称，如果一个问题无法归入这两类，则为无法回答的无意义问题，“外部世界是否存在”这个问题即为一例。

演绎与归纳

为了推出关于这个真实世界的有用结论，我们必须依赖某些前提，而这些前提在怀疑论哲学看来完全是不确定的。科学和常识建立起来的观念系统永远是以不确定性为基础的。没有任何科学结论是完全确定的。

我们有两种途径认识（或者说自以为我们可认识）事物，这两种途径均与休谟所做的区分密切相关。第一种途径是演绎，这种逻辑方法从给定的事实出发推出结论。演绎推理的一个例子是：

所有人都会死，
苏格拉底是人，
所以，苏格拉底也会死。

前两句是前提，陈述被设定为事实。演绎过程是从前两句推出第三句。用休谟的话说，有效的演绎推理属于推理的真理。

笛卡儿试图从确定性的前提出发演绎出新的事实，从而保证新的事实拥有与前提同等的确定性。幸运的是，演绎法也可以应用于不确定的前提。强硬的怀疑论者可以主张，上面的例子中作为前提的两个句子都是不确定的——在某地可能存在着不死的人，苏格拉底也可能是另一个星球上的生命。于是，不确定性由前提传递给结论。然而，演绎本身是同逻辑命题一样确定无疑的。无论*A*、*B*、*C*是什么，从“所有*A*是*B*”和“*C*是*A*”出发，总可以推出“*C*是*B*”。我们同样可以推出：

所有银行家都是富有的，
洛克菲勒是银行家，
所以，洛克菲勒是富有的。

以及

所有乌鸦都是黑色的，
埃德加 · 爱伦 · 坡的《乌鸦》中的那只鸟是乌鸦，
所以，埃德加 · 爱伦 · 坡的《乌鸦》中的那只鸟是黑色的。

这种推理名为“三段论”。演绎推理的独特之处在于，前提中的具体内容与推理过程无关，无论苏格拉底、洛克菲勒还是爱伦 · 坡的乌鸦，全不受影响。

认识事物的第二种基本途径是归纳。我们经常用归纳法做概括，所以这个过程我们很熟悉。我们见到一只黑乌鸦；而后又见到一些乌鸦，它们都是黑色的；我们从未见过不是黑色的乌鸦，从而得出结论：“所有乌鸦都是黑色的”。这就是归纳推理。

科学和常识都以归纳为基础。福尔摩斯以演绎推理著称，但在他的推理中归纳的成分超过演绎。归纳推理的起点是“旁证”，或者用休谟的话说，是“实际的事情”。归纳从观察资料出发，在这些资料尚未得到更加深入的理解之前进行外推。我们并不知道，为什么我们见过的乌鸦都是黑色的。即使我们已经见过 100 000 只乌鸦，而且它们统统是黑色的，但第 100 001 只乌鸦依然有可能是白色的。“白乌鸦”不同于“有四条边的三角形”——后者因包含内在的矛盾而荒谬，前者却没有。由归纳得到的结论不具备逻辑必然性。

出于这个原因，归纳推理的合理性似乎总是弱于演绎推理。例如，休谟就曾怀疑归纳推理。正如休谟所批评的，我们用归纳推理本身来论证归纳推理的有效性。（“在历史上，归纳推理经受住了考验，因此，在未来，它应当也是有效的。”）哲学家莫里斯 · 科恩（Morris Cohen）说过一句俏皮话：逻辑学著作包括两类，第一类是演绎，其功能是解释谬误；第二类是归纳，其功能是生成谬误。（按照科恩的标准，本书是一个例外！）

归纳是一个倒推的过程，类似于在玩走迷宫的游戏时从终点开始倒退以寻找出路。归纳不是从一般性原则（“所有乌鸦都是黑色的”）出发并将之应用于具体场合（“这只鸟是乌鸦，因此，这只鸟是黑色的”）；相反，归纳是从具体场合出发得出一般性原则。归纳立足于这样一种观念（或者说希望）：这个世界在本质上不是欺骗性的。每一只经过检验的乌鸦都是黑色的，从这一事实出发我们得出结论——所有乌鸦都是黑色的。我们假定，那些未经观察的乌鸦与观察过的乌鸦相似，这个世界表现出的规律性是真实的规律性。

但是，我们无法排除这种可能性：世界上有许多未被发现的乌鸦是白色的，这些白乌鸦永远躲在我们的脑后，从未进入我们的视野。在归纳推理的每一处应用中，总是有不确定性的幽灵在游荡。既然如此，我们为什么不彻底地抛弃它呢？这是因为它是我们获得关于这个实在世界的一般性事实的唯一方法。如果没有这种方法，我们只能面对数以亿计的个别经验，这些经验就像一盘散沙，各自独立而且没有意义。

归纳提供了一些基本事实，由此出发才能对这个世界进行推理。笛卡儿希望他的哲学以确定性的公理为起点，但是在科学界，确定性的公理的地位被以经验检验为基础的概括所取代。归纳与演绎的结合构成了科学方法的基础。

证实理论

一直以来，知识的问题始终吸引着哲学、科学乃至于文学等诸多领域中众多最聪明的头脑。哲学家把关于这个问题的研究称为“认识论”，在更严格的科学化语境里，则采用了一个比较新的名称：“证实理论”。认识论和证实理论都在研究我们如何认知我们已知的东西，探查从证据推演出有效结论的过程。

对认识过程本身的研究不同于研究蝴蝶、星云等具体研究，证实理论在很大程度上以逻辑谜题和悖论为研究对象。对于外行来说，这种说法很可能显得很奇怪，似乎意味着证实理论是对一些奇谈怪想的研究。悖论就其本质而言，是对我们的观念结构中的漏洞的披露。罗素（Bertrand Russell）说过："检验一种逻辑理论可以看其处理谜题的能力。考察逻辑理论的时候，在脑子里积累尽可能多的谜题是一个聪明的办法，因为在逻辑领域中谜题的地位非常重要，其重要性相当于实验之于物理学。"

在最近几十年里，我们在悖论领域取得了丰硕的成果。本书搜集了一些新近发现的悖论并加以讨论，这些悖论意义重大而且发人深省，值得每一个受过良好教育的读者深入探究。

悖论

首先，我们最好解释一下悖论为何物。"悖论"这个词有很多含义，但最基本的含义是"矛盾"。悖论从一系列合理的前提出发，从这些前提推演出一个结论来颠覆其前提。悖论是对"证明"的模仿和嘲弄。

在设计得足够巧妙的悖论中，矛盾生成于某种本身不明显的东西。从一个严格有效的推理中可否导出矛盾？或者换句话说，我们是否可以保证，从一个严格有效的推理中不可能导出矛盾？

依据矛盾的生成方式和生成点（如果能找到生成点的话），可以对悖论进行粗略的分类。形态最弱的悖论即谬误。这种悖论是通过一个微妙而隐蔽的推理错误生成一个矛盾。我们见识过很多诡计可以用代数方法"证明"2 等于 1（或是类似的荒唐结论），在多数情况下这些诡计的核心在于以 0 为分母，用这种方法迷惑我们。如：

1. 令	$x=1$
2. 很明显	$x=x$
3. 两边取平方	$x^2=x^2$
4. 两边同时减去 x^2	$x^2-x^2=x^2-x^2$

5. 因式分解　　　　　　　　$x(x-x)=(x+x)(x-x)$

6. 消掉相同的因式（$x-x$）　　$x=(x+x)$

7. 即　　　　　　　　　　　$x=2x$

8. 由$x=1$，得　　　　　　$1=2$

关键在于两边除以（$x-x$）那一步，这个除数是0。第5行$x(x-x)=(x+x)(x-x)$是正确的，其含义是1乘以0等于2乘以0，但是由此不能推出1等于2，因为任何一个数乘以0等于任何一个另外的数乘以0。

在谬误型的悖论中，悖论是一个假象。一旦你发现了其中的错误，一切就都恢复正常了。也许所有悖论在本质上都是这样。即使错误不像上面的例子中的那样明显，但错误仍是存在的，把错误揪出来，悖论就消失了。

如果所有悖论都是这样，证实理论和认识论就简单而无趣多了。我们并不关心简单的谬误。事实上，许多悖论是成立的，并且会引起混乱。

威力较大的悖论通常表现为思想实验的形式（思想实验可用德语词“Gedankenexperiment”来表示）。思想实验展示了某种可以被设想但难以实际达到的状态，以形象的方式揭示某些我们习以为常的观点可能导致的荒谬结果。

伽利略（Galileo Galilei）设计过一个思想实验来证明较重的物体下落的速度并不大于较轻的物体，这个思想实验是最简单并且最成功的思想实验之一。假设一个10磅（约4.536千克）的铅球比一个1磅的木球下落速度快（在伽利略的时代这是主流观点）。我们用一根绳子把两个球系在一起，从高处抛下来。由于木球较轻，它会在后面拖着铅球，并把绳子拉紧。一旦达到这种状态，木球开始在铅球的拉力下下落，于是我们得到一个重量为11磅的整体。这个整体比单独的一个球更重，所以其下落速度应当超过任何一个球单独下落的速度。然而，一旦绳子被拉紧，整体下落的速度将加快，这是否可信？虽然这不是完全不可能的，但已经足以令我们对最初的假设产生怀疑。这个思想实验不同于大多数的思想实验，它很容易进行实际操作。伽利略把重量各异的物体抛下来，结果发现它们下落的速度相同（与传说不同的是，实验地点并不在比萨斜塔上）。当然，今天我们在伽利略的思想实验中已经看不出丝毫具有悖论性的东西了，因为重力加速度与重量无关的知识已经深入人心。

另一个著名的例子是“孪生子悖论”，这个例子的悖论性更为尖锐。相对论认为，时间流逝的速度因观察者的运动而不同。设想有一对孪生兄弟，其中一个登上火箭前往天狼星，而后返回地球。当去天狼星的那个人回来后，根据相对论，此人将发现他比自己的孪生兄弟年轻许多——不论是根据日历表的显示、他们皱纹的数量和头发灰白的程度、对时间流逝的主观感受，或是任何一种我们所知的定义时间的物理手段，结论都是他更加年轻。

在孪生子悖论问世之初，它与常识的冲突是如此之剧烈，以至于很多人（包括法国哲学家亨利 · 柏格森，Henri Bergson）引用这个悖论来证明相对论是错误的。在日常生活中，没有任何东西令我们相信时间是相对的。从摇篮到坟墓，一对孪生兄弟始终年龄相同。

今天，孪生子悖论已被接受为事实，其结论已被大量实验证实——当然，实验品不是孪生兄弟，而是极其精确的时钟。1972 年，物理学家约瑟夫 · 黑费勒（Joseph Hafele）设计了一个实验，把铯原子钟装进喷气式客机里进行环球飞行。这个实验证明，当飞机上的乘客回家时，他们要比其他同龄人年轻一个微乎其微但可以测量的瞬间。如果一个宇航员用接近光速的速度旅行，他返回时，要比待在家里的原来与他同龄的人年轻——没有哪个物理学家会怀疑这个结论。

这个悖论根源于对世界运转模式的错误假设，而非逻辑方面的错误假设。孪生子悖论有一个隐含前提：时间是统一的。而悖论表明这个前提是不可靠的，所以常识是错误的。比如，你可能认为，世界上没有长皮毛的是卵生哺乳动物，但是鸭嘴兽是一个反例——可以说这是一个活生生的悖论。“长皮毛的哺乳动物不产卵”这个常识当然不具备逻辑必然性，“时间与观察者的运动无关”亦然。

由此我们总结出悖论的第二种类型：挑战常识型悖论。在这类悖论中，矛盾令人惊奇但可以解决，而且解决方法是明显的：必须放弃原来的假设。无论最初的假设在认知体系中是多么根深蒂固，一旦放弃它，矛盾就会迎刃而解。

还有一类更强大的悖论，这类悖论性最强的悖论是难以被解决的。谬误型悖论和挑战常识型悖论都无法与之相比。

在真正的悖论中，“说谎者悖论”是一个非常简单的例子。这个悖论是公元前 4 世纪的希腊哲学家欧布里德（Eubulides）发明的，但是它经常被错误地归功于埃庇米尼得斯（Epimenides）——后者只是一个虚构的代言人（就像柏拉图《对话录》中的苏格拉底①）。克里特人埃庇米尼得斯曾宣称：“所有克里特人都是说谎者。”为了把这句话转化为一个严格意义上的悖论，需要做一点儿有趣的转换，把“说谎者”定义为只说假话且从不说真话的人。于是，埃庇米尼得斯的话基本上相当于“我正在说谎”或“这句话是假的”。

我们来分析“这句话是假的”这个版本。这个语句是真的还是假的？如果“这句话是假的”为真，那么它陈述的内容就是真的，但是它说的就是这个语句是假的，于是得出这个语句就是假的！

既然如此，这个语句必须为假。然而，如果“这句话是假的”为假，它就必须是真的。于是，我们建立了两条归谬推理：如果它是真的，将推出它是假的，所以它不可能是真的；另一方面，如果它是假的，将推出它是真的，所以它也不可能是假的。这个悖论是本质性的，难以消除。

在第三类悖论中，我们不清楚哪个前提应当（或可以）抛弃。这些悖论仍然悬而未决。本书将要讨论的悖论至少属于第二类，大多数属于第三类。需要提醒读者的是，这些悖论目前（指本书成书前后）基本上没有公认的解决方案。

最好的悖论能展示出这样一些问题：什么样的矛盾可能发生？什么样

① 此处不甚准确，柏拉图著作中的某些言论确实出自苏格拉底本人。——译者注

的不可思议之事是有可能发生的？阿根廷作家豪尔赫·路易斯·博尔赫斯（Jorge Luis Borges，1899~1986）在他的短篇小说中揭示了大量此类问题，他的著作对于所有悖论爱好者都是有吸引力的。在《特兰，乌克巴，奥尔比斯·特尔提乌斯》[①]中，博格斯描述了一部百科全书，此书是一群学者精心炮制的恶作剧，却被当成来自另一个世界的著作。这些学者甚至设计了那个虚构世界中的悖论，但是在其他世界的人看来，特兰人的悖论不过是平淡无奇的事情。特兰人最伟大的悖论是“九枚铜币”：

> 星期二，当X走过一条荒芜的路时，他丢失了九枚铜币。星期四，Y在这条路上找到了四枚铜币，因为星期三下雨了，铜币有些生锈。星期五，Z又在这条路上找到了三枚。星期五上午，X在他家的走廊里找到了两枚……特兰人的语言无法明确地表达这个悖论，大多数人甚至无法理解其中有何矛盾。最初，常识的捍卫者为了反驳这个悖论，只是简单地否认这个故事发生的可能性。他们强调，这只是一个语言上的错误，根源在于错误地使用了两个动词：“找到”和“丢失”。这是两个未经实际使用检验的新词，但是这个悖论仓促地应用了这两个词，而任何严格的考察都反对应用这两个词。这两个词造成了混乱，因为“找到”和“丢失”预先假定了最初丢失的九枚铜币就是最终找到的九枚铜币。他们援引“所有名词（人，硬币，星期四，星期三，雨）都仅仅符合比喻性的用法”这一原则，驳斥了“因为星期三下雨了，铜币有些生锈”这个离经叛道的陈述，因为这个陈述依赖于一个预先假设：在星期二和星期四之间这四枚铜币是持续存在的，但是这个预设本身恰好就是这个论证想要证明的。他们解释说，数量“等同”不等

① 原名为*Tlon, Uqbar, Orbis Tertius*，前两个词是虚构的地名，音译为“特兰”和“乌克巴”，后两个词是拉丁语。这是一个精妙的短篇故事，介绍了特兰——一个虚构世界——中的思想状态。特兰人视唯物主义为荒诞的异端邪说，而一个天才的邪教领袖发明了“九枚铜币”悖论论证物质的存在，下面的引文介绍这个悖论以及正统的特兰理论家对悖论的反驳。——译者注

于东西本身“相同”，并且设计了一个归谬推理加以阐述：假如有九个人，在连续几个晚上他们都感到强烈的疼痛，如果我们说疼痛只有一个、是相同的，那岂不荒谬？……令人感到不可思议的是，以上反驳竟然不是终极判决……

在特兰人的思想中，“九枚铜币”是真正的悖论，无法彻底消解。一个有趣的设想是，也许在另一个世界的居民看来，我们的悖论也是平庸陈腐的事实。那么，悖论究竟存在于“我们的头脑中”，还是建构于统一的逻辑结构中呢？

科学是外部世界的一幅地图

本书讨论与知识有关的悖论，这些悖论展示了我们以何种方式认识事物。乍看起来，“认识这个宇宙是什么样子的”这个目标是不可能实现的。彭菲尔德的实验表明，每个记忆对应着大脑中处于特定的物理位置的痕迹。我们知道疯马酋长[①]、霜冻和塔斯马尼亚岛，这就意味着在我们的大脑中有某些部位对应着疯马酋长、霜冻和塔斯马尼亚岛。也许这些位置是不固定的，也许这些位置有重叠部分，也许存储和唤醒记忆的机理的复杂程度远远超过我们今日的想象，但无论如何，记忆痕迹所占据的位置不是无穷小的。你心中的疯马酋长的图像占据了大脑存储容量的一部分，这部分存储空间在同一时间内不能保存任何其他东西。

有些人可能天真地认为，大脑内部保存着外部世界中的事物的成比例模型，显然，这些模型必须放弃大量的细节。事实上，宇宙比人的头脑大太多，大脑没有足够的容量盛放关于宇宙的所有知识。大脑无法保存关于世界的所有事物的图像。

① 疯马酋长（Chief Crazy Horse）是印第安人部落中的著名勇士、部落领袖和英雄，美国儿童喜爱的电动转马也以疯马命名。——译者注

但是，既然我们的大脑可以正常工作，这表明大脑是在有选择地存储信息。为了对抗世界的复杂性，最基本的工具就是概括，我们的大脑会在很多层次上进行概括。科学是一种自觉的、系统化的、以概括为基础的简化手段，通过这种手段，巨大而辽阔的外部世界被打包进我们微小的大脑。

科学是一种记忆方法。我们无须记住每一只苹果从树上落下来的情形，我们只需记住引力。科学是外部世界的一幅地图。像所有地图一样，它也忽略了细节。在交通图上，小镇、树木、房屋、岩石等被删掉，为公路、海岸线、国界以及其他对于地图使用者更有价值的信息留出位置。科学家也需要做出类似的判断。

科学绝不仅仅是各种零散信息的简单汇集。它不但包括搜集信息，而且包括对信息的理解。至于什么是“理解”，令人惊讶的是，这个哲学性的问题有一个简单却相当确切的答案。

悖论与可满足性

在面对一个未知对象时，画出其界限通常比描述它更容易。比如，托马斯·杰斐逊不知道路易斯安那地区具体有什么，只知道它的边界。在描述“理解一段信息”是什么含义时，使用同样的方法也更方便。

在最低限度上，“理解”必须得保证有能力发现内部矛盾（即悖论）。如果你无法辨别一组命题内部是否自相矛盾，那么你就没有真正理解它们，即你还没有想透。想象一下这个场景：一个挑剔的老师在课堂上陈述了一个矛盾，然后试探一个溜号的学生的反应：

“不是这样吗，米里亚姆？”

“嗯……是这样，老师。”

“我明白了，某人显然对我说的话只字未听。”

发现矛盾并不意味着理解的全部，“理解”很可能包含更多的内容。然而，发现矛盾一定是一个必要前提。悖论的发明者就是通过揭示一组预设中的内在矛盾来提醒我们，我们并不是像我们以为的那样来理解这些预设。

在逻辑学中，发现悖论的问题在理论上被称为“可满足性”（SATISFIABILITY，此问题及相关的逻辑问题经常用大写字母表示）。若给定一组前提，可满足性要讨论的是：“这些命题是否必然导致矛盾？”另一种表述是：“是否存在一个可能世界，使得所有这些前提都为真？”

可满足性讨论的是逻辑领域的抽象概念，不必涉及真实世界中的真理。比如以下两个命题：

1. 所有的牛都是紫色的。
2. 西班牙国王是一头牛。

我们的自然反应是，这两个命题都是假的。但是，假并不等于悖论。至少我们可以想象有一个世界，在那个世界里，这两个命题都是真的。如果一组命题在某个可能世界中为真，即使这个可能世界不是我们所处的世界，逻辑学家也会称这组命题为可满足的。

下面的例子则不同：

1. 所有的牛都是紫色的。
2. 西班牙国王是一头牛。
3. 西班牙国王是绿色的。

没有哪个可能世界可以同时满足这三个命题（假定紫和绿之类的颜色相互排斥）。这里出现了一个悖论，因此，我们称此命题集合为不可满足的。

需要注意的是，这里的矛盾不是由某一个单独的命题造成的。我们可以在三个命题中去掉任何一个，剩下的命题则是可能同时实现的。悖论是由三个命题相互作用产生的。

这种奇异之处具有不可思议的重要性。由于悖论不能归结于某个局部问题，所以可满足性问题通常是极其困难的。实际上，此问题以困难著称，甚至被作为困难的典范。其困难之处在于，随着前提数目的增加，为检查前提内部是否包含矛盾所需的时间会以惊人的速度增加。增加的速度如此迅速，以至于许多包含 100 个（或更多）前提的可满足性问题从实际应用角度看是不可解的。即使把这些问题交给现有的运算速度最快的计算机，从实际角度看，要花费的时间也相当于无限长。

我们可以把悖论当作一个隐喻，一种揭示理解的限度的方法。科学试图用简单的概括来解释形形色色的事实。面对一组知识或观念时，如果我们甚至无法发现其中包含的尖锐矛盾，那么我们其实根本不能理解它们。可满足性问题的难度是一个粗略的指示，它揭示了把经验信息“压缩”进概括之中是多么困难。可满足性为获取信息并从中推出结论的难度设置了一个大致的限度。

普遍性问题

20 世纪 70 年代初，数理逻辑领域诞生了一个非同寻常的发现。计算机科学家斯蒂芬 · 库克（Stephen Cook）和理查德 · 卡普（Richard Karp）的两篇开创性论文表明，许多类型各异的抽象的逻辑问题其实是同一个问题伪装成了不同形式。这些问题都等价于可满足性问题，即识别悖论的问题。

与可满足性问题等价的这一类问题被称为“NP 完全问题”（如果读者现在不理解这个名称的含义，先别着急）。NP 完全问题的一个惊人之处在于，这些问题表面看来各不相关。理查德 · 卡普的论文列出了 21 个 NP 完全问题，其中包括“旅行推销员”问题（一个古老的数学谜题）、“哈密顿回路”问题（此问题起源于一种流行于 19 世纪的智力玩具，该玩具可被视为魔方的前身）。若干年来，已知属于 NP 完全问题家族的问题列表已经膨胀得相当惊人了。

走迷宫、解密码以及设计填字游戏，这些问题都属于 NP 完全问题。许多经典的逻辑谜题和智力题都可以概括为 NP 完全问题。近年来的谜题作家马丁·加德纳（Martin Gardner）和雷蒙德·斯穆里安（Raymond Smullyan），以及更早的萨姆·劳埃德（Sam Lloyd）、刘易斯·卡罗尔（Lewis Carroll）、亨利·欧内斯特·杜登尼（Henry Ernest Dudeney）①，还有许多知名或无名的作者，他们的趣味逻辑问题通常都属于此类。这些形态各异的问题在本质上是同一的，这是一个非常令人意外的结论。即使我们把库克和卡普的这个发现与"所有物体均由原子构成"的发现相提并论，也不算夸张得太离谱。世界上有许多智力难题，其意义深远重大，可看起来又比较琐碎，其实这些问题包含相同的内核。NP完全问题是一个宇宙之谜，当我们以有限的心灵面对复杂度成指数增长的辽阔宇宙时，世界的不可思议便通过NP完全问题得到了充分的展示。

当逻辑学家说所有的NP完全问题本质上是一个问题时，他们的意思是说，如果找到了可解决任一NP完全问题的有效通解，则对此通解进行某种方式的变换就可以解决所有其他问题。面对整个NP完全问题家族，一旦解决了其中一个，所有的问题都会迎刃而解。

我们似乎发现，世界上所有著名的宝库均可用同一把钥匙打开——如果有这样一把万能钥匙的话。是否存在某些（或全部）NP完全问题的有效解？今天这仍是数理逻辑中最深奥的未解之谜之一。

悖论的深刻性和普遍性超出了前人的想象。悖论不是一个怪胎，而是科学哲学的一根支柱。悖论问题既引人入胜，又令人魂牵梦绕。眼见逻辑推理像纸壳搭的房子一样崩塌，会令人有一种颠覆的快感。从某种意义上说，所有证实理论和认识论领域内的著名悖论都是智力游戏的产物。在其他领域，非专业的爱好者几乎不可能获得品味和把玩其中真义的机会。我们如何知道归纳和演绎、模糊性和确定性之间的交互作用？这是后文将介绍的悖论的主题。

① 此处列举的几个人物均为著名的畅销书作家，以善于设计奇诡、精妙而和谐的智力趣题著称。他们的许多佳作已有汉译本。——译者注

第 2 章　归纳：亨佩尔的乌鸦

与证实有关的最著名的现代悖论是由德裔美国哲学家卡尔 · G · 亨佩尔（Carl G. Hempel）1946 年提出的“乌鸦悖论”。这一悖论指向归纳法，即体现的是一个进行概括的过程。对于那些相信科学可以分解为按部就班的科学方法的人来说，乌鸦悖论是一个坏消息。

亨佩尔设想有一位鸟类观察者试图检验一个假说：“所有乌鸦都是黑色的”。[①]检验这个假说的传统方法是搜寻乌鸦并检查其颜色。每发现一只黑

---

① 鸟类学注释：“乌鸦”通常指一个物种，拉丁名为“Covus Corax”，遍布北半球各地。爱伦 · 坡的诗歌《乌鸦》中说的就是这种鸟。乌鸦为黑色，带有以绿、紫、蓝为主的光晕。墨西哥和美国西南部有一种更小的鸟，名为“Chihuahuan 乌鸦”（拉丁名为 Corvus cryptoleucus），这种鸟通体为黑色，在低头时会露出白色的脖子。我从来没见过白乌鸦，也没见过颜色明显不是黑色的乌鸦，但是，如果这样的乌鸦确实存在，我也不会感到惊讶。

当然，以上内容与当前主题无关。在本注释以外，我将假定乌鸦的颜色是完全确定的，而且没有人曾经见过颜色非黑的乌鸦。

乌鸦都是对假说的证实[①]（提供证据）。相反，只要发现一只其他颜色的乌鸦就立刻驳倒假说。只要找到一只红乌鸦，你就不用再费事了：假说已经被推翻了。

对以上说法我们全无异议。亨佩尔悖论这样开始，原来的假说可以换一种表述方式，“所有非黑的东西都并非乌鸦”。根据逻辑原则，这两种表述方式是完全等价的。如果所有的乌鸦都是黑色的，那么任何颜色非黑的东西当然不可能是乌鸦。这两个语句之间的变换被称为“换质位法”，即一个命题经过换质位得到的新命题与原命题在意义上等价。

与原命题相比，“所有非黑的东西都是非乌鸦”要容易验证得多。每当你见到一件颜色不是黑色的东西，而且证实此物不是乌鸦，这个命题就得到了一次证实。我们不必在人迹罕至的潮湿荒原上守候乌鸦，只要找一些非黑并且不是乌鸦的东西就行了。

如果我们见到一只蓝松鸦，它不是黑色的，也不是乌鸦，这就证实了原假说换质位之后的等价性；同样，一只红鹤、一只紫燕、一只绿孔雀都可以作为证据。当然，我们甚至不必要求作为证据的非黑的东西必须是鸟，一条红鲱鱼、一枚金戒指、一条蓝草虫，甚至本书的这一页白纸，都能提供证实。这位鸟类观察者没有必要告别他的安乐椅，出去搜集证据证明所有的乌鸦都是黑色的，此刻你的视野中已充满了证明这个假说的证据。

显然这是荒唐的，但是更荒唐的还在后面。为了深入讨论，假设我们用如下策略消解亨佩尔悖论：蓝松鸦、红鲱鱼等确实证实了原假说，虽然只是在一个无穷小的程度上提供了证实。如果你能招来一个具有魔力的精灵，这个精灵可以在一眨眼之间检验世界上所有非黑色的东西，并且发现这些非黑色的东西中没有一样是乌鸦，这无疑证明了不存在非黑色的乌鸦，即所有的乌鸦都是黑色的。这样看来，也许用一条红鲱鱼证实所有的乌鸦

---

① 科学哲学家所说的“证实”与日常语言中的“证实”略有不同。在日常语言中，“证实”通常表示确定某一命题为真，但是在哲学语境中，“证实”只表示提供支持。——译者注

都是黑色的并不荒唐。

先别急着为如上回答得意。很明显，同样是这条红鲱鱼，它也能证实“所有的乌鸦都是白色的”。这个命题换质位之后得到“所有非白色的东西是非乌鸦”，这条红鲱鱼是非白色的东西，证实了换质位之后的命题。一个观察结论不可能同时证实两个相互排斥的假说。[①]一旦你接受了这个显而易见的矛盾，那么就没有什么是不可“证明”的了。例如，这条红鲱鱼证实所有乌鸦的颜色都是黑色的，同时也证实所有乌鸦的颜色都是白色，因此，黑就是白。从合理的前提出发推出了一个明显的矛盾。

对于科学家来说，亨佩尔悖论不仅是一个谜题。任何假说都有一个换质位的形式，而证实这个换质位形式的例证通常极容易发现。这里显然出了错误，可是错误在哪儿呢？

亨佩尔的乌鸦精妙地展示了证实问题中的危险和困惑。在我们将要讨论的所有主要悖论中，这个悖论是最接近得到解决的悖论之一。在研究如何解决之前，有必要做一点引申，讨论一下这个悖论的背景。

证实

最简略地说，证实是对真理的探求。证实不仅是科学的核心动力，而且它就贯穿于我们的日常生活中。

分析证实就像分析喷嚏一样：我们知道它是怎么回事，但通常它都是自动完成的，我们无法确切地说出它是如何运作的。与证实有关的悖论有一个共同属性：包含下意识的预期。这些悖论的成因很可能与此大有关联。这些预期可以把我们引入歧途。

---

① 其实一个观察结论同时证实两个相互排斥的假说并不荒唐。考虑此例：A和B是两个相互独立的事件，命题p断定“事件A和事件B都发生”，命题q断定“事件A发生而事件B不发生”。显然，两个命题不可同时为真，因而相互排斥。于是，一个观察结论同时证实了两个相互排斥的假说。——译者注

我们在高中时就学过一种“科学方法”，大致如下：我们首先提出一个假说，即关于世界如何运作的猜想，然后试图通过观察或实验进行检验。我们收集到的证据或者能证实假说，或者能反驳假说。在不涉及某些重要条件的前提下，以上方法是正确的——我们在高中学到的知识大多具有这种特点。

最有用的假说是概括陈述。亨佩尔悖论对一条常识性的原则——所谓的“尼柯德标准”——有些嘲弄意味，这条原则以哲学家让·尼柯德（Jean Nicod）之名命名。用黑乌鸦的例子表述尼柯德标准：（a）发现一只黑乌鸦使得概括陈述“所有乌鸦都是黑色的”为真的概率上升；（b）发现一只非黑乌鸦推翻概括陈述；（c）观察到乌鸦以外的东西，与概括陈述无关。一个黑色的保龄球或一条蓝色的草虫对于乌鸦的颜色不提供任何信息。尼柯德标准蕴含在全部科学探索中，如果这条准则出了问题，我们就遭遇了真实而严重的麻烦。

只要发现一只黑乌鸦，就提供了一条对“所有乌鸦都是黑色的”这一假说有利的证据，然而，这当然不足以证明这个假说就是真的，任何一个单独的观察结果都不能做到这一点。多次发现黑乌鸦，并且从未发现其他颜色的乌鸦，便会（非常合理地）增加我们对于“所有乌鸦都是黑色的”这个假说的信心。

证实问题比表面看来复杂。你也许认为，证实一个假说的证据越多，它为真的概率就越大，其实未必。有可能出现这种情况：两个支持性的观察结果合在一起却证明假说为假。下面这个思想实验就是如此，这是在哲学家韦斯利·萨蒙（Wesley Salmon）的启发下设计的。

物质与反物质

假定宇宙中的某些行星由物质构成，另一些由反物质构成（我们一直如此推测）。物质和反物质看起来一模一样。用望远镜观测遥远的星球时，我们无法辨别它是由物质构成的还是由反物质构成的。甚至这颗行星发出的光也无法透露出任何线索，因为光子的反粒子就是光子本身，一颗反物质的星球和一颗正常的星球在发光方面没有任何差别。唯一不同的是，当物质与反物质接触时——“轰”！二者将同时在巨大的爆炸中湮灭。

这种不幸的事实使得星际接触充满危险。从行星*X*出发的飞船的命运依赖于从行星*Y*出发的飞船。两艘飞船通过无线电联络（无线电波由光子构成，既非物质也非反物质），飞船上的计算机解译了对方的语言，双方建立了外交关系。两艘飞船决定对接并互派亲善大使，一切都很顺利，直到最后一刻。两艘飞船对接的结果取决于行星*X*和*Y*的构成——可能是“轰”的一声爆炸，也可能不是。如果其中一颗行星是物质的而另一颗是反物质的，则两艘飞船都将灰飞烟灭（如果二者都由反物质构成，爆炸就不会发生）。

某一天，地球上的天文学家报告说他们观测到两个微弱的光点相互接近，可能是两艘飞船。他们不能肯定观察到的对象一定是飞船，但是根据以往经验，他们确信每个光点有30%的概率是飞船，有70%的概率是不相关的自然现象。另外根据以往的经验，相互接近的一对飞船总会进行对接——看来宇宙中的外星人对“物质—反物质”问题相当健忘，他们必须在痛苦的教训中学习。

我们的问题是：这二者会不会爆炸？拉斯韦加斯的博彩公司开始就此问题设置赌局，接受残酷的投注。博彩公司的推理是这样的：已知宇宙中2/3的行星由物质构成，1/3的行星由反物质构成。每个光点有70%的概率是自然现象，与我们的讨论无关；有20%的概率是由物质构成的飞船；有10%的概率是由反物质构成的飞船。

我们分别用*A*和*B*表示两个光点。如果*A*是物质飞船而*B*是反物质飞船，或者*A*是反物质飞船而*B*是物质飞船，在这两种情况下都会发生湮灭（两种情况相互排斥）。第一种情况发生的概率是20%乘以10%，即2%；第二种情况发生的概率是10%乘以20%，也是2%。由于两种情况相互排斥，所以湮灭发生的总概率为2%加上2%，即4%。

博彩公司根据这种方法计算出的概率设置对下注者的赔率。现在假定有一个太空探险家回到地球，他的飞船在太空中曾经和对象A发生摩擦，这种事故发生的概率只有一万亿分之一。此人知道对象A是一艘飞船，而且肯定是由正常物质构成的（因为他们接触时没发生爆炸）。这个探险家回到地球后，算出了A和B将发生湮灭的概率，并据此在拉斯韦加斯下注。

他在下注时会充分利用自己的“内部消息”。他知道对象A是一艘飞船这一事实，而所有其他人则以为A可能（概率为70%）是一颗小行星或其他自然物。已知A是一艘正常物质飞船，而B是一艘反物质飞船的概率是10%，所以发生湮灭的概率为10%。赌博公司认为概率为4%，而探险家利用更加完备的信息得出的概率为10%。

接下来，假定另一个太空探险家曾经和对象B出过一场事故，从而验证了B是一艘物质飞船，情况又如何呢？第二个探险家当然可以做出与第一个探险家完全相同的推理，并得出结论：发生湮灭的概率将从4%飚升到10%。但是，把两个探险家的信息合并考虑，结论是湮灭根本不可能发生。已知信息已经表明，两艘飞船都是由与地球相同的物质构成的，这意味着发生湮灭的概率是一个大大的0！

绝对证实和递增证实

让我们分别来看两个证据（两个探险家曾与飞船接触），它们都对将发生湮灭的假说提供证实，但是把两个证据放在一起却推翻了假说。在我看来，这是一个反常，而非悖论，因为这种奇怪的转向无疑是可以存在的。各方——包括博彩公司、探险家以及了解两个探险家经历的我们——所做的概率计算都是合理的，证实理论家已针对此类奇异的现象进行了细致的研究。

奇异性部分来自语义。“证实”这个词有两种含义。在日常语言中，我们通常在“绝对”的意义上使用“证实”这个词，表示某事已经最后确定，再无合理质疑的余地。“老板证实桑德拉获得加薪”，这句话意味着，无论在此之前我们有多少疑问，现在我们百分之百地肯定桑德拉获得了加薪。

但实验极少为假说提供“绝对”证实。科学家和证实理论家经常在“递增”的意义上使用“证实”这个词，这种意义上的证实意味着“为某事提供证据”或“增加某事的概率”。我们提到概率，这是因为对概括陈述的证实总是不确定的。

我们可以对不大可能为真的假说提供递增证实，在证实之后，假说依然不大可能为真。对于“老板证实桑德拉获得加薪”这样的语句，我们不会解释成“老板的话使得桑德拉获得加薪的概率从15%增加到18%”，但是在科学研究中，这类证实却是典型的。

在递增证实中，与飞船湮灭问题类似的反常情况很普遍。每个探险家的信息使得湮灭发生的低概率（4%）上升，但上升后依然是低概率（10%）。把两个信息合起来，则把概率降为0。令人感到欣慰的是，当概率值更高，且对假说的证实更接近于绝对意义上的证实时，这种反常不会出现。

为了展示这个结论，我们对概率值做一点儿调整，重新规定整个场景，令博彩公司对实际情况的了解更加充分。每个对象有10%的概率为自然现象，有80%的概率是物质飞船，另有10%的概率是反物质飞船。于是，博彩公司对发生湮灭的计算是“80%乘以10%”加上“10%乘以80%”，即概率为16%。每个探险家已确知一个对象为物质飞船，利用这条信息算出的湮灭发生的概率为10%（和原来的例子一样），这个值等于另一个对象是反物质飞船时算出的概率。现在，每个探险家的估值都低于博彩公司的估值。事情就应该是这样，因为两个探险家对实际情况的了解多于博彩公司，而实际情况是，湮灭发生的概率为0。

反例

从前文中可以看出，证实只是两种可能性中的一种。证据不仅可以证实假说，也可以反驳（或否证）假说。著名科学哲学家卡尔·波普尔爵士

（Sir Karl Popper）特别强调反驳的重要性。

也许你会认为，证实和反驳不过是同一个问题的两种表述方式，就好像面对半杯水，你可以说杯子里装了半杯水，也可以说杯子里有一半没装水。其实不然。在证实和反驳之间有一种不对称性：反驳一个概括陈述要比证明它容易得多。

所谓“反例”，是指针对某个假定的规则的例外。例如，对“所有乌鸦都是黑色的”这一猜想，一只白乌鸦就构成一个反例。一只白乌鸦不仅会降低猜想为真的可能性——它还将彻底推翻这个猜想。逻辑学家称之为“否定后件式”（“modus tollens”或“denying the consequent”）。

“反例”在实际应用中的情况极少如此简单。例如，对于“不存在尼斯湖怪兽”这一假说，已经涌现出许多“反例”——许多人声称目睹了尼斯湖怪兽。然而，大多数科学家依然相信尼斯湖怪兽并不存在。显然，并非每一个所谓的反例都足以推翻一个在其他方面已经获得证实的假说。

许多假说处于人们当前既有知识的边缘，只有在许多附加的辅助性假说得到检验的前提下，原假说才能得到检验。辅助性假说是一些背景性的假设，在这些背景假设的基础之上，我们才能讨论原假说与现有的知识体系如何匹配的问题；还包括显微镜、望远镜以及其他的检验所必需的设备如何工作的假设，等等。这些辅助性假说的存在经常使得“否定后件式”不能即刻生效。

韦斯利·萨蒙引用了一个精妙的案例，在此例中，两个类似的范例分别导致辅助性假说和原假说被推翻。牛顿的引力理论预言了行星的未来运动。在19世纪，大家发现牛顿理论关于天王星轨道的预言始终存在微小的偏差。

有些天文学家怀疑，在天王星轨道之外有一颗未知的行星导致了这种偏差。1846年，这颗未知行星（即海王星）被发现，牛顿理论不仅摆脱了质疑，而且还得到了加强。海王星为牛顿理论提供了进一步的证据。

大致与此同时，水星轨道上的某些不规则现象也引起了人们的关注。天文学家们同样试图在水星附近找到一颗行星来解释这种不规则。法国业余天文学家莱斯卡波特（D. Lescarbault）于1859年报告，他在水星轨道内发现了一颗行星。勒维耶（Urbain Jean Leverrier，海王星的共同发现者之一）[①]相信这颗行星确实存在，并将之命名为“伍尔坎”（Vulcan）。然而，后继的观测者无法观测到这颗行星，他们很快认定这是一个假发现。水星依然游离于计算轨道之外，其偏差不是随机的，而是有规则的，明显不符合（建立于牛顿的万有引力之上的）开普勒定律的预测。

在此例中，偏差最终被认定为反驳牛顿引力理论的证据。水星轨道的移动是证实爱因斯坦广义相对论的最早证据之一。

海王星和伍尔坎的历史展示了反例的两个特征。其一，一个反例有可能驳倒一条辅助性假说而不威胁原假说。鉴别出辅助性假说和原假说这二者之中哪一个有误是重要的。通常有很多理由令我们相信，立刻构成反驳是罕见的。其二，当一种理论被抛弃时，如果一种新理论既能像原理论一样做出许多成功的预言，又能包含更广泛的内容，则这个新理论就居于有利地位。在太阳系的典型环境下，爱因斯坦广义相对论对引力效应的预言与依照牛顿理论的推测完全相同，只是牛顿理论更加简单。只有在引力场非常强的情况下，两种理论才会出现分歧。在诸行星中，水星距太阳最近，引力效应最为明显。看来只有水星不服从牛顿法则的约束。

新奇的理论

新理论不仅应当能解释它将要取代的旧理论做出的预言，而且应当提

---

① 勒维耶是巴黎天文台的天文学家，于1846年最先计算出海王星的位置，他的计算直接导致海王星被发现，后任巴黎天文台台长。在发现水星轨道的偏差以后，他先入为主地认定在水星轨道内还有未知行星，并且在未取得任何观测依据以前就为这颗行星取好了名字——伍尔坎。号称发现伍尔坎的业余观测者的身份是小镇医生兼木匠，他所谓的发现几乎可以肯定是假报，令人惊讶的是，勒维耶作为权威天文学家竟极其轻率地采信了这个所谓的发现。——译者注

供它自己的独特的新预言。用卡尔 · 波普尔的话说，新理论必须包括更多的“经验内容”。与旧理论相比，新理论必须在更多的经验领域做出更具有可检验性的预言。

新理论应当更多地——而非更少地——向潜在的反驳开放。对于一种新奇的理论来说，其最致命的缺点在于它会被修订成无法被反驳的形式。一个真正的假说是有可能被推翻的。例如这个假说：在满月之夜临近午夜时，有一只鬼出没于老米勒大厦。如果有一些合理的证据证实这种说法（例如几位可靠人士提供的目击证词），那么这个假说是值得考虑的。但这个假说可以改造成不可反驳的形式：一只鬼在那里出没，但是，如果附近有不信鬼的人，鬼就不会出来。这种类型的鬼故事更常见。

不可反驳通常意味着根本不具备接受证实的基本条件。这类理论还能够找到市场，是因为有些人不在乎它的真假，就是愿意相信。没有人会相信以下这些说法：

- 灵媒在回忆前生时，他们的回忆极其飘忽，你不能要求他们记起可核对的历史记录（例如，你不能问他们当时法老的妻子是谁）。
- UFO（不明飞行物）专门绑架那些不被“权威机构”信任的人，所以外星人的存在始终不可判断真伪。
- 大脚兽的残骸以异乎寻常的速度分解，所以我们从未发现过大脚兽的骨骼（或者，大脚兽像人类一样精心掩埋了死去的同伴）。
- （占星术的）星象是推动力量，而非强制力量。

以上这些附加条款是在证实失败以后拼凑出来的。通过这样被处理的假说，我们不能立刻得出结论判定它们为假，但是这类假说极少有说服力。如果这种为逃避反驳而进行的事后修订工作达到一定程度，其结果就是波普尔以讽刺的口吻所称的“不可证伪”的假说。“不可证伪”听起来不错，但是仔细思量则不然。一个假说不可能被证明为假，这意味着此假说的内容特别空洞，以至于任何观察都不可能与此假说发生不一致。这种假说实际上等于什么也没说。

比如这个命题："ESP（Extra Sensory Perception，超感官知觉）确实存在，但是极不稳定，以至于在实验条件下最好的通灵师也不能确保自己必定成功。"某些捍卫超感官知觉的人实际上就是这么为自己辩护的，这种说法是不可反驳的。我们会问："假使超感官知觉不存在，这个世界又将会有什么不同？"

为什么科学家不本着"疑罪从无"的原则看待"超感官知觉存在"这个假说呢？虽然这个假说得到的证实少得可怜，但是我们并没有什么理由反驳它。主要原因在于，针对任何一组给定的数据，我们可以提出许多种假设。如果我们说，"好吧，超感官知觉存在，因为没有实验结论能够排除其存在的可能性"（事实确实如此），那么我们就不得不接受其他许多同样不可反驳的假说。归根结底，科学家出于简单性的考虑只接受那些可以得到证实的假说。实际上，波普尔说过，科学的目的应当是利用新数据尽可能多地消灭假说。

换质位命题

以上我们对证实的基本理论做了充分的讨论，下面以此为基础重新审视亨佩尔悖论。大多数人初闻这个悖论时，首先感兴趣的是有关换质位命题的问题。"非黑的东西"和"非乌鸦"看起来很别扭。"所有非黑的东西都是非乌鸦"与"所有乌鸦都是黑色的"这两个命题确实等价吗？如果不相同，悖论就消失了。

有一个好办法证明它们在逻辑上确实相同。暂且忽略人类在认知方面的种种欠缺，假定我们有一个精灵仆人，这个精灵有能力在一瞬间查明任何（全部）具体事实。换句话说，精灵可以确定任何由观察直接获得的，未经解释、推论或编撰的感觉结果（也就是休谟所谓的"实际的事情"）。

这个精灵和休谟一样声称，他不大理解概括命题。于是，如果你想知道“所有乌鸦都是黑色的”之类的命题的真假，你只能把概括命题解释为一系列个别观察的汇集，这样精灵才能理解。你必须明确地告诉精灵，为了判断亨佩尔的假说正确与否，它需要做什么。

也许你会感到奇怪，对于“所有乌鸦都是黑色的”这一命题的真假的最终判定，实质上与对黑乌鸦的观察无关。这与前文的讨论明显矛盾，不过请注意，我们现在说的是精灵，而非人类。精灵要做的是确定一个命题终极的、普遍的真理性，而非仅仅寻找一个支持性的证据。对黑乌鸦的观察既无法证明，也无法推翻这个命题。

假如精灵发现了一只黑乌鸦，就可以证明所有乌鸦都是黑色的吗？当然不能。假如精灵发现了100万只黑乌鸦，这回足以证明了吗？还是不能。其他颜色的乌鸦依然有可能存在。“所有天鹅都是白色的”这一命题始终得到一切可能的证据的证实，直到在澳大利亚的发现将其推翻——澳大利亚有黑天鹅。

假定宇宙是无限的，存在着无穷多个与地球类似的行星，这些行星上都有黑乌鸦。因而，精灵找到了无穷多只黑乌鸦。这下可以证明“所有乌鸦都是黑色的”吗？还是不能，原因同上——其他颜色的乌鸦依然有可能存在。在这个节点上精灵会失去耐心（他确实有道理失去耐心），因为很明显，无论发现的黑乌鸦的数量是多少，都不足以说明任何问题。通过寻找黑乌鸦来解决问题是白费力气。

经以上分析我们意识到，问题的关键在于非黑色的乌鸦。亨佩尔的命题仅在一种情况下为假——在某处存在一只非黑色的乌鸦；仅在一种情况下为真——非黑色的乌鸦不存在。为了最终确定真假，精灵必须搜寻非黑色的乌鸦。如果它发现了非黑色的乌鸦，哪怕只发现了一只，就说明原命题毫无疑问为假；如果它找遍整个宇宙，搜索过一切非黑色的乌鸦可能出现的地点，但没有发现非黑色的乌鸦，则说明原命题无懈可击地为真。

从实用主义的角度看，“所有乌鸦都是黑色的”似乎仅讨论了黑乌鸦；但是把它翻译成精灵可理解的操作性定义，它的实际含义是“不存在非黑色的乌鸦”。

下面我们命令精灵检验换质位命题：“所有非黑的东西都是非乌鸦。”从精灵的角度看，这又是一个虚无缥缈的、不可理解的概括陈述。我们这样对精灵解释：“‘所有非黑的东西都是非乌鸦’这一命题仅在一种情况下为假——至少存在一只非黑色的乌鸦；仅在一种情况下为真——在任何地方都找不到非黑色的乌鸦。”

其实这也就是我们对原命题的解说。证明（或反驳）“所有乌鸦都是黑色的”所需的操作，完全等同于证明（或反驳）“所有非黑色的东西都是非乌鸦”所需的操作，于是我们有确切的理由断言：这两个命题是等价的。

也许你会质疑，二者还是有一个细微的差别——从“所有乌鸦都是黑色的”为真可以推出至少存在一只黑乌鸦，不是吗？

再比如要论证“所有半人马都是绿色的”这一假说。精灵搜索非绿色的半人马，没有找到，于是报告说此命题为真。当然，任何类型的半人马都是不存在的，因而，判定此命题为真会显得有些滑稽。

要点还是在于语义。对于逻辑学家来说，“所有半人马是绿色的”和“如果X是一头半人马，则X是绿色的”之类的命题是可以接受的。出于各种考虑，接受该命题为真是最便利的。因而，对于逻辑学家而言，一个命题和它的换质位命题并无差别。

你当然可以持相反意见，坚持认为若“所有半人马都是绿色的”为真，则要求至少存在一头绿色的半人马。这种观点使得亨佩尔的原命题和换质位命题之间出现了微妙的不对称性：对于原命题而言，我们必须要求精灵确保至少存在一只黑乌鸦，而后才能判定命题为真；对于换质位命题而言，精灵必须确保至少存在一只非黑色的非乌鸦（例如一条红鲱鱼）。在我看来，这个差别不足以影响两个命题之间本质上的等价关系。发现一只黑乌鸦或一条红鲱鱼的要求只是走个形式，精灵在两个任务中的实际工作还是确保非黑色的乌鸦不存在。

绝不要说绝不

一个“否定性假说”是在断言某物不存在。证明一个否定性假说是极其困难的。（绝不要说绝不。）一个精灵可以检查非黑色的乌鸦可能出现的每一个地点，从而证明非黑色的乌鸦不存在，但是我们人类不行。

假定你开始一次搜索乌鸦的历险。你见到了很多黑乌鸦，没有发现非黑色的乌鸦。最终你对整个任务感到厌倦。你所有的朋友都说，你绝对不会发现一只非黑色的乌鸦。可什么时候停止搜索是恰当的呢？

从实际角度来说，停止搜索是迟早的事。此后你会对不存在非黑乌鸦充满信心。然而，这并没有从逻辑上严格地证明所有乌鸦都是黑色的。为了达到逻辑上的严格性，实际上你不得不检查乌鸦在宇宙中所有可能的藏身之处。显然这是一个不切实际的要求。

哲学家有一个专门的词：“超级任务”，这个词表示一个过程需要无穷多的行动。有些哲学家认为，如果断定某事需要无穷多的行动，则此事根本是不可知的。达米特（Michael Dummett）给出一个例子：“在北极绝不会有城市。”为了检验这个命题，你可以钻进一台时间机器，调到一个确定的年份，旅行到那一年，检查一下北极是否有城市。如果没有，你再把时间机器调到另一个年份，再做一次检查。你可以知道在任何一个具体的时刻，北极是否有城市，但是这不等于知道北极会（或绝不会）有城市。判定后者需要建立无穷多的事实，完成无穷多的探查。

如果宇宙是无限的，则“不存在非黑色的乌鸦”同样是一个需要无穷多观察记录的命题。我们的精灵有能力完成经验方面的超级任务，但我们不能。在验证“所有乌鸦都是黑色的”这个命题时，我们之所以聚焦于发现黑乌鸦，而不是发现非黑色的乌鸦的失败尝试，实际原因就在于此。在实际上以搜寻反例为目的的过程中，已发现的黑乌鸦的数量成为“记录得分”的方法。在未发现非黑色的乌鸦的前提下，已发现的黑乌鸦的数量越大，我们对“不存在非黑色的乌鸦”的信心越充分。尼柯德标准主张，在寻求证实的过程中，以“记录得分”为目的，“黑乌鸦”是比“非黑色的乌鸦”更好的途径。为了解决亨佩尔悖论，我们必须探究其原因。

意识流

换一个分析角度。“非乌鸦”和“非黑色的东西”之类的概念是不自然的。在大多数场合，我们首先意识到某物是一只乌鸦、一条鲱鱼或是一把餐刀，我们不会自然地把对象当作“非乌鸦”“非鲱鱼”“非餐刀”。在亨佩尔悖论中，只有命题的最初形式（“所有乌鸦都是黑色的”）与人们实际的思考方式相符。

在分别面对亨佩尔的命题的两种形式时，我们的思维过程迥然不同。当我们见到一只乌鸦时，我们的思维会自然地如此运转：

（a）瞧，那是一只乌鸦。

（b）它是黑色的。

（c）这证实了“所有乌鸦都是黑色的”这一命题。

当我们面对一条红鲱鱼时，为了使观察和亨佩尔的假设关联起来，需要更加复杂曲折的意识流：

（a）这是一条红鲱鱼。

（b）它是红色的。

（c）哦，等一下，乌鸦悖论是怎么说的？对了，这是一个“非黑色的东西”……

（d）……而且它不是一只乌鸦。

（e）于是它证实了“所有非黑色的东西都是非乌鸦”这一命题。

（f）……而这一命题等价于“所有乌鸦都是黑色的”。

在第一个例子中，在步骤（a）和步骤（b）之间，我们已经意识到这个对象是乌鸦，而尚未考虑其颜色。在这一刻，原假说面临考验。在这个瞬间，乌鸦有可能是其他颜色的，即有可能推翻原命题。但是在第二个例子中，“所有非黑的东西都是非乌鸦”这一命题则从来没有真正地面临考验：在达到（c）以后，我们已经意识到对象是红色的（“它是非黑色的”这个结论是根据“它是红色的”这个已知条件推出的），并且它是一条鲱鱼（你很可能一直知道）。

为什么“乌鸦”是一个合理的概念而“非乌鸦”不是呢？这是因为诸乌鸦有许多一致的特征，而“非乌鸦”则是一个包罗甚广的词，一切不符合乌鸦的特征的东西都可以放进来。“乌鸦”这个概念代表一种身份，而“非乌鸦”这个概念只是一个背景。有个笑话说，某个雕刻家把所有雕得不像原型的作品统统敲碎。雕刻家不用负概念思考，科学家亦然。

从数字的角度对比这两个概念，则有另一个惊人之处。下面我们对最初的观点做进一步的探究：这个悖论与乌鸦和非乌鸦的相对数量有关。

无穷小的证实

如果需要考察的对象的数量明显是有限的，则亨佩尔的推理不必然导致悖论。假定宇宙中存在的全部东西就是七只密封的箱子。你不知道箱子里是什么，不过实际情况是：其中五只箱子各装着一只黑乌鸦，另外两只箱子中，一只装着一只白乌鸦，一只装着一枚绿山楂。在此情况下，如果打开一只箱子，发现其中是一枚绿山楂，你会很合理地认为这一发现确实证实了“所有乌鸦都是黑色的”。事实上，为了证明（或反驳）原假说，最迅速的方法就是调查所有非黑色的东西，因为乌鸦有六只，而非黑色的东西只有两个。当然，以上模型是人为设定的，需要假定预先知道要调查的东西的数量。实际情况是，我们很少知道要调查的东西的数量，尤其是在调查之初。

更常见的情况是，原假说涉及的对象的数量已知为有限，而其换质位命题则不然。为了确定“所有乌鸦都是黑色的”这个命题的真假，则需要耗费一定的时间、人力和财力，具体消耗取决于乌鸦的数量（或非黑色的东西的数量）。根据康奈尔大学鸟类学实验室的R·托德·恩斯特伦（R. Todd Engstrom）的说法，世界上普通乌鸦的数量在50万左右。不过非黑色的东西的数量很难确定，那是一个天文数字。

假设有一天，我们发现尼斯湖怪兽确实存在，而且只有一只，声呐设备也证实这一物种仅此一只。我们需要检验这一假说："所有尼斯湖怪兽都是绿色的。"我们可以乘潜艇接近这个怪兽，打开探照灯，通过舷窗向外看，观察结果是：此怪兽是绿色的。由于不存在其他的尼斯湖怪兽，"所有尼斯湖怪兽都是绿色的"这一假说由此已被证明。

在此例中，一个单独的检验对于假说的意义极为重大。这个假说被一只非绿色的怪兽驳倒的机会只有一次。如果用此假说的换质位命题进行检验，则显得比乌鸦的例子更荒唐。换质位命题是"所有非绿色的东西都是非尼斯湖怪兽"。假设我们找遍了世界上所有非绿色的东西，并且为其中的每一个配上编号。第42 990 276号是一只蓝色的草虫，它是非尼斯湖怪兽吗？是的！因而这是对假说的支持……

这是一条徒劳而迂回的路线。已经假定只有一只尼斯湖怪兽，于是潜在反例只有一个。用N表示所有非绿色的东西的数目，第42 990 276号是任选的一个非绿色的东西，它驳倒假说的概率不超过1/N。在可观察的宇宙中有大约10^{80}个原子（这个数是在1后面加80个0），于是非绿色的东西的数目至少是10^{80}，如果把抽象的东西（例如数）也算作非绿色的对象，那么非绿色的东西就有无穷多。

以上分析很有说服力，亨佩尔在20世纪40年代最早的沉思中已经有了这种思路。一条红鲱鱼可能确实证实了"所有乌鸦都是黑色的"，但是仅仅是在一个无穷小的程度上提供了证实，因为非黑色的东西太多了。相比之下，检查乌鸦的颜色显然是更有效率的证实假说的方法。哲学家尼古拉斯·雷谢尔（Nicholas Rescher）沿着这条思路，计算出以乌鸦或非黑色的东西为检验对象，在统计学上建立有效的样本分别需要花费的检验费用。他的结论是：以乌鸦为样本需1万美元，以非黑色的对象为样本需20亿美元。

现在还有一个矛盾需要解释：为什么一条红鲱鱼既可以证实“所有乌鸦都是黑色的”，又可以证实“所有乌鸦都是白色的”？这个问题可以转化为与数学中的无穷小类似的问题。一条红鲱鱼为“所有乌鸦都是黑色的”提供的证实相当于“1/无穷大”，分母表示非黑色的对象的数目是无穷大，分子表示一条红鲱鱼是这些对象中的一个。由于这条鲱鱼同时也属于非白色的对象，所以它同样为“所有乌鸦都是白色的”提供程度为“1/无穷大”的证实。根据定义，1除以无穷大的量等于无穷小，大于0但小于一切普通分数。

“无穷小的证实”是否使这个矛盾变得比较容易接受了？我们应当承认，一条红鲱鱼能够同时证实“所有乌鸦都是黑色的”和“所有乌鸦都是白色的”，但仅在无穷小的程度上。

微小的真理依然是真理，微小的谎言依然是谎言，矛盾终归是矛盾，即使只在无穷小的程度上。唯一的解决之道在于，认定在两个场合证实的程度都严格地等于0——就像普通常识所要求的那样。可是，为什么一个例证在证实其换质位命题的同时却没有证实原假说呢？[①]

“99英尺高的人”悖论

有时候，一个悖论的解决会对另一个悖论的分析有所启发。保罗·贝伦特（Paul Berent）的“99英尺[②]高的人”悖论是挑战尼柯德标准的另一个例子。假定我们接受一个合理的观念：“所有人的身高都不超过100英尺。”我们见到的每一个人都是支持此假说的例子。某一天，我们在马戏团见到了一个99英尺高的人，当我们离开马戏团时，我们对于“所有人的身高都

---

① 本节的分析相当精彩，遗憾的是，在讨论“一个例证同时证实两个相互排斥的命题”时，作者犯了错误。作者先入为主地认定，这种情况是荒谬的矛盾。请参阅本书第30页注释。——译者注

② 1英尺≈0.305米。——译者注

不超过 100 英尺”的信心肯定下降了。这不是很奇怪吗？这个身高 99 英尺的人对原假说提供的其实是一个正例。

这个悖论的产生有两个根源。首先，我们的表达与思想并非总是严格相符。有时，言辞本身没有精确地（通常模糊地）表达我们头脑中的假说。

情况有可能是这样：我们的真实意思是，任何人的身高都不会达到异乎寻常的程度，不会比人类的平均身高超出一个数量级（或更多），100 英尺这个具体数字反倒不是最重要的。这样一来，原本不被我们当作反例的 99 英尺的身高就成为一个反例。

如果使用公制度量衡系统，我们的想法可能表示为：“所有人的身高都不超过 30 米。”30 米换算为英尺是 98.43 英尺，于是一个 99 英尺的人就成为一个针对 30 米假说的反例。有人觉得，身高 99 英尺的人在一定程度上威胁了“所有人的身高都不超过 100 英尺”这个语句所表达的思想——这就是咬文嚼字了。

下面讨论另一个根源。假定你和一个朋友就“所有人的身高都不超过 100 英尺”这一假说打赌，一旦发现一个身高 100 英尺（或以上）的人，你就输了，要在一家豪华餐馆请朋友吃饭。此时，我们关注这个假说的动机不是理智上的探索，而仅仅是设赌。我们只关心严格的字面意思，身高 99 英尺的人接近但没有达到要求。无论如何，这个人对你不构成威胁，你在打赌中还没输。

不过你还是会觉得，这个身高 99 英尺的人的出现干扰了你的假说为真的概率。这是因为，你知道许多关于人类的成长和变化的事实。根据这些知识，一旦发现一个身高 99 英尺的人，那么存在一个身高 100 英尺的人的可能性上升。几乎所有的人类的特征最终都需要重新考察，这个身高 99 英尺的人表明，就遗传和身体方面而言，人类身高达到 100 英尺是有可能的。

下面假定我们发明了一种方法，可以忽略所有无关紧要的信息而检验我们的假说。在纽约第五大道的最繁华处，我们在人行道上设置一个传感器，随时监测每一个经过的人。在传感器上方 100 英尺处安装一只电眼，当某个人踩到传感器时，电眼会判断一束距人行道 100 英尺的光线是否被某个高个子的行人遮蔽。用一个记录装置追踪所有行人，尤其是身高 100 英尺（或以上）的行人的通过情况。

我们通过检查仪表的读数获知结果。读数“0/310 628”表示共有 310 628 个行人经过，其中没有身高 100 英尺者。这 310 628 名行人中的每一个都是支持原假说的正例，都在完全相同的程度上提供证实。既然我们关于每个行人的全部信息仅仅是其身高是否低于 100 英尺，所以，判定某一个行人提供的证实比其他人多是荒唐的。

假如实际情况是，这个 99 英尺高的人走过第五大道并被仪器记录，他将和其他人一样对原假说提供证实，我们看不出差别。由于这个人的经过，仪表的读数由“0/310 627”变成了“0/310 628”，我们对原假说的信心有一个微小的增长。

显然，由于一些额外信息的存在（此人身高 99 英尺，以及我们关于人类基因变异的知识），一个简单的正例变成了一个显著的反例。

哲学家卡尔纳普（Rudolf Carnap）主张“总体证据要求”。在归纳推理中，必须采用全部可用信息，如果我们只看仪表的读数，而对这个身高 99 英尺的人一无所知，那么这个人是一个有效的正例；但如果我们知道得更多，他就不再是正例。

总体证据要求在科学界引起广泛深入的思考，因为生物化学、天文学、物理学等许多研究领域都涉及此问题。在研究基因或亚原子粒子时，我们的观察方法更接近于那个在人行道上监测行人的仪表，而非简单的观察。我们不能直接观察到 RNA（核糖核酸）或夸克，更准确地说，我们提出一个具体的问题，而后通过仪器找答案。

假定我们对知识搜集不做不必要的限定，那么这种观察方法全无问题。如果我们忽略其他因素，并且我们必须如此，那么我们可以仅从可用信息的角度出发进行归纳。然而，我们搜集到的信息越完全，我们所做出的归纳就越有效。

乌鸦与总体证据

现在做一个小结。科学通常这样处理概括陈述——“所有X都是Y”。只有通过归纳，我们才能把感觉经验概括为可处理的形式。

概括陈述其实是隐蔽的否定性假说——“不存在非Y的X这样的东西”或者“以上规定没有反例”。一个概括陈述的换质位命题同样与这个否定性假说相对应。

在一个无限宇宙中，证明一个否定性假说是一个超级任务。（如果宇宙是有限的，但非常大，那么要证明一个否定性假说也是一项极其艰巨的工程，并且非常接近于一个超级任务，二者实际上并无差别。）我们无力完成超级任务，对于那些只能通过超级任务得到的知识，我们总是持怀疑的态度，这种怀疑是有道理的。

我们通过正例确立概括陈述。正例由“是Y的X”构成，在亨佩尔的例子中，正例就是黑乌鸦。用这种方法永远也无法严格地证明一个概括陈述，仅仅有可能反驳它（通过一个反例：一只非黑色的乌鸦）。记录观察到的黑乌鸦是一种记录得分的方法，标示出原假说在何种程度上得到确立。我们觉得每一只黑乌鸦都构成一个新的例证，在每个例证中，原假说都面临遭到反驳的风险，但最终还是通过了检验。然而，我们不觉得非黑色的非乌鸦有同样（或类似）的功能（非黑色的非乌鸦是原假说的换质位命题的例证）。当诉诸经验直觉时，乌鸦问题中的谜团得到了合理的说明。

总体证据要求是解开谜团的关键。如果我们对宇宙的了解少得可怜，以至于黑乌鸦、非黑色的乌鸦、黑色的非乌鸦、非黑色的非乌鸦对于我们来说仅仅是一些数据点，那么亨佩尔悖论提出的主张就是恰当的。

但是，我们对乌鸦的了解太多了，所以不能得出如上结论。例如，有人发现了一只患白化病的短嘴鸦（类似于一个 99 英尺高的人），这是一个非黑色的东西，而且是非乌鸦。然而，这个例证并不支持“所有乌鸦都是黑色的”的说法，恰恰相反，它提出了强烈的质疑。短嘴鸦与乌鸦属于同一物种，如果短嘴鸦能得白化病，那么乌鸦很可能也会得。这种背景信息是对证实的否定。

广而言之，我们知道乌鸦与相关鸟类的相似之处非常多，远多过它与红鲱鱼、蓝草虫之类的生物的相似之处。考虑到证据的总体性，我们发现，检验非黑色的非乌鸦是浪费时间。为了确定“所有乌鸦都是黑色的”这一命题的真假，最好的办法是观察乌鸦及其同类，研究生物差异。

通过比较乌鸦的数量与非黑色的东西的数量来讨论这个问题，恐怕会误导大家。重新考察前文的例子，假定宇宙由七只密封的箱子组成，多数人都会同意把非黑色的非乌鸦作为正例是恰当的。这个例子与真实世界的决定性的差别真的只是数量上的不同吗？

构想这样一个宇宙，宇宙包括（比方说）10^{80}只密封的箱子。多数箱子中装的是黑乌鸦，有几只箱子装着绿山楂，某处也许有一两只白乌鸦。我们已经打开了许多箱子，迄今为止，只发现了黑乌鸦和绿山楂。此时，再打开一只新箱子，发现里面是一只黑乌鸦，这个发现证实了“所有乌鸦都是黑色的”——不过仅在一个微小的程度上证实，因为我们虽已打开了很多个箱子，但未打开的箱子仍不止亿万。

如果你打开一个箱子，发现里面是一枚绿山楂，是否同样对原假说提供了一个微小的证实呢？首先，这个发现意味着，我们所担心的潜在的反驳减少了一个；其次，它增强了我们的信心，使我们更加相信箱子里的对象有某种确定的颜色。你甚至可以提出这样一个新的假说来解释你的观念：“我所见过的所有乌鸦都是黑色的。事实上，所有我见过的非黑色的东西都是山楂，而非乌鸦。山楂是个‘支持性的例外’。”

在这个由密封的箱子构成的宇宙中，没有鸟类学，没有白化病，也没有生物变异。简单地说，不存在关于这个世界如何运行的背景信息。箱子里装的东西可以不是真正的乌鸦或山楂，只要放入一些写着“黑乌鸦”“白乌鸦”之类的文字的纸片就足够了。这样一来，这个问题就变成一个形式化的游戏。如果你打开一只箱子并发现纸片上写着“白短嘴鸦”，这对原假说而言依然是一个证实，而且与发现纸片上写着“绿山楂”相比，我们看不出有什么差别。

根据本能我们都知道，忽略背景信息是错误的，但是（在亨佩尔以前）在关于科学方法的讨论中，我们没有意识到这个重要的事实。我们没有必要否认一个命题和它的换质位命题等价。（逻辑学家认为否认这一点是不可能的！）亨佩尔简单地得出结论：我们必须对逻辑变换持谨慎态度。确实，把一个命题变换为换质位命题，结果与原命题等价，但是证实并不总是可以“识别出”逻辑变换。形形色色的方法都可能误导归纳推论的结果，这是众多悖论的根源。下文将讨论一个更麻烦的归纳悖论。

第3章　范畴：绿蓝—蓝绿悖论

在《约翰·威尔金斯的分析语言》一文中，豪尔赫·路易斯·博尔赫斯虚构了一部名为“天朝仁学广览”[1]的中文百科全书：“这部晦涩的书中写道，动物分为以下类别：（1）皇帝拥有的动物；（2）经防腐处理的动物；（3）驯养动物；（4）乳猪；（5）美人鱼；（6）神话中的动物；（7）丧家犬；（8）包含在本分类中的动物；（9）像发疯一样发抖的动物；（10）数不清的动物；（11）用很好的驼毛笔画出来的动物；（12）其他动物；（13）刚刚打碎一只花瓶的动物；（14）招来远处的苍蝇的动物。”

人类则属于发明范畴[2]的动物。科学是一大堆范畴的汇集：“门”“属”

---

① 这部书是博尔赫斯虚构的，与中国和中文没什么关系。在西方文化中，“中文”一词常有“深奥晦涩”之意。博尔赫斯是阿根廷作家，以荒诞而深邃的惊人想象闻名。第一章介绍过他的另一则故事。——译者注

② 这是一句双关语。英文“范畴”（Category）一词兼有“类别”之意，所以这句话也可以理解为：人是规定以上分类方法的第15种类别的动物。在本章中，“范畴”一词可简单地理解为“概念”。——译者注

和“种”，“纪”和“世”，“元素”和“化合物”，“轻子”“介子”和“强子”。颇具讽刺意味的是，在外行看来，这些在科学中被视为有效的范畴有许多是随意编造的，未见得比《天朝仁学广览》高明。生物学家把动物王国分为22个门。在这些大类中，所有“类似”的动物（如狐狸、鸡、河马、人）形成了从属于某个门的一个小的子类，而多数其他的门则是对各种昆虫的罗列。

博尔赫斯的文章描述了一种雄心勃勃的、也许有些疯狂的人工语言，这种语言是英国科学家兼教育家约翰·威尔金斯（John Wilkins，1614~1672）设计的。威尔金斯的语言把世界划分为40种范畴（类别），每一个范畴又划分为子范畴、子子范畴，就像图书馆的编目系统一样。威尔金斯用一两个字母表示每一个范畴；在他的语言中，表示事物的词是通过汇集这个事物所属的一系列范畴所对应的字母而形成的。这就好比在一个图书馆里，每本书的书名就是其编目号；或者人们的名字就是其祖先名字的字母组合。

威尔金斯写道：“‘鲑鱼’一词没有向我们传达任何关于它所代表的对象的信息；在我的人工语言中，与之对应的词是zana，精通40种范畴及范畴等级的人从这个词本身就能看出，这个词定义了一种有鳞的淡水鱼，其肉为红色。从理论上说，这样一种语言并非不可想象，在这个语言体系中，每一个存在物的名称都包含了关于此物的命运、历史和未来的全部细节。”

绿蓝色的绿宝石

1953年，美国哲学家纳尔逊·古德曼（Nelson Goodman）提出了他所谓的“新归纳之谜”，这个谜题更著名的名称是“绿蓝—蓝绿”悖论，是对我们关于“范畴”的认识的一个挑战。一个珠宝商检验了一块绿宝石，而后说：“啊哈，我又见到了一块绿宝石！在职业生涯中，我见过的绿宝石数以千计，而且每一块都是绿色的。”我们认为，这个珠宝商会相当合理地提出一个假说："所有绿宝石都是绿色的。"

隔壁住着另一个珠宝商，对于绿宝石同样见多识广，但是他只会说乔克托族印第安人的乔克托语。有些人可能认为，所有民族对颜色的区分是相同的，其实不然。乔克托族印第安人对绿色和蓝色不加区分，他们用相同的词表示这两种颜色。在乔克托语中，"okchamali"表示鲜绿色或蓝色，而"okchakko"表示暗绿色或蓝色，这两个词确实是不一样的。这个说乔克托语的珠宝商说：所有绿宝石都是okchamali色的。他坚持认为他多年的行业经验能证实此假说。

第三个珠宝商说绿蓝蓝绿语[①]，这是一种古怪的语言，有点儿像世界语。这种绿蓝蓝绿语和英语、乔克托语一样，有其独特的表示颜色的术语，但是没有表示"绿色"的词。取而代之的是，这种语言中有一个词——"绿蓝"（Grue），这个词可以用英语定义如下：一个在1999年12月31日午夜以前为绿色而在其后为蓝色的东西，被称为"绿蓝"色。[②]这个说绿蓝蓝绿语的珠宝商很自然地得出结论："所有绿宝石都是'绿蓝'色的。"

下面问这三位珠宝商一个问题："2000年这块绿宝石将是什么颜色？"这三个人都摇头说，绿宝石不可能变成其他颜色，就是现在这种颜色。说英语的珠宝商信心十足地预言，2000年绿宝石是绿色的；说乔克托语的珠宝商说，2000年绿宝石是"okchamali"色的；说绿蓝蓝绿语的珠宝商断言，2000年绿宝石是"绿蓝"色的……等一下！"2000年的'绿蓝'色"翻译成普通的英语就是"蓝色"。（翻译成普通的乔克托语就是"okchamali"。）

悖论在于：这三个人关于绿宝石的经验是一样的，而且运用的是同样的归纳推理，然而，说绿蓝蓝绿语的人所做出的预言不同于说英语的人。（说乔克托语的人所做出的预言与两个同行的预言都相容。）我们不能把这

① 这是古德曼虚构的一种语言。"绿蓝"（Grue）和"蓝绿"（Bleen）这两个词原本不存在，是根据"绿"（Green）和"蓝"（Blue）这两个词的首尾拼凑出来的，其含义见下文，不可理解为介于绿色和蓝色之间的一种颜色。——译者注

② 本书首次出版于1988年，在当时看来，1999年还是一个未来的年代。——译者注

个悖论当作无意义的胡话抛在一边。千禧年到来时，至少有一个预言将是错误的。[①]

这个悖论可以变成更加荒唐的形式——要多荒唐有多荒唐。我们用“绿紫”形容在某个指定的“关键时刻”以前是绿色的而此后为紫色的东西；用“绿宝石牛”表示在某个时刻以前是绿宝石而这个时刻过后会变成牛的东西。既然这块绿色的绿宝石证实“所有的绿宝石牛都是绿紫色的”，这就意味着，在公元2000年这块绿宝石将变成一头紫色的牛。通过巧妙地选择词汇和时间上的关节点，对于任何东西*A*、任何时刻*B*和另一样任意的东西*C*，都可以得出结论：东西*A*证实此物在时刻*B*以后将变成东西*C*。

七拼八凑的范畴

同亨佩尔悖论一样，这个悖论也有一个显而易见但不高明的解决方案：看起来问题肯定出在“绿蓝”这个暗藏玄机的概念上。“绿蓝”这个词就其本质来说比“绿”复杂——从定义上就能看出来。借用政治学的术语来说，“绿蓝”是一个七拼八凑（Gerrymander）的范畴。这个词没有自然的含义，它是古德曼出于制造悖论的单一目的而设计出来的，它涉及的是一个不切题的特定的时间点。

但是，在实际生活中我们同样会使用一些相当不自然的范畴。当一个人在芝加哥说“现在是5点钟”时，实际上他指的是西经82.5度至西经97.5度之间的区域的5点钟（这个区域的边界时间根据中部标准时间的惯例做了修订）。在东部时区，此刻是6点钟，在山地时区是4点钟，而在世

① 宝石学注释：“蓝色的绿宝石”本身是自相矛盾的说法。绿宝石实际上是透明的绿玉，因含微量的铬而呈绿色。具备宝石品质的蓝色绿玉被称为“海蓝宝石”。“东方绿宝石”比真正的绿宝石罕见得多，它是呈绿色的刚玉。（红宝石和蓝宝石分别是呈红色和蓝色的刚玉。）一块绿宝石无论是绿玉还是刚玉，说它的颜色为非绿色就是自相矛盾，就像说“一位孤儿的父母”一样。

界各地其他时区的时间也都各不相同。此刻可以是任意时刻——当然，相对于适当地点。看起来，如此界定的时刻不比“绿蓝”高明多少，因为它取决于特定的地理位置，而地理位置与此刻是什么时间其实没什么关联。

如果世界各地都用格林威治标准时间，则更加合理。当圣保罗时间是下午 5 点 30 分时，东京、拉各斯、温尼伯以及其他地方的时间也都是下午 5 点 30 分。这样，我们可以把当前使用的表述时间的方法视为七拼八凑的结果，与逻辑悖论中的情况相似。

此外，难道“绿”不是随意设定的吗？奎因（W. V. O. Quine）指出，从物理学家的视角看，颜色的概念是随意设定的。光线的波长是连续分布的，我们所谓的“绿”并不对应着一个特别的波长。如果我们要向另一个星球的生命解释“绿”的含义，我们只能说出类似于这样的话：“当我们看到波长大于 4 912 埃、小于 5 750 埃的光时，我们把这种视觉感觉称为‘绿’。”为什么是 4 912 和 5 750 ？其他分界点就不行吗？这里没什么道理可讲，事实就是这样。

当然，“绿蓝”这个概念继承了“绿”（以及“蓝”）在光谱上的任意性，并且，“绿蓝”还具备一种“绿”所不具备的任意性。“绿蓝”这个概念假定了一种颜色方面的变化。如果认为世界上没有任何东西会从绿色变成蓝色，这是不对的，未成熟的蓝莓果就会这样变色。但是，同时性的、普遍性的变色完全是我们闻所未闻的。“绿蓝”这个概念要求我们相信这样一种改变，而我们从未见过这种情况。这看起来是一个强烈的反驳。

不过，彻底反转我们的视角从反面观察这个问题同样合乎情理。第三位珠宝商的奇异语言中还有一个表示颜色的词——“蓝绿”，这个词表示某物在 1999 年 12 月 31 日午夜以前为蓝色而此后变为绿色。

当我们向这位说绿蓝蓝绿语的珠宝商解释英语中的“绿”这个词时，我们只能说，如果某物在 1999 年 12 月 31 日午夜以前是绿蓝色的而此后是蓝绿色的，则称之为“绿”色。

这位珠宝商从小就使用绿蓝和蓝绿这两个词，对他来说，“绿”反倒是一个人造的词汇，对“绿”的界定取决于一个特定的时刻。

两种语言的相互定义是对称的，就像是书架上的一对挡板。翻开一本英语—绿蓝蓝绿语/绿蓝蓝绿语—英语词典，数一数“绿”和“绿蓝”这两个词的定义所用的字数。“绿蓝”可以用“绿”和“蓝”定义，而“绿”可以用“绿蓝”和“蓝绿”定义。如果问“哪一方是更加基本的”，这个问题就像问“先有鸡还是先有蛋”一样尴尬。

为了全面理解以上分析的深意，我们不把“绿蓝”和“蓝绿”视为在一个逻辑悖论中拼凑出来的术语，而把它们当作某种自然语言中的真实的词汇。以这种语言为母语的人们很自然地说草是绿蓝的、天是蓝绿的。对于他们来说，称一件衣服是蓝绿的并不会引起以下疑虑：什么样的物理原因使得这件衣服在世纪之交变成蓝色？（正如在我们的语言中，我们说一根香蕉是黄色的，无须解释是什么原因使得香蕉不变成棕色而一直是黄色的。）当他们说一件衣服是蓝绿色的时，这是因为此刻这件衣服看来是蓝绿的。他们把衣服的颜色和比色图表中的颜色比较，发现图表中标记为“蓝绿”的颜色与衣服的颜色相同；或者把衣服的颜色与蓝绿色的天空、春天的第一只蓝绿色的鸟的颜色相比照，它们的颜色也相同。把他们的蓝绿与我们的蓝相比，唯一的差别在于对词汇的界定中包含着对时间的规定。（是这样吗？）

反事实语句

绿蓝—蓝绿悖论在某种程度上涉及反事实语句。反事实语句的含义是，即使我们明知某事没有发生，我们依然可以讨论“如果此事发生将如何如何”，这类语句即反事实语句。例如，一只曲别针是可扭曲、可溶于酸、可熔化的，关键在于，事实上这只曲别针从未被扭曲、从未被酸溶化，也从未被烧熔，但是我们依然说这只曲别针具有以上品质。一枚绿蓝色的绿宝石始终是绿蓝色的，即使在1999年以前它被销毁了。

科学中到处都是反事实语句。如果用古德曼的方法，天文学家应当把太阳的颜色称为“黄白”。目前太阳是一颗中等质量的黄星，大约 100 亿年以后它将变成一颗白矮星。当然，没有人见识过太阳从黄星演变成白矮星；事实上，没有人见识过任何星体如此演变。我们的全部直接经验既证实太阳将永远是黄色的，同样也证实太阳是“黄白”色的。

这个问题与古德曼悖论的差别何在？天文学家对未来变化的观念不是偶然产生的，不是某人随随便便地在词典里加上一个“黄白”的词条就导致了的，它立足于天体物理学原理，而这些原理在其他领域已得到证实。

像“绿蓝”和“蓝绿”这样的词汇之所以可疑，是因为这些词汇把反驳推迟到一个未来时刻，而这个时刻是任意的。在 20 世纪，任何经验事实都无法把蓝绿色的绿宝石与绿色的绿宝石区分开。未来的颜色变化是一个不必要的（至少目前是不必要的）假设，因而，当某人提出“绿宝石是绿蓝色的”这一假说时，我们有理由提出质疑。

以上分析没错，但是还不足以消解这个悖论，因为上节讨论的恼人的对称性依然会生效。那位说绿蓝蓝绿语的珠宝商可以抱怨说，面对“所有绿宝石都是绿色的”这一假说，20 世纪的任何经验事实都无法辨别一块绿蓝色的绿宝石是否会在 2000 年变为蓝绿色（这就是“绿”这个词在他的语言中的定义）。为了解决这个悖论（哪怕是部分地解决），我们必须找到一种破坏这种对称性的方法。

旋转的调色盘

问题也许在于颜色的改变是突然的。突然的变化通常需要一个原因。在真空中，一个物体可以永远保持其运动状态，但是突然地改变其速度却必须通过一种外部作用才能实现。

如果困扰你的原因在于突然性，我们可以用“绿蓝”这个词表示一种逐渐的变化，在一个长达千年的变化期内物体的颜色由绿变蓝。更好的策略是，假定所有的颜色都是不断变化的。我们可以这样说：画家的调色盘是缓慢旋转的，现在的绿色在 1 000 年后将变成蓝色，2 000 年后将变成紫色，3 000 年后将变成红色，6 000 年后经过一个完整的轮回又变回绿色。"绿蓝"这个词可以用来形容绿宝石、夏天的树叶等一系列的对象，这些对象现在都是绿色的，1 000 年后都将变成蓝色的，如此循环。

设想一个以 6 000 年为周期的轮回，所有东西的颜色在每一个瞬间都在极其缓慢但持续不断地变化。在一个人的生命跨度里，累积的颜色变化极其微小，以至于人们几乎无法意识到。（如果一个老朽的宝石学家抱怨说，现在绿宝石的颜色与他年轻时不完全一样，这会被当作一个玩笑。许多怀旧的人不是经常这样抱怨吗？——现在的冬天不如以前冷，现在的棒球手不如以前棒，等等。）

此外，我们在历史事件中也无法推断出颜色的变化。这块绿宝石今天是绿色的；它曾经闪烁在一位封建领主的戒指上，那时它一定是黄色的；它也曾装饰过艳后克利奥帕特拉的皇冠，那时它一定是棕色的。但是，我们如何才能知道祖先们使用的词汇表示的是什么颜色呢？如果一个古典作家用一个词来形容绿宝石、草以及太平洋的水的颜色，我们会简单地把这个词翻译成"绿"。但是，如果乘时间机器返回公元元年，我们有可能会发现，所有这些东西在我们眼里都是橙色的——也许如此。我们无法确定古英语中的"grene"（绿）这个词实际上是不是黄色。[①]

① 以上分析精妙而发人深省，遗憾的是，用来说明古德曼悖论并不合适。在一个这样的世界里，其实不会出现"绿蓝"这个词，它会被"绿"这个词替代。这个世界与我们生活的世界并无可观察的差别，至少在语言上没有可表达的差别，因为在这个世界中物体的实际颜色和语词的含义同步变化；但是古德曼悖论设想了一个完全不同的世界，在这个世界里物体颜色发生变化而词义不变，绿蓝蓝绿语本质上依赖于这样一个世界。语言背后隐藏着本体论，在这个层次上的差别是悖论生成的关键。——译者注

颠倒的光谱

以上分析与一个被称为“颠倒的光谱”的思想实验有关，哲学家们曾广泛地讨论这个思想实验。假定你对颜色的感觉从出生起就与别人完全不同，也就是说，当你看见一只红色的美味苹果时，你对其颜色的感觉实际上是别人称为“绿”的感觉——你只是被训练得称其为“红”。你见到的所有颜色都与别人不同。是否存在某种方法，使得两个人可以相互向对方描述自己对颜色的主观感觉，以确认他们感觉到的是同一种颜色呢？

看来不可能。通常，颜色是通过与某物的比较来被描述的（例如宝石蓝、砖红色、象牙色，等等）。这无助于鉴别对颜色的主观感觉，道理我们在上节已说过了。为了探查我们对颜色的感觉是否颠倒，最佳的线索据说是与诸颜色相关联的心理状态。我们被告知：淡蓝和浅绿令人宁静，红色令人发怒或冲动；蓝色适合男孩，粉色适合女孩；某些颜色（也许蓝色）比其他颜色更流行，某些颜色（也许橙色和紫色）比其他颜色更高雅。

某种特定的颜色具备某种内在的、在人类进化中形成的心理效果——这是有可能的；相反，这些心理效果仅仅是社会习俗造成的，是儿童早期教育的内化——这也是有可能的。除了许多诸如此类的认识论方面的争论以外，关于这个问题的论辩可以用实证方式解决。我们在某地建立一个国家，在那里将所有颜色颠倒。（通过广泛使用无毒染料?！）绿色的蔬菜被染成鲜红色（不过仍称之为“绿色蔬菜”）；至于婴儿的衣服，男装“蓝”色（实际上是橙色），女装“粉色”（实际上是橄榄色），等等。为画家进口颜料的公司必须把紫色的颜料从原来的包装里挤出来，将其重新灌进标着“黄色”字样的颜料管里。外部世界的彩色照片是允许存在的，但是颜色必须颠倒！这个“国家”应当自给自足，而且应当位于地下，否则天空的蓝色将毁掉计划。在这个国家里成长起来的人们对颜色的偏好会与我们相同吗？他们也会以某种方式创造出本土的抽象派艺术作品吗？

探测出颠倒的光谱即使不是完全不可能，要实现也是非常困难的。于是，我们得到了一个渐变形式的绿蓝—蓝绿悖论，没有突然的颜色变化，也不涉及未经观察的未来的颜色变化。这种所谓的“变化”存在于并且始终存在于全部时刻，我们过去和现在的全部经验都与这种变化相一致。这样，解决此悖论的简单方法似乎失效了。

颠倒的光谱与绿蓝—蓝绿悖论牵涉之广远远超出颜色的范畴。古德曼只是把颜色作为范畴的一个例子。我们把世界分为各种范畴，经验通过范畴与语言融合。古德曼的珠宝商持有一种关于绿宝石的经过实证的观念，此观念经受住了时间的检验，但是与正常的观念完全不同！

魔鬼理论 16 号

出于直觉我们知道，“所有绿宝石都是绿色的”是一个合理的假说，而“所有绿宝石都是绿蓝色的”是一个多少有缺陷的假说。问题在于，我们如何分辨合理的假说和不合理的假说。也许你会说：“当然是通过实验！”这确实是一个办法，但是科学家不可能检验每一个假说，不管它是合理的、不合理的还是介于两者之间的。

生物学家马斯顿·贝茨（Marston Bates）说过一个笑话：“研究无非是一个走进一条小巷、看看它是不是死胡同的过程。”然而，漫无目的的研究所起到的作用是相当有限的。科学哲学家普特南（Hilary Putnam）用他所谓的“魔鬼理论”说明了这一点。这个理论（其实是假说）表述如下：如果你头项一袋面粉，迅速而连续地在桌子上敲 16 下，一个魔鬼（也许就是笛卡儿的邪恶天才）将在你眼前现身。当然，这个假说看起来挺傻，但它确实是一个假说，而且很容易被检验——与大多数科学假说相比检验这个假说太容易了。

以上是魔鬼理论 16 号。此外还有魔鬼理论 17 号，它与 16 号相同，但是要求敲 17 下桌子；还有魔鬼理论 18 号、魔鬼理论 19 号，等等。这个系列包括无穷多的魔鬼理论。普特南说，科学家在对假说进行检验时，显然必须进行挑选。否则，你可能把一生的时间都耗费于检验那些垃圾性的理论而一无所得。在推进到实验检验的阶段以前，先对“可能为真”的假说和“不值得考虑”的假说进行甄别是非常重要的。

大多数假说是由经验激发的——与普特南的魔鬼理论不同。一片雪花落在你的袖子上，它是六边形的。一个合理的假说是“所有雪花都有六条边”。但是，为什么不提出这样的假说：“所有在星期二落下的雪花都有六条边”“所有物体都有六条边”“所有能融化的物体都有偶数条边”“所有六边形的物体都有六条边”？更重要的是，为什么我们会认为某些有关雪花的形状的东西是可归纳的？“雪花”这个词的存在本身就说明我们对一类对象的存在有共识：这类对象形态微小、冷、呈白色、从空中落下，它们也许还有其他共性。如果脱离以上由“雪花”这个词暗含的线索，我们也许会尝试提出如下假说：“我袖子上的这个白色的东西、维多利亚女王、烤宽面条和所有南半球的海滨大充气气球都有六条边。”

任何事证实任何事

不合理的假说有混淆证据的功能。一个通常被称为“任何事证实任何事”的悖论即为一例。这个悖论比本书所讨论的其他悖论更常见，不过很可能呈现为一种似是而非的推理形式。

如果某事证实一个假说，则此事可证实这个假说的任一必然推论——这种想法是有道理的。如果人是从猿进化来的，那么无可置疑，达尔文是从猿进化来的。如果一块化石证实人是从猿进化来的，那么这块化石也可证实达尔文是从猿进化来的。到现在为止，一切正常。

考虑这样一个复合句：“8497 是质数，月球的另一面是平的，并且英国女王伊丽莎白一世在某个星期二加冕。”（这个例句出自古德曼。）为了检验这个假说，我们检查 8497 的因数，发现它确实是质数。这个发现证实了这个复合句，而从这个复合句可以推出一个结论：月球的背面是平的。于是，

8497是质数证实月球的背面是平的！

当然，这个复合句可以由任何两个命题拼凑而成。你可以自己选择一些命题，构成自己的悖论。任何事都可以装扮成证实任何事的样子。

用逻辑符号把诸假说连接起来，显然比确定联系这些假说的有效推理确实存在要容易。为了得到有效的证实，确实的联系是至关重要的。古德曼的例句显然是一个大杂烩，但是，它使我们联想到所有功能强大的理论所推出的包罗万象的结论。许多伪科学的支持者应用“任何事证实任何事”的推理方式。下面是一个流行的例子：

假说：第六感存在，而且，大量物理学家不了解的因果关系可能是第六感存在的原因。

证据：贝尔不等式实验。这个实验看起来显示了亚原子粒子之间的瞬时通讯。

结论：贝尔不等式实验证实原假说，于是，贝尔不等式实验支持第六感的存在！

奥卡姆剃刀

在科学中有一条美学标准。在很大程度上，一个理论的“美”取决于其简单性。一个可以给出大量解释的简单理论优于一个给出少量解释的复杂理论，即使事实上也许没有任何具体的理由令我们相信，复杂理论的正确性逊于简单理论。

这个重要原则被称为“奥卡姆剃刀”。这个名称源自威廉·奥卡姆（William of Ockam, Ockam也写作Occam和Ockham），此人生于1285年，是圣方济各会的修道士。[更早的邓斯·司各脱（Duns Scotus）和奥多·利伽尔德（Odo Rigaldus）也提出过类似学说。]奥卡姆是一个好争辩的人物，曾卷入教皇和伪教皇之间的纷争。他是最有影响力的中世纪思想家之一，死于1349年，而且很可能死于瘟疫。

奥卡姆因一句他未曾说过的话而广为人知："Entia non suntmultiplicanda sine necessitate"，翻译过来即"如无必要，勿增实体"。原话不是他说的，但思想是他的。他的意思是，除非必要，我们不应求助于新的猜想或假设（实体）。例如，我们在雪地上发现一个脚印，这可以用熊来解释，也可以用某种以前尚未发现的、与人相似的生物（雪人）来解释，但前一种解释更好。

这个原则可能被误解。它不是说，我们要选择不那么耸人听闻的解释。我们倾向于熊的解释而非雪人，其前提是证据（例如一个残缺的脚印）非常匮乏，使得熊的解释和雪人的解释具备同等的解释力。

奥卡姆剃刀会有谬误，它经常选择错误的假说。地球是圆的吗？微生物是致病的原因吗？现在我们知道这些假说可以很好地解释我们观察到的一些结果，但是在某些时候奥卡姆剃刀的原则拒斥这些假说。一个误用怀疑精神的著名例子是，法国科学院曾经长期拒绝承认陨石的真实性，欧洲的博物馆根据最"科学"的建议把许多陨石当作迷信的糟粕抛弃了。信奉鬼怪、飞碟和其他目前未被接受的信念的人经常念叨这个例子。

我们遇到了证实理论中最麻烦的问题之一。每一个科学发现都会经历这样的阶段：两个相互竞争的理论对观察结果提出同样好的解释。其中一个比较简单，大家长期以来相信它，用*A*表示；另一个是新理论，需要假定新的实体（用奥卡姆的术语说），用*B*表示。例如，理论*A*代表地球是宇宙的中心，理论*B*代表哥白尼的日心说。这个例子明显对*B*有利，换一个对*B*不那么有利的例子：*A*代表飞碟不存在，*B*代表飞碟存在。在什么情况下证据支持新的实体呢？

很难给出一个严格而固定的答案，因为我们总是在微弱的证据的基础之上建立许多观念。如果你在超市里扫一眼小报，看见一条消息说某个著名女星私奔了，你很可能把这当作一个事实；下一周，同样是这家小报，同样大的版面，如果一条消息说有飞碟在亚利桑那州绑架了一位妇女，你很可能不相信。正如天文学家卡尔·萨根（Carl Sagan）指出的，关于证实有一条非常重要但通常我们意识不到的规则在起作用：一条假说越是令人惊异，证实它所需的证据就越多。

之所以这样，原因在于，一个平凡的假说已经部分地被我们先前的、关于相似事件的知识所证实，而一个离奇的假说则不然。然而，我们必须面对这样一种可能性：我们错误地接受了一连串平凡但不正确的假说，却抛弃了不那么平凡的真理。（正如法国科学院对陨石的拒斥。）例如，有大量证据支持鬼的存在。数以千计的人报告说他们见到了鬼，他们并不都是傻瓜，他们甚至有一些模糊的照片来支持自己的说法。这些报告迄今尚未得到明确的解释（除主张鬼不存在的解释以外）。反对者坚持说，这些现象总是有“合乎逻辑的解释”。但是，所谓的解释在一个场合是树枝刮玻璃，在一个场合是幻觉，在一个场合是阁楼上的老鼠，在另一个场合是恶作剧。终于又有一个场合，以上解释都不能奏效，可是反对者还是坚持说，一定有与超自然存在无关的原因。

就绝对数量来说，支持鬼的存在的证据很可能多于支持磷火存在的证据。磷火是在沼泽上可以见到的奇怪的光亮。然而，科学家相信磷火却不相信鬼。最后，一种理论之所以破产，最常见的原因不是反面证据的出现，而是自身证据的疑点。如果一种理论拥有大量的支持性“证据”，但是每个证据都是可疑的，那么此理论一定有一些错误。鬼的存在就是这种情况。反之，磷火在某些时候所有人都看得见。

但是，古德曼悖论不是这样。在古德曼悖论中，虽然两条假说拥有完全相同的证据支持，我们却质疑其中的一个（绿宝石都是绿蓝的）。问题在于假说本身，不在于证据。

“所有绿宝石都是绿蓝的”涉及一种实体——“绿蓝性”，这是一个不必要的实体。根据奥卡姆剃刀的原则，我们可以说：“等一下！我们表示颜色的词已经完全够用了，再增加‘绿蓝’这个词纯属画蛇添足——除非你拿出一样绿蓝色（而非绿色）的东西。”

但是，说绿蓝蓝绿语的人可以（再次）把球踢回来。对他来说，绿蓝蓝绿语中已经有足够多的用以表示颜色的词，没必要引入“绿”这个词，除非他看见一样绿色（而非绿蓝色）的东西。

关于绿蓝—蓝绿悖论的激烈辩论仍在继续。迄今为止，多数分析同意这一结论：我们出于简单性的考虑倾向于“绿”而非“绿蓝”。困难在于，说绿蓝蓝绿语的人总可以照搬我们的逻辑反过来对付我们！关键在于用某种方法破坏对称性。下面是一个办法。

判决日

公元 2000 年 1 月 1 日是语义学上的判决日。思考一下，这一天将发生什么？无非四种情况：

1. 每个人醒来以后可能发现天空是绿色的而草是蓝色的！我们意识到“绿”这个词是一个误导，而“绿蓝”是正确的；

在其他情况下，说绿蓝蓝绿语的人就必须承认零点以后颜色依然如故，他只有在以下三种情况中选择：

2. 说绿蓝蓝绿语的人醒来以后可能惊讶地发现，天空“变色”了！天空（依然是蓝色的）从蓝绿色“变成”绿蓝色了。这正是古德曼的讽喻。

3. 说绿蓝蓝绿语的人还可能在头天晚上躺在床上满怀信心地静候这种“变色”发生。这种“变色”与实行夏令时或跨越时区旅行时拨一下手表类似。他们会意识到，他们用来表示颜色的词汇与世界运行的方式不符。

4. 最后一种可能：说绿蓝蓝绿语的人也许根本没有意识到“变色”（因为他们无法理解“绿蓝”和“蓝绿”的定义中的时间规定）。说绿蓝蓝绿语的父母是如何教他们的孩子说（这种）话的呢？

许多哲学家认为，没有人能够真正地把绿蓝蓝绿语作为母语来学习。当然，父母可以指着草念“绿蓝”，指着天空念“蓝绿”，但是这两个词的含义不只如此。在学习语言的过程中，于 1999 年 12 月 31 日午夜发生的感觉上的变化（我们不应称之为颜色上的变化，因为绿蓝和蓝绿这两个词表示的就是它们所形容的对象的颜色）必须在某个时机传达。在这个时机，家长或老师必须让说绿蓝蓝绿语的孩子坐下来，告诉他们关于绿蓝和蓝绿的事实。

对称性在这里消失了。我们不必告诉一个说英语的孩子绿色的东西不会在 2000 年变蓝，以防他误解“Green（绿）”这个词的含义。这个知识是自然习得的。无论如何，在“绿蓝”的定义中存在一个与时间无关的指涉。

可投射性

古德曼的谜题极大地改变了我们对归纳的认识。古德曼讨论了语言中词汇的“稳固性”。语言中有表示“绿”的词却没有表示“绿蓝”的词，这是因为前者与世界的运转方式匹配而后者则不然。在某些不同的自然语言中，区分颜色的方式有异，这印证了古德曼的理论。在乔克托语中，绿色和蓝色是不加区分的。但是在任何自然语言中，都不存在表示绿蓝（或类似含义）的单个词汇。[①]

我们把“绿蓝性”之类有疑问的属性称为“不可投射的”。如果一个属性可以在归纳推理中被有效应用，则其为可投射的。“绿”这种属性（绿性）是可以投射的，因为一块绿宝石作为例子可以证实一个明显的归纳：“所有绿宝石都是绿色的”。

相反，有三类场合导致某个假说的正例是不可投射的。第一类是绿蓝—蓝绿悖论型，第二类是“任何事证实任何事”型。第三类不可投射的例子是绿蓝—蓝绿悖论的一条引理。考虑这个假说：“所有绿宝石都是被观察过的”。当然，每一块已经被人发现的绿宝石都是被观察过的。对所有这些被观察过的绿宝石的例证进行归纳，得出一个荒唐的结论：我们已经观

① 由于古德曼悖论被广泛讨论，“绿蓝”和“蓝绿”已经进入英语，将来很可能出现在大辞典中！

察过一切存在的绿宝石，也就是说，不存在未经观察的绿宝石。在这个例子中，为了说明“被观察过的”这个属性，我们没有应用任何人造的词汇。“被观察过的”这个词和“绿”一样稳固。

夸克是绿蓝色的吗?

科学家必须警惕不可投射的词汇。夸克是一个假设的实体，据说它潜藏在质子、中子以及其他亚原子粒子中。夸克是反事实的：单个的夸克不仅从未被观察到，而且（根据多数理论）是不可能被观察到的。如果质子可分，那么质子将分解为夸克，但是质子不能分解为夸克。

夸克被“色力”束缚在质子和中子内部。多数物理作用力随着距离增加而减小，就像万有引力和电引力那样，但是色力不随距离增加而减小。所有的夸克就好像通过无形的手拉在一起，从位于各种距离之外的点不停地用力。因而，为了把一个夸克从一个质子中永久地释放出来，需要消耗无穷大的能量。即使我们设立一个比较小的目标，只求把一个夸克从一个质子中拉出 1 英寸，需要消耗的能量也是极其惊人的（而且无论如何也不会成功——巨大的能量将生成新的粒子，而非变形的质子）。

大自然似乎恰巧以某种方式禁止自由夸克，但这始终是可疑的。有些人担心，不可见的夸克也许和不可见的、将在 21 世纪变蓝的绿蓝色的绿宝石是一类东西。尽管关于夸克和色力的理论——量子色动力学——已经通过许多方法得到证实，这是与绿宝石的绿蓝性不同的。但是，夸克究竟是“真实”的粒子，还是仅仅是为了对那些据说由夸克构成的粒子进行分类而设计的一个方便使用的缩写？人们对于这个问题的争论非常激烈。

在 19 世纪，原子是否真实存在也曾遭遇同样的挑战，不同的是，约翰 · 道尔顿（John Dalton）的原子论并不排除观测到单独的原子的可能性，而且欧内斯特 · 卢瑟福（Ernest Rutherford）的金箔实验（1911）最终证实了原子的存在。

此外，复杂性与日俱增的夸克模型还有一个令人生厌之处。夸克有不同的种类，这些类别由“色”和“味”划分。（这与实际的颜色毫无关系，与味道更是无涉。但我们要界定的是与感觉世界如此遥远的东西的属性，除此之外我们还有更好的选择吗？）有三种颜色——红、蓝、绿，以及6种味道——上、下、奇、粲、底、顶，于是一共有18种夸克，并且反粒子还不计在内。此外还有电子、中子、胶子、希格斯粒子……

有些人猜想，颜色和味道也许是由某个我们尚未理解的简单实体构成的人造混合体。也许某一天，会有人偶然地揭开事物的真相，我们将意识到，目前的物理学只是对真相的一种扭曲的描述。[①]说绿蓝蓝绿语的人试图理解，为什么在判决日那天，天空从蓝绿色变成了绿蓝色。我们的处境也会类似。答案不在天空中，而是在我们的头脑中。

---

① 本书出版于1988年，此节所涉及的对夸克的认识是当时的情况。之后物理学又有发展，有兴趣的读者可以进一步查找资料。——编者注

第 4 章　不可知者：夜间倍增

假设昨夜所有人安睡的时候，宇宙中所有东西的尺寸都膨胀了一倍，我们是否有办法察觉此事的发生？这是各时代最著名的智力谜题之一，由亨利·庞加莱（Jules Henri Poincaré，1854~1912）提出，此人是那个时代的杰出科学家，也是一位天才的科普作家。

一般人的第一感觉是，如此剧烈的变化是很容易察觉到的。但是，仔细想一下：所有东西的尺寸都增加了一倍，包括所有的直尺、码尺、卷尺在内，通过测量你看不出任何变化。

那根被称为公制度量衡系统的原始依据的铱铂合金棒躺在巴黎郊区的一间地下室里，它也延长了一倍，所以无法提供线索。目前，“米”的长度被定义为由氪气发出的一种特定的橙色光的波长的 1 650 763.73 倍，但是这条线索也没有用。装氪气的特制的荧光管，还有荧光管里的氪原子，都变成了以前的 2 倍。氪原子内部的电子轨道变成了以前的 2 倍，发出的光的波长也是如此。

各种东西看起来不是更大了吗？你卧室墙上的那幅画是以前的 2 倍

大，但是你的头与画之间的距离也增加了一倍（在卧室内的任何点都是如此，卧室本身也增大了）。两个因素精确地相互抵消了，没留下任何可感知的变化。

换一个例子。你处在伦敦的大雾中，并面对议会大厦上的大钟。这只钟的大小是以前的2倍，你距它的距离也是以前的2倍——在任何可能的观察点都是如此。透视关系和以前是一样的。但是，由于你的视线穿越的雾的厚度是以前的2倍了，那么，大钟看起来不是应当比以前更模糊吗?

问题在于，导致视野模糊的实际上是雾中的小水滴的数量，而小水滴数量没有变化。虽然小水滴的尺寸增加了一倍，它们散射的光子也大了一倍，但是散射的方式和以前一模一样，大钟看起来还是和以前同样清楚（或同样模糊）。类似的讨论表明，所有东西看起来都没变。

这个思想实验的要点在于：既然这种变化不可能被觉察到，那么这种变化真的存在吗？这个问题令我们回想起一个古老的本体论之谜：一棵树在森林中倒下，如果没有人听到，那么它会发出声音吗?

也许你会说，这种夜间倍增是真实存在的（即使我们不可能察觉到），因为上帝或类似的宇宙“外”的存在可以见证这种变化。我们可以设想，上帝安坐在超空间的某处，观察宇宙的倍增。然而这完全是误解。一切存在物——包括上帝在内——都在尺寸上增大了一倍，就连上帝也无法识别这种变化。如此，这种变化是真实存在的吗?

反实在论

庞加莱的答案是“不存在”。他认为，就连谈论这样一种变化都是无意义的。“如果宇宙中所有东西的尺寸都增加一倍将会怎样？”这个问题看似描述了一种变化，但是所谓的“变化”不过是一种幻象，这个问题本身就是一个陷阱。

其他人观点各不相同。关于夜间倍增问题，有两个相互竞争的哲学流派。其中一派是实在论，其主张是，即使夜间倍增是不可被观察到的，它也是真实存在的。实在论认为，外部世界的存在独立于人类对世界的认知与观察，在我们认知范围之外的真理是存在的。这不仅包括我们目前不知道的真理，以及我们也许不可能认识的真理（例如，安布罗斯·比尔斯[①]出了什么事，人马座阿尔法星上是否有生命），而且还包括那些我们无论如何也不可能知道的真理。实在论者说，这些真理总是存在的。常识基本上属于实在论。上一节提到在森林中倒下的树，常识的结论是：即使没有人听到，这棵树也发出了声响。

相反，反实在论哲学家主张，超越于证据的真理（即无法得到经验证明的真理）是不存在的。既然我们不可能察觉夜间倍增，那么说这种变化发生了就是荒唐的，甚至这种说法本身就是误导。主张昨晚所有东西都变大了一倍，与主张所有东西都和以前一样大，这两种说法顶多是对同一事态的两个描述角度。

哲学的一个主要部分是确定关于世界的哪些问题是有意义的。反实在论的信条是，只有那些可以通过观察或实验确定的问题，才是有意义的。反实在论反对设定未经观察并且不可观察的对象。在反实在论看来，世界就像是一幅电影布景——在电影布景中，大楼只有正面。如果你想证实大楼正面之后的部分，则是反实在论者所反对的。

“未知”和“不可知”之间的差别可以极其微妙。没有人知道狄更斯（Charles Dickens）的血型。在狄更斯死后又经过了一代人的时间，ABO的血型分类法才被发现［1900年由奥地利生物学家卡尔·兰德斯坦纳（Karl Landsteiner）发现］。因而，我们从来无法确定狄更斯的血型。虽然狄更斯的血型可能永远不为人知，但大多数人都会同意，狄更斯一定属于某种血型——这个事实是不会变的。

---

① 比尔斯（Ambrose Gwinett Bierce，1842~1914），极负盛名的美国讽刺作家，脍炙人口的《魔鬼辞典》的作者。晚年消失在墨西哥，关于其归宿众说纷纭。——译者注

相反的例子：每个人都能看出“大卫 · 科波菲尔的血型是什么”这类问题是无意义的。这是一个虚构的人物，他的存在仅根源于狄更斯的构想，而狄更斯在他的故事里没有提供这方面的信息，所以这个问题是无意义的。对我们来说，大卫 · 科波菲尔的血型不是未知的——这里没有任何未知的东西。

反实在论涉及像夜间倍增之类的、本质上不可确定的问题。反实在论的最极端的形式认为，外部世界中存在不可知物就像询问一个虚构人物的血型一样毫无意义。这里没有未知的东西。

如果全部问题就是这些，那么实在论和反实在论之间的争论就完全只是哲学家之间的喜好之争。但实际上，在物理学、认知科学以及其他领域都存在大量悬而未决的问题，这些问题表明，不可知论者与无意义者之间的关系是相当模糊的。本章将讨论几个问题，这些问题可被视为“无人听到的树”的变种。

一团乱麻的物理学

关于夜间倍增的争议不止于此。首先，并不是所有人都同意夜间倍增是不可察觉的。可察觉论的最好的例子之一是两位哲学家——布赖恩 · 埃利斯（Brian Ellis）和乔治 · 施莱辛格（George Schlesinger）提出的。

在 1962 年和 1964 年的论文中，埃利斯和施莱辛格声称，夜间倍增将产生许多可用物理方法测量的效应。他们的结论取决于我们如何理解这个思想实验，但是这些结论是值得考虑的。

例如，施莱辛格声称，重力将变成以前的 1/4，因为地球的半径增加了一倍而质量保持不变。根据牛顿的理论，引力与两个物体之间的距离的平方成反比（在此例中，距离即地心与在地表之上下落的物体之间的距离），半径加倍而质量不变使得重力变成以前的 1/4。

如果用比较直接的方法测量重力的变化，有些方法不会奏效。用天平来检验物体的质量是否变了，不会得到任何结论。天平只能比较物体所受的重力与作为标准的砝码（以磅或千克为单位）所受的重力，而二者会等比例地抵消。但是施莱辛格论证说，重力的削弱可以通过老式气压计的水银柱的高度测量出来。水银柱的高度取决于三个因素：气压、水银的密度和重力加速度。在正常情况下，只有气压会有非常大的变化。

倍增以后，气压变成以前的 1/8，这是因为整个体积变成了以前的 2^3，即 8 倍。（不过你不会得气栓症，因为你的血压也下降为原先的 1/8。）水银的密度同样减小到原先的 1/8。这两个因素相互抵消了，于是只剩下因重力减轻而产生的可测量的变化。由于重力是原来的 1/4，所以水银柱的高度是以前的 4 倍——观测结果是 2 倍，因为尺子的长度也倍增了。这样，出现了一个可测量的差别。

施莱辛格把倍增应用于其他的物理学普遍定律，进一步声称：

- 以摆钟计算一天的长度，则一天的时间变为以前的 1.414 倍（2 的平方根）。
- 以摆钟为标准，光速也增加了同样的倍数。
- 一年将包含约 258 天（用 2 的平方根去除 365）。

施莱辛格的结论确有瑕疵。他以摆钟为计时标准。由于地球引力变弱而摆长倍增，这种钟变慢了许多。其他类型的钟则不同。我们可以根据胡克定律（弹簧的弹力遵循此定律）提出反对：发条驱动的普通手表的走时在倍增以后与以前完全一样。

在倍增过程中，通常的守恒定律是否有效也是一个问题。施莱辛格假定地球旋转的角动量必须保持恒定（正如在通常情况下，地球在所有相互作用中都不改变角动量），在倍增的过程中也是如此。如果地球的角动量保持恒定，那么其旋转必须变慢。

守恒定律还会引发其他后果。宇宙主要由氢原子构成，氢原子是一个电子环绕一个质子，这两个粒子之间有电引力。所有原子的尺寸都扩大了一倍，这意味着所有电子“上升”，与质子之间的距离达到以前的2倍，这个过程需要输入巨大的能量。如果在倍增过程中质能守恒定律依然生效，那么这些能量必须来自某个地方。最大的可能是，这些能量出现是因为整个宇宙范围内的温度下降。所有东西都变冷了——这是倍增的另一个后果。

施莱辛格论证的要点在于：假定我们在某天早晨醒来后发现，世界上所有的水银气压计都碎了，仔细观察发现，水银柱原本应当升高30英寸[①]左右，但现在升高了60英寸左右（气压计碎了是因为在制造气压计时没有想到水银柱会上升这么多）；摆钟和弹簧钟的走时不同；以摆钟为标准测量光速，光速增加了41.4%：一年的长度变了。发生了数以千计的变化，所有的物理学定律看起来都变成了一团乱麻。

于是有人会得出结论：之所以如此，就是因为所有的长度都倍增了。这个假说解释了所有观察到的变化，并且可以预言许多其他的变化。物理学各深奥难懂的分支的专家们在听说夜间倍增假说之后，可以说：“等一下。某某定律与距离有关，根据此定律，如果程度倍增确实发生了，将产生如此这般的后果。”对这些后果的每一次检验都与预言精确相符。如此，夜间倍增假说将很快得到证实，并被确立为科学事实。不仅如此，这一案例很有可能成为证实的典范。很难想象其他假说可以解释如此众多的、各自独立的、可检验的后果。

以上讨论总结如下：如果夜间倍增确实发生了，将产生若干可察觉的事态迫使我们承认倍增的发生；由于这些事态目前没有发生，所以我们可以正确地得出结论——所有东西的倍增在昨夜没有发生。

魔鬼与倍增

施莱辛格的视角非常深刻，但他的观点并没有破坏最初的思想实验的

① 1英寸≈2.54厘米。——编者注

意图，恰恰相反，它对最初的思想实验做出了界定。实际上，关于庞加莱提出的这个思想实验，可以设想出两种理解角度。以下思路对于理解这个问题是有益的：

设想这个宇宙中的物理定律是由一个妖精操纵的。这个妖精巡游于宇宙各处，确保一切事情都与上述定律相符。他就像一个巡逻的警察，四处游走以保证规律被观察到。

在倍增之后的瞬间，妖精正在对牛顿万有引力定律进行常规检验。此定律说，任何两个物体之间的引力（F）等于万有引力常数（G）乘以二者的质量（m_1 和 m_2）之积再除以二者间的距离（r）的平方：

$$F = \frac{Gm_1m_2}{r^2}$$

妖精正在检查地球和月球是否符合这条定律。它测量了地球的质量、月球的质量以及二者之间的距离，然后在它的手册里查到万有引力常数的值，把这些数值输入计算器，算出了地球和月球之间的万有引力的正确值。而后，他在一个控制台上转动一个旋钮，把地月之间的万有引力的瞬时强度设定为这个值。

问题在于，这个妖精是如何测量距离的？莫非它就是“知道”距离，从而以神秘的方式意识到倍增的发生？或者它与我们处境相同，只能用比较的方法测量距离？

如果妖精对倍增有所了解（“假定依据物理定律可以识别倍增的发生”），那么我们所面对的问题就属于施莱辛格的版本。这种倍增应当是可以察觉的。既然事实上我们没有察觉到，我们就有理由得出结论：可根据物理定律识别的夜间倍增并没有发生。反过来说，如果这种倍增即使通过物理定律也无法识别，那么我们就没有办法察觉到倍增。我觉得唯一值得讨论的问题是，庞加莱所说的“倍增”指的是物理定律也无法识别的倍增。

根据记载，宇宙的改变这一领域不仅属于哲学家。物理学家罗伯特·迪克（Robert Dicke）曾提出一种引力理论，在这种理论中，引力常数随时间而缓慢变化。根据庞加莱的例子，很明显，任何有用的假说必须具备可测量的结果。迪克的理论符合这个要求。引力常数决定万有引力的大小。如果某个晚上这个常数增加了一倍，我们会知道。次日早晨，根据卫生间里的秤显示，你发现自己的体重增加了一倍。鸟儿难以飞行。溜溜球转不动了。无数迹象表明，这个世界发生了巨变。事实上，如果引力常数增加了一倍，所有人的生存都成问题。强大的重力压迫地球，导致一系列威力无边的地震和海啸，太阳也会坍缩，温度会更高，地球最终会被烧焦。

迪克的理论主张，引力常数在减小，而非增加。引力常数减半将造成相反的效果，但是同样致命。我们的体重减轻了；鸟儿飞得比以前更高；太阳在膨胀过程中冷却，我们将被冻死。当然，在迪克的理论中，引力常数的减小过程缓慢而且难以察觉，也许每10亿年减小百分之一。但即便是如此细微的变化，也可以通过对行星运动的高精度测量进行识别，也许还可以根据地球物理学效应来察觉。迄今为止，为引力常数的改变寻找证据的企图均已宣告失败。

变种

庞加莱的思想实验为爱因斯坦的相对论获得承认铺平了道路，该实验是反实在论的一种最精妙的形式。庞加莱的奇妙构想可以有很多变种。显然，宇宙的夜间收缩同样是不可察觉的。想想看，我们是否有办法识别如下情况：

- 宇宙仅在一个方向上伸长了一倍（在变化之后，一个物体如果改变朝向，则相应地伸长或缩短）。
- 宇宙上下颠倒。
- 宇宙变成了自己的镜像。

- 宇宙中一切东西的价值增加一倍，包括钱、贵金属以及在其他行星上流通的一切货币。
- 时间流逝的速度加快一倍。
- 时间流逝的速度减慢到原来的 50%。
- 时间流逝的速度减慢到原来的一万亿分之一。
- 时间完全停止于……此刻。
- 时间开始反向流逝。

多数人会说，以上情景同样不可察觉且缺乏意义，可最后两种情况值得推敲。

你永远无法知道时间是否停止了，但你可以知道，昨夜时间没有停止。另外，三秒钟以前，当你读到“此刻”这个词时，时间也没有停止。（我们所说的是时间“永远”停止，而非仅停止“一会儿”，而后重新开始。时间暂停是可以察觉的。）此刻是不是时间停止的时刻？这个问题你当下无法知道，只有在事情发生以后你才能知道。

如果你确信时间没有反向流逝，那么就问问你自己，你是如何知道的？你很可能诉诸过去的记忆。身处 1988 年时，你有关于 1987、1986、1985 等年份的经验的记忆，但是你没有关于 1989、1990 等年份的记忆。无论时间从 1988 年开始继续向前流逝，还是从 1988 年开始反向流逝，我们在这个时刻拥有我们所拥有的记忆。然而问题在于，时间的流逝是在增加我们的记忆库存，还是在削减我们的记忆库存？这是无法辨别的！

时间是在 5 分钟以前开始的吗？

有关时间的最著名的思想实验是罗素在 1921 年（年份可能不确切）提出的。假定这个世界是在 5 分钟以前被创造出来的。关于“先前”发生的事件的一切记忆以及其他痕迹也都是 5 分钟以前被创造出来的，造物主这样做只是为了开个玩笑。那么，你如何证明实际情况不是如此？罗素认为，你无法证明。

很少有人会和罗素争辩，因为所有可以提出的反驳理由都能用同样的方法消解。一瓶1945年产的拉图尔葡萄酒、一部1457年出版的发黄的古腾堡圣经、化石、根据碳–14测定的年代、关于星体年龄的天体物理学证据、哈勃时间，以上种种都不能作为反驳证据，因为它们所表示的时间就像一幅画中的钟表显示的时间那样，并没有真实的意义。所有这一切，都是以同样的方式在5分钟以前创造出来的。

（神创论哲学提供了一个奇特的例子。一些反对达尔文进化论的理论家宣称，化石是上帝特意设计的，目的就是迷惑一些傻瓜，让他们不相信世界是在公元前4004年创造的。厄谢尔（James Ossher）大主教就是这样描述的，他的观点记录在钦定版《圣经》的页边空白处。）

反实在论的危险

反实在论的立场可能被用错地方。轻率地断言现在不为我们所知的东西，将来我们也不会知道，这种观点总是危险的。1835年，法国哲学家、数学家孔德（Auguste Comte）[①]预言，星体的化学成分必然是人类无法认知的。他写道："实证主义哲学的全部领域建立于我们的太阳系的范围之内。"

孔德的观点不仅错误，而且落伍。在他做出以上断言时，物理学家正在猜测约瑟夫·冯·夫琅和费（Joseph von Fraunhofer）在太阳光谱中发现的神奇的暗条纹的含义。一代人之后，古斯塔夫·基尔霍夫（Gustav Kirchhoff）和罗伯特·本生（Robert Bunsen）认识到，这些条纹是由太阳中的化学元素形成的。把分光镜对准远方的星体，同样可以揭示出星体的化学构成。

---

① 原著称孔德为逻辑实证主义的创始人，不准确。译文删掉了这个头衔。——译者注

在关于反实在论的讨论中，经常有人提到“黑洞”这个科学概念。有时候我们会遇到这种说法：关于黑洞的内部预言是不可验证的，因此，根据反实在论的主张，这类预言是无意义的。严格说来，这种说法不正确，讨论一下为什么不正确可能是有益的。

黑洞是一个空间区域，由于引力场极其强大，以至于进入黑洞的任何东西都不能逃离。“不能”是指绝对不能、肯定不能，任何形态的物质和能量都不能逃出。由于信息必须通过物质或能量传递，所以，即使信息也无法从黑洞中逃逸。

请考虑这个问题：黑洞内部的人不能向我们发出无线电信号，也不能把消息装在一只瓶子里抛出来，我们在黑洞外面永远无法获得任何与黑洞内部的事态直接相关的信息。既然如此，谈论黑洞内部发生的事情有什么意义吗？

黑洞是爱因斯坦引力理论（广义相对论）的一个预言。一方面，这个理论确实预言了黑洞的内部情况，另一方面，这个理论实际上断定了这些预言永远无法得到检验。一旦足够大的质量聚集于足够小的空间中，就会产生一个黑洞。当一颗大星体（体积大约是太阳的2倍或更大）耗尽了热核反应的燃料并开始坍缩，它自身的引力将把自己压缩得越来越小。它收缩得越小，它的引力场就越密集。一旦引力超过一个临界点，就不再有任何为物理学所知的力量可以抗拒引力。在重压之下，原子已不复存在，星体收缩为一个点（在任何人看来都是如此）。

虽然星体消失了，它的引力却还在。它留下了一个强大的引力场——黑洞。一个黑洞的“边界”被称为“视界”。任何东西只要进入这个球形区域，必定有去无回，这是一条实际意义上的不归路。

黑洞应当是球形的，通常周长只有几英里；它的颜色应当是完全、绝对的黑色；它会将一切位于它后面的物体的光罩住，就像是一块玻璃里的气泡。质量为太阳的2倍的恒星完全坍缩形成的典型的恒星型黑洞，有效直径为12公里（7英里）。这个有效直径只是一个虚构值。如果想测量一个黑洞的直径（或半径），我们将不得不把一条卷尺（或其他测量工具）伸到黑洞内部，任何观测者都无法向外界报告测量结果。此外，从理论上说，穿越弯曲空间的直径是无限长的。我们所能做的不过是测量黑洞的周长。从理论上说，我们可以用一条卷尺环绕黑洞，紧贴在视界之外，用这种方法测量其周长。对于外部世界的观察者来说，可用周长除以圆周率得到有效直径，即黑洞可能占据的空间大小的测量值。

黑洞探测器

我们来讨论几种从黑洞中获取信息的方案。发射一架NASA（美国航空航天局）风格的探测器进入黑洞，让探测器用无线电传回数据——这不是好主意。无线电波和可见光同属于电磁辐射。无线电信号和手电筒的光柱一样，不能从黑洞里传出。

另一个容易否决的方案是发射火箭进入黑洞，而后令其返回。一切行星和恒星都有一个逃逸速度，火箭为了脱离星体而不被吸回去，其飞行速度必须超过逃逸速度。然而，黑洞的逃逸速度等于光速。光速是宇宙中物质速度的极限，没有任何东西能超过光速。火箭方案的问题是火箭不可能从黑洞中逃脱。

我们可以设想制造一部类似于深海潜水器的探测器，为探测器配备探照灯和照相机，通过一根绝对不会断裂的缆绳将它送入黑洞。缆绳固定于——嗯，固定于一个极其巨大而结实的东西上。让探测器拍下照片，然后把它拉出来。

这个方案行不通。一旦缆绳的原子进入视界，就没有任何物理力可以把它再拉出来，把物质联结起来的电磁力也做不到。宇宙中既然存在黑洞，就不可能有所谓的“绝对不会断裂的缆绳”。

于是我们承认，任何进入黑洞的东西都无法再出来。但是，这并不必然意味着关于黑洞内部的预言是不可验证的。从理论上说，一个人可以进入黑洞参观一下。他永远也不能再出来，并且他在里面也活不了多久。此外，这需要一个非常大的黑洞，否则，这个观察者在穿越视界时就会死去。

黑洞周围的空间扭曲呈现为强烈的潮汐力。这种力量与在地球上造成潮汐的力量属于同一类型。月球的引力倾向于把地球拉长压扁。岩石受这种力的影响小于水，所以我们可以观察到海洋中的潮汐现象。

在黑洞附近，这种奇异的潮汐力同样趋向于在潮汐的方向上拉伸对象，在另一个方向上压扁对象。设想你飘浮在太空中，你的脚指向一个黑洞，头朝向相反方向。潮汐力将沿着从头到脚的方向拉伸你，从两边压扁你。

同样的力将会作用于火箭或任何其他对象。如果黑洞的质量比太阳大几倍，那么视界处的力足以把人杀死，可能也足以摧毁由任何已知材料构成的同样大小的对象。没有人可以活着接近一个仅具有寻常尺寸的黑洞，更别说进入了。

黑洞的大小各不相同。黑洞的大小（更确切地说，是它的边界——视界的大小）取决于形成黑洞的对象的质量。有趣的是，形成黑洞的对象质量越大，视界处的潮汐力越小。

根据广义相对论，视界处的潮汐力与黑洞的质量的平方成反比。据估计，质量为太阳1 000倍左右的黑洞，其视界处的潮汐力是人体所能承受的。已知的星体中还没有质量这么大的，但是据猜想，质量比这大得多的黑洞是存在的。

1987年，天文学家道格拉斯·瑞奇斯通（Douglas Richstone）和艾伦·德雷斯勒（Alan Dressler）报告说，在仙女座星系及其卫星星系M32中发现了可能存在巨大黑洞的证据。他们发现，在接近星系的中心处，星体旋转的速度比预期值快很多。如果假定这些星体围绕着一个质量大约为太阳的7 000万倍、不可见的高密度对象旋转，则这种情况可以得到解释。在一切已知的或理论上的对象中，符合条件的只能是黑洞。此外，更间接的证据表明，一个类似的黑洞可能存在于我们自己的星系的中心。对于这么大的黑洞来说，视界处的潮汐力将比较柔和——力量仅为达到太阳质量

1 000 倍的黑洞的 50 亿分之一。一个人在穿越一个巨大的黑洞的视界时，可以轻松地活着进去，并且深入一段距离。

黑洞的中心处是一个“奇点”，奇点处的时空无限密集、无限弯曲。穿过视界的任何对象都会被吸到奇点处。对于观察者来说，无论如何，到达奇点就是终点——任何身体和器械都无法抵抗无穷大的潮汐力。

到达奇点所需的时间取决于黑洞的大小。这个时间等于 1.54×10^{-5} 乘以黑洞质量再除以太阳质量。[这个时间是从下落的观察者的角度估算的，对于其他观察者来说结论不同。在一个远离黑洞的、静止的观察者看来，下落过程（不夸张地说）将永远进行下去。这是围绕黑洞的时空严重扭曲所产生的另一个效应。]

对于质量为太阳两倍的典型的黑洞来说，从视界到奇点的旅行大约需要 3×10^{-5} 秒。对于质量为太阳 1 000 倍的典型的黑洞来说，下落的最长时间将是 0.0 154 秒。在这两种情况下，观察者都将在穿越视界时死去。

然而，对于质量为太阳 7 000 万倍的黑洞（就像可能存在于仙女座星系中心的黑洞）来说，从视界到达奇点的时间是 1 100 秒（约 18 分钟）。观察者在向奇点下落的 18 分钟里，几乎全程的潮汐力都是可以忍受的。只有在最后一瞬间，确切无疑的死亡才会来临。

进入黑洞的人的最终命运诡异而恐怖。在达到奇点前的最后一瞬，潮汐力将无限地增长。骨骼和肌肉都解体了，随后细胞和原子的构架也崩溃了，人体将被拉成一根像意大利面条一样的形状，长度永不停息地增长，直径永不停息地变小。随着面条的长度延伸至无限长，其直径变得比最细的线的直径还要短（从内部看，黑洞的半径无穷大）。人体最终的体积为 0。进入黑洞的人体将变形为欧几里得的理想直线。

（下落的观察者看到的所有景象很可能是令人失望的。我猜想，你会期待看到奇点，至少看到那些以前进入的对象——这些对象已经解体，被拉伸成体积为 0 的、光线一样的面条。遗憾的是，先前解体的对象——包括构成黑洞的星体本身——发出的光线，永远不能射入后下落的观察者的眼睛里。你只能看见在你之后穿过视界的对象。奇点恰如梵天——在你变成它的一部分以前，它是不可见的。）

恐怕没有人喜欢做这个实验，但这个实验是可以想象的，这关涉黑洞内部的“实在性”。一个下落的观察者肯定有时间拍照片，做实验，把这些实验写在日记里。对他来说，毫无疑问，这个经历是实在的。

关键问题在于，无论观察者用什么办法，他都无法把自己的经验传达给外界的我们。这些经验无法融入人类经验的共同体中。这是否构成关键性的差别？如果你觉得构成了，设想一下这个场景：地球掉进了这个巨大的黑洞，在 18 分钟里，每个人都会意识到自己处于黑洞中。

有些人强烈地认为，以上讨论足以证明黑洞的内部是实在的（假定广义相对论是正确的）。一个无论用什么办法都不能检验的假说（比如庞加莱的夜间倍增）截然不同于一个仅仅是很难检验——甚至需要检验者自杀——的假说（比如关于黑洞内部的天体物理学）。科学是可检验的假说，这些假说以某种方式构成一种差别。庞加莱的倍增是一个幻想，因为这个假说不会构成任何差别。相反，如果你进入一个黑洞，有些事会发生，这些事将证实或者反驳广义相对论。

他人心灵

认知科学研究心灵，这门科学涉及许多不可检验的实体。“他人心灵”问题是哲学家提出的一个古老的问题：我们如何知道别人和我们一样具备意识和感觉？每一个他人都可能是一个类似于机器人的东西，他们只是按照编好的程序说话和反应。你如何证明实情并非如此？

他人心灵的问题可以用一个庞加莱风格的思想实验来表达。假定昨晚除了你以外的所有人都丢失了灵魂（或者意识、心灵），他们的行动一如既往，但是内心独白（姑且用这个说法）彻底消失了。你有什么办法辨别这种情况？（或者换一个假定：世界上半数的人有灵魂，而其他人没有灵魂，我们如何分辨谁有灵魂、谁没有灵魂？）

当然，别人会谈论他们的爱、恨、苦、乐，但是这不能说明任何问题。我们必须假定，所有我们观察到的各种各样的人类行为，都是不具备意识的机器人同样能够完成的。如果他人的意识是一个幻象，这个幻象就是一个完美的幻象。

我们需要做的是设计一些巧妙的问题，利用这些问题找出那些所谓的机器人的破绽，揭示出他们没有真实情感的事实。也许你会说，其他人也在思考和讨论他人心灵问题，这个事实本身就证明他们是有心灵的。然而，机器人并不介意真实的意识是否存在，他们甚至会怀疑真实的意识存在的可能性。因此，它们也能对他人心灵的存在提出猜疑，但这个标准不足以证明假说中的机器人的状态。

可以用归纳推理来论证他人心灵的存在。我们每个人都知道自己在许许多多的方面与人类的其他几十亿成员相似。由于我们知道自己是有心灵的（理应如此），所以我们很自然地推断，其他人也是如此。这个归纳并不可靠，因为这是一个外推，而外推仅以一个已知的心灵为基础。因此，我们的问题是寻找一个客观性的检验。

这个检验必须是这样一种形式："进入另外一个人的头脑"去感受他有（或没有）什么感受。超感知能力也许可以做到这一点——如果超感知能力存在的话。另外，将来人类也许会发明某种试验方法，把一个人的大脑与另一个人的大脑以人工方式连接在一起，通过这种方法感受他人的感受。然而，即使有这种奇异的手段也不足以彻底消除怀疑。依然不能排除这样一种可能性：其他人的大脑都是机器大脑，它们也能发出"脑波""前兆""震颤"等，而唯有你真正具备意识，能对它们发出的信号做出反应。

大多数哲学家承认，其他人是否有意识是严格地不可知的。有些哲学家更进一步，他们论证说，意识与对意识的完美模拟完全相同。大多数人反对这种看法。你很可能认为，即使承认通过观察和实验，无法区别具备意识和不具备意识这两种情况，二者还是有区别的。这个反驳有道理吗？

快乐和痛苦的夜间倍增

最近出现了一个庞加莱思想实验的机智的变种：如果昨天晚上每个人对快乐和痛苦的感觉都增加了一倍，将发生什么情况？这个问题与最初的问题相比，虽然某些论证依然有效，但是其无意义性远没有那么明显。

1911 年，经济学家斯坦利 · 耶方斯（Stanley Jevons）写道：

> ……在所有例子中，从来没有人试图把一个心灵中的感觉强度与另一个心灵中的感觉强度做比较。据我们所知，一个心灵的敏感度可能比另一个心灵强 1 000 倍。然而，如果敏感度的差异在各个方向上比例相同，则我们将永远无法发现这些差异。这样，每个人的心灵对于其他任何人来说都是不可测量的，看来不可能存在一个共同的标准。

耶方斯是说，你的朋友们的感觉可能是你本人的感觉的 1 000 倍，或者是千分之一。我们考虑一下这个思想实验：

昨夜快乐和痛苦倍增了。也就是说，每一个具体的刺激引发的快乐或痛苦从此以后都变成了以前的 2 倍—— 一块核桃馅饼、性高潮、被蜜蜂蜇，莫不如此。当然，我们必须保证，倍增的仅仅是主观感受。快乐和痛苦与某些特定的、可测量的大脑活动相关。如果大脑中的内啡肽（这种化学物质与某些类型的快乐相关）水平上升，或者C纤维（这种物质与痛苦相关）的电活动出现可测量的增长，这些变化显然是神经学家可以发现的。然而，主观性的倍增则不会这么轻易地被察觉到。

首先需要讨论的问题是，偏好是否会有某些变化（偏好是指在可以自由选择时你会做出的选择）。答案是理应不会，因为偏好似乎仅取决于苦乐的相对程度。

哲学家罗伊 · A · 索罗森（Roy A. Sorensen）的结论是，偏好的倍增是不可察觉的。假定在倍增的次日，你走进一家冷饮店。冷饮店提供 30 种口味的冰激凌，其中 29 种是你在不同程度上喜欢的，只有一种（甘草味的）

是你讨厌的。由于快乐和痛苦倍增了，现在甘草味的冰激凌双倍地令你讨厌。当然，在倍增以前，你也不会买甘草味的，而只会买你最喜欢的口味，除非猎奇的愿望战胜了口味上的偏好，引导你选择了另一种。

而在倍增以后，你做的是同样的事情。你最喜欢的口味依然胜于次喜欢的口味，二者的差变成了以前的 2 倍。猎奇带来的快乐同样增加了一倍，你可能选择尝试一种新口味，而不去选择你最喜欢的口味，前提是即使在倍增没发生时你也会这么干。总的来说，晚餐时我们会对着菜单做出同样的选择；死刑犯在选择死法时也会做同样的选择；所有电视节目所占的市场份额都不会有增减。

乔治 · 施莱辛格（此人主张庞加莱提出的物理性的倍增是可察觉的）声称，通过不可辨别的偏好可以察觉出偏好倍增。他的论证实质上是这样的：假定被蜜蜂蜇和被黄蜂蜇对你造成的痛苦程度几乎完全相同，因而在面临被蜜蜂蜇或被黄蜂蜇的选择时，你无从抉择。然而，在苦乐倍增之后，从你个人的偏好感觉来看，这两种痛苦之间的差别变大了，你可以发现，实际上被蜜蜂蜇带来的痛苦要小一些。甚至有这种可能：你能够辨别出某些痛苦介于这两种痛苦之间。你宁愿遭受税务监察，也不愿被蜜蜂蜇；宁愿被黄蜂蜇也不愿遭受税务监察——这些差别也许会变得更明显。索罗森对此做出的回应是，以上论证相当于针对夜间长度倍增的问题做如下断言：一些铅笔在倍增以前看起来长度完全相同，倍增以后重新检验铅笔的长度，据此就能察觉倍增的发生。

弗洛伊德心理学的快乐原理主张，我们总是选择做最令我们快乐（当前或在可预见的长时期中）的事。如果确实如此，那么最令我们快乐的事在快乐程度上是否倍增就无关紧要了。考虑这个例子：在电视问答节目《危险》中，参赛者为了指定数额的奖金而回答题板上的问题。在一段广告过后，他们开始了新一轮的游戏，名为“双重危险”。在这一轮中，每个问题对应的奖金增加了一倍。显然，“双重危险”中的战略与先前完全一样，虽然你赢的钱将是之前的 2 倍。这与决策论中的一个基本原则一致：把

“效用”乘以2（或任何正的因子）不会引起任何变化（效用是对一个人在何种程度上期望或不期望某个特定结果的定量描述）。以前倾向于什么，现在依然倾向于什么。

有些人以詹姆斯·奥尔兹（James Olds）和彼得·米尔纳（Peter Milner）的“快乐中枢”实验为依据，主张苦乐倍增是可以被察觉到的。20世纪50年代初，奥尔兹和米尔纳把银丝制成的电极植入老鼠的大脑，以检验对大脑的电刺激如何影响行为。他们在寻找假想的“避免中枢”。据猜想，若刺激这个部位可以教会老鼠避免某些行为。老鼠在桌子上自由漫步，一旦老鼠接近某一个桌角，实验员就使植入老鼠身体的电极发出一个电刺激（5~100微安，持续半秒）。

奥尔兹和米尔纳发现了作用非常强烈的避免中枢。在老鼠接近桌角禁区时刺激这些部位，可以使老鼠转身逃离。仅仅一次这样的实验即可教会这只老鼠永远避开这个桌角。实验中出现了一个意外事件，这是科学史上最重要的事件之一。有一只老鼠接近这个桌角时受到电刺激，它停下了。它向桌角又走了几步，而后静静地站着。如果把它从这个桌角挪开，它会试图返回。奥尔兹和米尔纳仔细检查了这只老鼠，发现电极植入它大脑的部位和其他老鼠有细微的不同。老鼠大脑的这个部位的功能与避免中枢相反。

这个新位置最终被称为“奖励中枢”或“快乐中枢”。与之相反，引起规避行为的区域被推测为“痛苦中枢”。老鼠为了得到“快乐中枢”的刺激会轻易地学会走迷宫。如果老鼠每推一下控制杆，就给老鼠的“快乐中枢”一个刺激，老鼠很快就会放下其他一切事。这些老鼠会每分钟推100下控制杆，直到筋疲力尽地倒下；小睡之后，它们又会起来立刻重新开始。

确定“快乐中枢”和“痛苦中枢”的位置的工作是试探性的。奥尔兹和米尔纳面对的是一个啮齿类动物的“他人（鼠）心灵问题”：鼠类能和我们一样体验快乐和痛苦吗？或者相反，它们其实是机器老鼠？后来的实验在人类志愿者身上进行。刺激一个“快乐中枢”产生的感觉是快乐的（但是不像在老鼠身上表现得那么强烈）。心理学家已经在人类大脑中找到了几十个不同的“快乐中枢”，分别和性、食物、渴以及其他基本欲望相关。

看起来是这样：如果快乐和痛苦倍增了，我们就会像奥尔兹和米尔纳的老鼠那样，沉浸在无止无休的纵情欢娱中。然而，在奥尔兹和米尔纳的实验中，只有一个行动（在笼子里推控制杆）对应的快乐增加了。这个变化改变了老鼠的偏好。如果所有行动对应的快乐同时增加，这时的情况将与庞加莱最初的思想实验更为相似。

假设你走进一家冷饮店，吃了一份你最喜欢的冰激凌。现在冰激凌的味道比以前还好一倍，这是否意味着，你将不顾一切地狂吃冰激凌？吃多了冰激凌引发的胃肠不适现在也增加了一倍。你检查自己食用的高脂肪食品，并且还想节食，这种感觉也比以前强了一倍。在饥饿时，吃有很强的优先性，但是吃饱之后优先性就降低了。除了再吃一份冰激凌以外，你还可以做其他事，这些事的诱惑力也增加了一倍。

即使人们的行动和以前一样，他们不是依然会意识到倍增吗？通过把你当前的苦乐与过去的记忆相比，你可以察觉到变化。这个事实我们可以用这样的判断来表达：“这是我吃过的最棒的核桃馅饼。”这句话表明，我们拥有关于过去的快乐的记忆，并以此衡量当前的快乐。

我倾向于同意这种说法，但是，我不能确定这种说法与一个“据观察，西尔斯大厦是我见过的最高的建筑”之类的语句有什么差别。建筑物的高度可以通过两种方法中的一种来确定，客观性的方法是参照已公布的高度值。一本旅游指南标出了西尔斯大厦的高度——1 454 英尺[①]，把这个高度与其他你见过的高大建筑的高度相比较，得出结论：西尔斯大厦最高。然而，你如何客观地比较快乐和痛苦呢？只有通过关于过去偏好的已公布记录才能比较（就像用比较制造年代的办法鉴别葡萄酒一样），但这些记录比较的是一种（过去的）苦乐程度与另一种（过去的）苦乐程度，所以根本

---

① 1 英尺≈ 0.305 米。——编者注

没有用。这就好比用一条长度倍增的尺去测量高度倍增的西尔斯大厦。

测量建筑高度的主观性的方法是把它与邻近的建筑做比较，看看需要把头抬多高才能看到建筑的顶端（实际上这种方法是把建筑的高度与观察者的身高做比较）。我们某些过去的苦乐体验很可能必须与当前的苦乐比较。例如，你吃过的最好吃的一顿饭是在夏令营里、监狱中或救生艇上长期断粮之后；你的头撞了墙，但是当你停下来时，感觉不错；分娩的痛苦伴随着迎接新生命的欣喜。如果所有的苦乐都倍增了，通过这些比较你就不会发现变化。

如果你认为凭借记忆可以发现倍增，我们可以令倍增渐渐地发生（甚至经历长达若干世纪的时间）。柏拉图有办法写出什么东西，令我们相信希腊人体验的快乐是我们死气沉沉的20世纪人体验到的2倍吗？

有些哲学家声称，倍增之后压力会增加——这是更难反驳的。假设你走进一家外国赌场，在地板上捡到一枚绿色的轮盘赌筹码，你把这枚筹码押在幸运数字“7”上，将会发生什么事呢？这枚筹码的面值是100，你算出它的价值相当于2美元。就在你投注已确定、不可更改以后，一个朋友告诉你，你搞错了筹码的兑换比例，这枚筹码的实际价值是2 000美元。你现在的处境是，或者输掉2 000美元，或者赢得72 000美元。虽然输赢的概率都和以前一样，但是由于赌注增大，你不会更加忐忑不安吗？看起来，在苦乐倍增之后的世界里，压力会比以前大——你的所得和所失都是以前的2倍。

对此的一种回应是，没错，压力比以前大了一倍。这是因为压力是痛苦的一种形式，因而压力也倍增了，不过比例还是没有变。但是另一方面，通过溃疡发病率的上升、镇静剂消耗量的增加、自杀率的上升等迹象，也许可以反映出压力的增加——那些迹象属于客观性的变化。

值得推敲的是，施虐狂和受虐狂将会察觉到苦乐倍增。从施虐狂的角度看，不仅他从施加一定量的痛苦中获得的快乐增加了一倍，任何一个特定的施虐行为所造成的痛苦也是以前的2倍。他的行为造成了双倍的痛苦，于是他获得的快乐是以前的4倍。另一方面，受虐狂的感受是这样的：受虐狂的痛苦倍增了，同时他从“单位”痛苦中得到的快乐也倍增了，所以他获得的快乐也是以前的4倍。

以上分析很精巧，但是有一个破绽：包括施虐狂在内的任何人都无法确知他人的快乐和痛苦。

实在是唯一的吗?

以上这些例子表明，许多截然不同的假说都能与经验相一致。庞加莱说，这样的假说有无穷多。依赖科学方法无法确定其中一种而把其他可能性摒除。我们可以说一个与“夜间倍增”类似的假说是真的或假的吗?

庞加莱认为，这些假说都是不可证伪的，采纳其中的某些假说对我们来说更加便利，但这并不意味着这些假说更加真实。很多人觉得庞加莱的描述令人烦恼：实在不是唯一的，我们可以自由地选择某一种实在。

庞加莱写道：“完全独立于精神的实在是不可能的，精神会思考、观察和感受实在。一个如此外在的世界即使存在，也永远无法为我们所知。严格说来，我们称为‘客观实在’的东西其实是所有人共同接受（或可能共同接受）的若干思想的共同部分。我们将发现，这个共同部分只能是以数学规律表达的和声。”

L A B Y R I N T H S

第二部分

O F R E A S O N

插曲：华生大夫的谜题

在处理这类问题时，最重要的是反向推理的能力。

——柯南·道尔，《血字的研究》

福尔摩斯退休以后到苏塞克斯高地养蜂，平静地隐居了几年。他的（第一封）来信很简短：“田园生活不大适合我。我多么渴望智力上的刺激！你能想办法来一趟吗？”我取消了几个安排好的预约，次日便乘火车南下。

当晚稍晚的时候，我们共进晚餐，席间我说起我在俱乐部里分析了我们过去的冒险。“福尔摩斯，我认为你是最容易遭人误解的英国人之一。所有人都以为，你的声望来自于你处理的案件的难度。但是我相信，关于你的传说之所以广为流传，是因为案件的解决都太简单了。”

福尔摩斯把指尖合在一起，露出感兴趣的表情：“你认为英国公众喜欢听幼稚的侦探故事吗？”

我觉得他的表情清楚地表达了他的想法。我接着说：“公众喜欢这样的案件：答案一经公布，人们会觉得它是极其明显、不证自明的……但是找到这个答案的过程却是非常困难的。只有当答案明显正确时，读者才会敲着自己的脑袋感叹：我怎么就没想到呢！”

“所有问题回头再看时都很简单，”福尔摩斯答道，“这就像走迷宫，从终点出发往回走。”

“不，”我反驳说，“我不同意。有些迷宫从终点往出发点走同样困难。有很多问题，它们的答案和问题本身一样艰深晦涩。如果你总是用枯燥的弹道学和指纹折磨大家——伦敦警察厅的警员大多数时间就这么干，我在向大家介绍你的事迹时，听众恐怕不会有现在的1/10。大众喜欢容易理解的答案。”

“你的观点很有趣，”福尔摩斯不置可否地说，“我订了几份深奥的杂志打发枯燥的养蜂生活，在其中一份杂志上我见到了威廉·尚克斯（William Shanks）的工作成果。此人是这个美丽岛国的数学家，他花了20年时间把圆周率推算到了小数点后第707位。他计算出的结果占了整整一页纸，但整页都是没有意义的、随机的数字。如果有人怀疑尚克斯的结果，他将不得不花费同样多的时间重复尚克斯的劳动。在这个例子中，验证答案的工作和初次发现答案相比，难度完全相同——这个例子与‘明显’的答案完全相反。”

“完全正确。我在伦敦曾经对一位学校里的密友这样说，但他回答说，这就像一个谜题：有一个普通的英语单词，开头和结尾都是‘UND’这三个字母，这个单词是什么？猜想这个单词很困难，但是一旦你想到了，就不会怀疑答案的正确性。当然，解答这个问题时不允许你翻字典。”

福尔摩斯一言不发地皱起眉头。

“我告诉俱乐部里的几个熟人我要来看你，我对他们说我需要几个谜题消磨时间。他们给了我一些精妙而难解的谜题。这些问题看来都属于你擅长解决的那类，而且答案一经发现就变得很明显。你可以花几周时间琢磨这些问题，我不需要待在这里告诉你答案正确与否。”

“几周？我不相信会用那么长时间。”

智力测试

饭后，我把福尔摩斯领到我住的客房的隔壁房间。福尔摩斯租下这间屋子，但是它几乎没什么用，里面也没什么家具。当天下午，我搬走了床和椅子，屋子显得相当空。

有两条绳子从天花板上垂下来，每条6英尺长，两条绳相距10英尺。由于天花板的高度也是10英尺，所以绳子的下端距地面4英尺。

除此之外，这间屋子唯一的特征就是地上有一堆乱七八糟的东西：一把瑞士军刀，一个爆竹，一小瓶乙醚，一块25磅重的冰，还有一只花猫。那块冰被放在了一个平底锅里，以免弄脏印度地毯。

“我投降了，华生。你想要干什么？”福尔摩斯问道。

我说：“问题是把绳子的两头系起来。你会发现，这两根悬挂着的绳子之间的距离，比你双臂展开的长度还要长4英尺。当你抓着一根绳子的时候，你就摸不到另一根绳子的任何部分。在解决这个问题的过程中，所有你可以利用的东西包括这把瑞士军刀、这个爆竹、乙醚和冰，还可以用到这只猫。但是，你不许用窗帘上的杆子、壁纸、地毯以及屋里的其他东西，你身上的衣服和其他物品也在禁用之列”

福尔摩斯仔细地审视了地板和天花板，然后说：“你用来挂绳子的那架梯子的第三阶松了。”

我没理会他的话，接着说：“这两根绳子用活扣系在天花板上的固定点上，绳子经不住你的重量。作为提示，我只能告诉你：这是最令你发疯的谜题之一——虽然想出答案可能很困难，但是知道答案以后你就会觉得太简单了。”

气、水、电

福尔摩斯静静地沉思了一会。然后问道：“第二道题呢？”

我说："你的下一个问题是亨利·欧内斯特·杜登尼最近写的文章中的一道题。我花了一些时间钻研这个问题，但是听说这道题根本没有解。后来我又花了一些时间研究，最后的结论是它有一个解。"

我给福尔摩斯看了我从文章中剪下来的图："有三栋住宅，还有三家提供公共服务的公司——煤气公司、自来水公司和电力公司。每家公司都想把管道（或电线）铺进每一栋住宅，但管道（或电线）之间不能交叉。管道的路线可以弯曲，也可以绕远，但是不能交叉。"

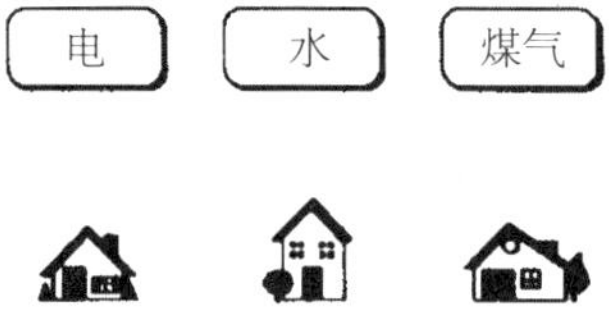

福尔摩斯几乎对这幅图不屑一顾："我对这道题太熟悉了，华生。这道题的历史比电灯早，甚至比煤气灯还要早。比较古老的版本说的是通向鸽舍、水井和草垛的路。我可以肯定地告诉你，如果你认为自己找到了一个答案，那么你一定犯了错误。这办不到。"

"尽管如此，我认为你会同意存在一个解。"

福尔摩斯宽容地叹了一口气："我知道有人给出了一些取巧的答案：一条管道可以穿过一栋房子；自来水管可以包在煤气管道里面。我承认这些办法中的聪明才智是可敬的，但是我确信，你会把这些方法视为作弊。它们违背了原题中最关键的拓扑关系。住宅和公司都应被视为没有面积的点，管道应被视为没有截面的曲线。"

"我不能赞同你的观点，肯定存在一个答案符合你所说的拓扑关系。"

公司的流言

我的第三道谜题是这样："某个特定的大公司有 1 000 名雇员，它有一个独特的解雇员工的办法。任何人都不会被告知他被解雇了。每一个预计将被解雇的员工都可以推断出他将被解雇的结论，所以他会主动辞职，而非等着被解雇。

“公司里的雇员始终都生活在被解雇的恐惧之中。即将解雇某人的流言会在瞬间传遍整个公司。流言加工厂的信息是完全正确的，流言的传播也非常稳定，没有人会出于恶意或无聊制造假消息。一旦计划好解雇某人，除了这个不幸的员工自己，公司里的每个人都知道。他本人一定是最后一个知道。没有人忍心把坏消息告诉将被解雇的人，而且，每个人都在长期的磨砺中都学会了完全不动声色，当一个同事注定要被解雇时，其他人都会按部就班地工作，一切照旧。

“这种流言遍布、口是心非的环境使得所有员工都精于逻辑推理。每个晚上，每个员工都清醒地躺在床上，回想他听到了什么、没听到什么，推敲与他在公司中的职位相关的所有可能的推论。任何蛛丝马迹都逃不过他们的洞察和分析。每个员工都非常聪明（也非常多疑），任何人都不会漏掉任何行动的任何逻辑含义。如果一个员工推论出他将被解雇，次日早晨他做的第一件事就是辞职。

“有一天，这家公司被一个更大的公司吞并了。这家更大的公司的经理召集全体员工开会，并在会上宣布：‘裁减冗员的时候到了。名单已经确定！’这个经理没说谁将被解雇，他甚至没说多少人将被解雇。像往常一样，没有什么秘密能瞒过公司的流言系统。会议刚结束，就有某职员将被解雇的消息传出。下面将发生什么事？”

福尔摩斯问道：“‘下面将发生什么事’是什么意思？”

“这是一个关于可能发生解雇的、相当精妙的推理。这个谜题在于看你能推出什么。”

“没有足够的信息！”

“这个精致的谜题的魅力就在于，从最小化的信息出发可以推出非常丰富的结论。”

福尔摩斯看起来相当草率地尝试了几个想法，然后干脆放弃了。他说："我猜想，有些不幸将被解雇的人，可以从其他人的行事方式中看出自己的命运。"

"不，不，你没有理解这个问题。他们全是顶级演员，而且毫无义气，即使他们最好的朋友将被解雇，他们也不会透露任何消息。"

"我早就知道，最狡猾的说谎者也经常从瞳孔泄露真相——"

"我没提任何关于瞳孔的事，这和瞳孔没关系。"

"这些员工不能聚在一起共享信息吗？"

"除了我提到的公司的流言加工厂以外，他们没有其他的交流手段。在任何情况下，任何人都不会对其他人说'你将被解雇'，他们也不会通过公司外的第三方告知对方。"

"匿名信呢？"

"不许写！"

墓地谜题

"说到匿名信，我想起一个谜题：一个人收到一封没有署名的信，信中说让他午夜去当地的墓地。通常他不会理会这种事，但是这次他出于好奇去了。夜晚一片死寂，仅有一弯新月照明。这个人在自己的祖坟前站住了。就在准备回去时，他听到有人拖着脚步靠近的声音。他高声呼叫，但是没有应答。次日早晨，管理员发现此人死在坟前，脸上带着恐怖的狞笑。

"问题是，此人在1904年的美国总统选举中，是否投了罗斯福的票？"

"好！"福尔摩斯表现出极大的兴趣，"终于有一道可以用逻辑方法解决的问题了。"

一个测量员的困境

接下来我从我的医务箱里拿出三块纸板，一块是正三角形，一块是缺一个角的正方形，还有一块是完整的正方形。“在美国沙漠里有一个地方，住着三个地主，我们称他们为史密斯、琼斯和鲁滨逊。史密斯有三个儿子，琼斯有四个儿子，鲁滨逊有五个儿子。美国人非常民主，他们把财产分割成完全相同的部分，分给自己的继承人。

“史密斯的地产是正三角形的，他不想偏向三个儿子中的任何一个，所以他让国家测量员把这块地分割成形状和面积都完全相同的三块。测量员做到了。”我用钢笔在三角形纸板上画出了分割办法。

“琼斯有四个儿子，他的地产是L形的，面积是正方形的四分之三。测量员费了好大力气，终于把这块地分割成四块，每块的形状和面积完全相同。

“鲁滨逊有五个儿子，地产是标准的正方形。他要求测量员把地产分割成完全相同的五块。测量员发现这个问题极其困难。他完不成这个任务，把所有其他的事情都耽误了。他几乎拔光了自己所有的头发，最后别人不得不用勺子喂他吃饭。你的最后一道谜题是把正方形分成五块，每块的面积和形状完全相同。这是可以做到的，但我要警告你，解法是唯一的。

“我希望你能从这些问题中获得乐趣。今晚我准备睡觉了。请不要通宵研究这些问题。如果你通宵研究的话，在你找到答案时，拜托你不要叫醒

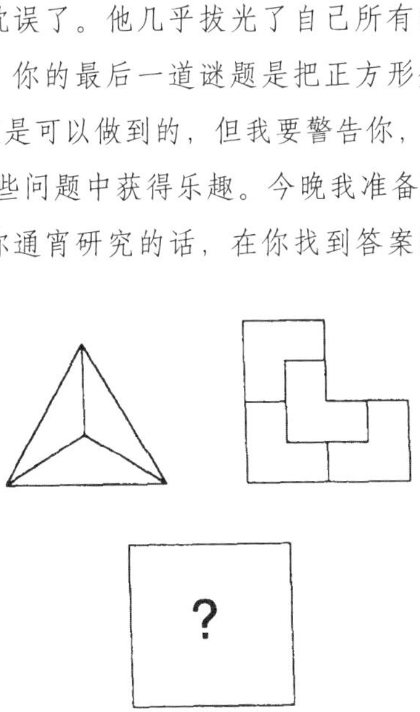

我。无论如何，你不需要我帮助你印证答案。正确的答案是明摆着的，就像秃子头上的虱子。"

当我离开时，福尔摩斯正坐在松木桌旁运笔疾书，没理睬我。

答案

我做了噩梦，我想这是晚上闲扯引起的过度兴奋造成的。次日早上我八点起床，第一件事是瞥一眼隔壁的空屋子。挂在天花板上的两条绳子已经系在一起，悬在我头顶。

看到那只花猫毫发无损，我如释重负。它完全不知道我曾把它当作道具误导了福尔摩斯！我想起福尔摩斯对动物没什么怜惜之情。

我在客厅找到福尔摩斯。他躺在沙发里，香烟产生的蓝色烟雾环绕着他。他还穿着昨天的衣服。他宣布："除了一道题以外，其他题都不值一提。"

"是吗？"我在桌边坐下。桌子上画了上千个正方形，乱七八糟的图案把这些正方形分割成了马蜂窝。在一页纸的顶端写着一个生僻的新词，"UNDACHSHUND"，这个词上被重重地打着一个叉。我好不容易克制住了发表评论的欲望，因为这个词下面就是正确的答案。

"你最先想到的是哪个词？"

"'UND'这个谜题我是最后解决的。"

"这个问题应当是最容易的。"

"我也这么认为，"福尔摩斯承认，"这个谜题之所以困难，是因为没有成系统的解决办法。如果找不到灵感的话，最好的办法就是尝试所有以UND为首尾的可能的组合。"

"看这儿，"福尔摩斯拿出一张写满字母的纸说，"由于UND本身不是单词，而且UNDUND也不是，我们要尝试UNDAUND、UNDBUND、UNDCUND，如此这般，直到UNDZUND。如果这26种7个字母的组合都不是普通的英语单词（我很快发现确实不是），你就必须尝试八个字母的组合，UNDAAUND，UNDABUND……，直到UNDZZUND。这类情况包括26乘以26种组合，总共是676种。”

“这样你还是没找到答案，”我补充说。

“没错。随着单词长度的增加，可能的组合数目呈几何级数增长。你将会发现，由于正确答案足够长，为了发现这个答案需要尝试几百万个字母组合。正是因为这样，我发现这个问题不公平。没有人可以用逻辑方法解决它，它太繁复了。”

“你是怎么找到答案的？”

“凭借幸运的猜测，或者依赖所谓的下意识，这二者我都不满意。我希望用逻辑方法找出答案。有一刻我感到一片漆黑，接下来，‘UNDERGROUND’这个单词突然跳进了我的脑海。”[①]

“也许还有其他的例子说明幸运的猜测比逻辑推理更有效？”我提出一个观点。

“你是指系绳子的问题吗？在一定程度上是这样。华生，当面对混淆视听的干扰项时，我总是能识别出来。如果我告诉你我当时的想法，请别太难过。你刚出完题，我就怀疑你给出的那些物品中，比较稀奇古怪的东西很可能根本用不上。从出题者的立场看，这个问题的精妙之处在于，解决这个问题不需要哪个特定的物品，这些物品中的任何一个都可以。

“我用的是瑞士军刀。用装乙醚的瓶子也可以，爆竹和冰块也能实现目的。猫会扭动，不过我想乙醚可以解决这个麻烦。我把小刀系在一条绳子上，让绳子荡起来，然后我牵着另一条绳子，抓住小刀，把两条绳子系在一起，形成一条优美的抛物线。回过头看，这个问题本身很简单。”

“应当是一条优美的悬链线。”我纠正说。

---

① 这个问题另有一个答案：UNDERFUND。不过在华生那个时代，字典里恐怕没有这个词。

“感谢你让我重新注意‘气、水、电’的谜题，”福尔摩斯说，“我猜你就是这么想的，你答案中的拓扑结构就是这样吧？”他拿出一张整洁的铅笔画，上面画的正是我的答案。

福尔摩斯解释说：“这个问题是作为平面问题提出的。实际上地球是一个球面，但是这并不构成什么差别。球面上的任何一个由点和线组成的结构，等价于平面上的一个结构，这是因为我们可以在一对极点上把球面‘刺破’，然后把球面变形为平面。在某些拓扑结构的特定表面上，这个问题中的管道路线可以不交叉。在麦比乌斯带和环面上，这个问题都是可解的。环面中间有一个洞，就像炸面包圈的形状。任何一条天然的隧道都把地球变成了环面，由岩石天然形成的桥或窗户的形状、有两个洞口的山洞或海底洞穴，通风孔、土拨鼠的洞——这些东西都能把地球变成环面。实际上，隧道是一个自由的交叉点。可以这么说：如果没有别的办法让两条管道不交叉，你就可以让一条管道走隧道里面，另一条管道翻山而过。

“环面的洞必须包括在管道系统中。如果一厢情愿地假定在这些住宅和公司附近有隧道或洞穴，这是没道理的。这个问题消耗了我的一些时间。然后我意识到，既然山不会走向穆罕默德，就让穆罕默德走向山。我们有理由假定这个谜题说的是地球上的事，而地球上有许多天然的隧道。这些提供公共服务的公司可以把三条管道蜿蜒曲折地铺到最近的一条隧道或洞穴处，然后再铺回住宅处。”

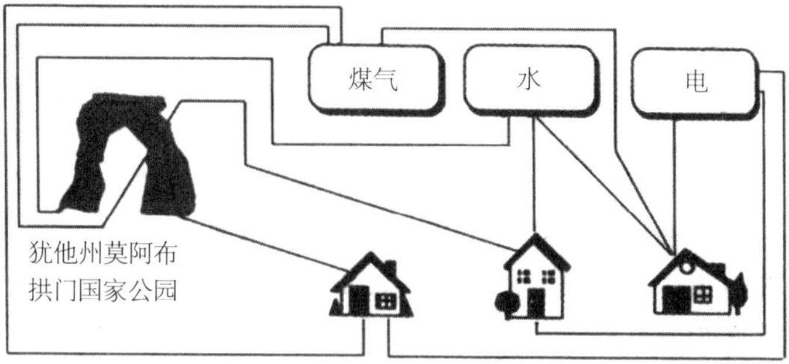

“我确信那个关于公司的流言加工厂的问题，你一定解决了，”我说，“应当承认，这个问题是纯粹的推演。”

“这个问题最为独特。答案是纯粹的推演，但是，我完全不能肯定我用的是推演的方法。恐怕这又是一个幸运的猜测。”

“猜测？”

“据说美第奇家族掌握了一种慢性毒药，毒药致命以前的潜伏天数，等于炼制时毒药在阳光下晒的天数。如果某人想让与自己有竞争关系的遗产继承人或者红杏出墙的女主人在15天之后归西，他会预先准备，在佛罗伦萨的骄阳下把毒药晒15天。毒药的配方已经失传……”

“作为一名医务工作者，我向你保证，这是个童话故事。这与谜题有什么关系呢？”

“我之所以提到所谓的美第奇家族的毒药，是因为这个传说引导我找到了答案，我是完全偶然地想起了这个传说。在公司里，每一个预计被开除的人都会在同一天推出自己将被开除，而且会在同一天辞职。推论的结果是，需要等待的天数与将被开除的人数相等。如果公司准备开除79个人，那么在宣布之后的第79天，所有这79个人都会辞职。”

“你是怎么得出这个结论的？”我问。

“这是一个奇妙也有些荒谬的推理。为了简化问题，我假定只有一个人将被开除。谣言加工厂知道这个人是谁，而且除了他本人以外，公司里的所有人都知道这个情况。当晚，这个注定要被开除的人在床上辗转反侧。他知道有人将被开除，但是他不知道谁将被开除，这不是很奇怪吗？公司的流言传播机制极其高效……唯一可能的结论就是：他——而且仅有他自己——将被解雇。如果他只是一批将被解雇的人中的一个，他应当已经知道了其他将被解雇的人是谁。因此，这个唯一的不幸者次日早晨必将辞职。这是唯一符合逻辑的可能。如果只有一个人将被开除，这就是将要发生的情况。

“下面考虑有两个人将被开除的情况。根据流言传播的规律，每个人至少知道一个将被开除的人的名字，第一个晚上所有人都可以安睡。每个员工都可以推想出我刚才描绘的、只有一个人将被解雇的情形。宣布之后的第二个晚上，这两个将被解雇的人会遭受失眠的折磨。两个人都会这么想：‘很不幸，某人将被解雇了。但我不明白的是，为什么此人今天没辞职呢？’所有员工都有完美的逻辑推理能力，而且有充足的思考时间去考虑各个行动的含义。只有在一种情况下此人才不会辞职：他知道另一个将被开除的员工的名字。这两人一定都会得出结论：另一个将被开除的员工只能是他本人。这两个员工在宣布之后的第二个早晨一定会辞职。

“此后整个问题迎刃而解。如果有三个人将被开除，则头两个早晨无人辞职，而每一个将被开除的员工只知道两个人将被开除。根据这两个条件，每一个将被开除的员工都可以推出自己的命运。这个问题与牵涉多少人无关，唯一的要求是每个人都坚信其同事的强大的逻辑推理能力。如果999天里无人辞职，那么所有1 000名员工都将度过一个无眠的夜晚，并且得出结论：整个工作团队将被解散。”

“那个墓地问题呢？”

“我跟你说过，华生，这个问题很简单。”

“对你来说也许简单。我不认为存在一个评判简单和困难的客观标准。”

“我相信你是对的。无论如何，这个问题的答案是：不，此人没有投罗斯福的票。解决这个问题的关键在于意识到题中提到的新月在午夜是看不见的。每个牧羊人都知道这个基本常识，令人震惊的是那么多所谓的受过教育的人却不知道。极地是个例外，在极地，太阳以及太阳附近的新月在一天的整个24小时中都是可见的。因此，如果此人真的生活在美国，他一定住在阿拉斯加，接近北极圈或者更靠北。阿拉斯加地区的公民在那时没有选举总统的权力，无论政治立场如何，他都没有投过罗斯福的票。”

“祝贺你，福尔摩斯，”我说，“这么说，一定是那个分割土地的问题困扰了你。”

福尔摩斯点头：“就是这个问题让我彻夜无眠。我觉得这个问题的性质与其他问题不同。在其他问题中，可以设想的答案的数目在某种程度上是有限的。然而，正如在一个平面上有无穷多条直线，分割一个平面图形的方式也有无穷多种。我不仅没做出这道题，我甚至都不知道如何开始。”

“你打算投降了吗？”

“是的。告诉我答案吧。”

“我考虑过了，我想我最好还是在安全返回伦敦之后写信告诉你。”

“为什么？”

“你不会高兴的。”

“华生，立刻告诉我！”

我在回家后的次日才把这幅图寄给福尔摩斯：

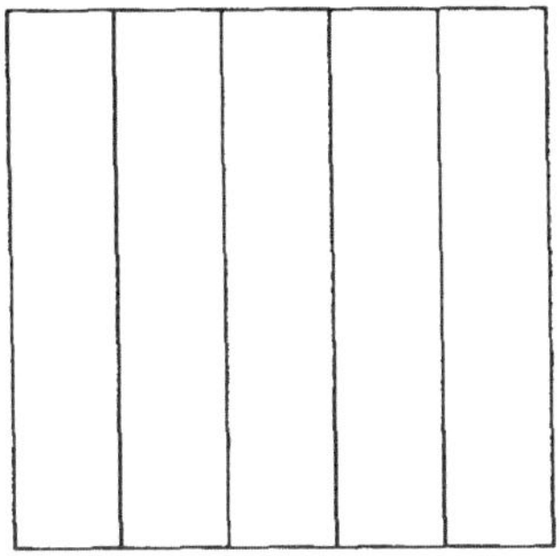

第5章 演绎：谷堆悖论

谜题和悖论之间有着深刻的联系。面对一个谜题，我们可以提出许多假说，其中一个可以避免矛盾，这个假说就是答案。但是在悖论中，所有假说都是不合理的。

逻辑谜题的味道很怪——有点儿像生牡蛎。有些人觉得逻辑谜题是有趣的挑战，有些人则很讨厌它。一个重要的问题是，是否存在解决逻辑谜题的通用方法？是否存在所有人都可以掌握的固定的程序、窍门或方法，可以解决所有的逻辑谜题？如果这种东西存在，那么它在科学以及其他领域都是无价之宝。

在实际操作中，逻辑表现为两种方法的混合：其一是按部就班的演绎推理，其二是穷尽所有可能性的搜索。第一种方法可以通过一组经典悖论展示。

忒修斯之船

根据普卢塔克的记载，特修斯杀死人身牛头怪物之后返回雅典，他乘坐的船被雅典人一直保存到法莱雷奥斯的德米特里（Dmetrius Phaleron）的时代。之所以可以保存这么久，是因为在船上的老木板腐朽以后，人们用结实的新木板替换了以前的木板。在哲学家那里，这艘船成为争论点，他们用这个活生生的例子探讨“事物的发展”这一逻辑问题。一方认为，这艘船还是以前的那艘船，另一方则主张它已经不是了。

所有人都同意，在一艘船上换掉一块木板并不会改变这艘船的“身份”，在撤换一块木板之后船还是原来的船。在修理过的船上再换掉一块木板，情况还是一样。可是，也许到某个时刻，整条船上连一块最初的木板也不剩了，此时，如果雅典人还把这艘船称为特修斯之船，那就是自欺欺人了。假如这艘船当初没有被保留下来，后来的雅典人只是用这些后来的木板直接造了一艘船，那么所有人都会把这艘船称为“特修斯之船的复制品”，大家不会认为这艘船还可以被称为别的东西。

一些较小的、同一类型的悖论在古希腊很流行。芝诺说，一粒谷子掉在地上没有声音，但是，当一大袋谷子掉在地上时，为什么却发出了声音？袋子里除了一粒一粒的谷子之外什么都没有。“谷堆悖论”①与这个问题属于同类问题：无论什么时候，从一堆沙子里拿走一粒沙子，剩下的还是一堆沙子。想象有一堆沙子，从沙堆里取走一粒沙子。根据你过去的经验，是否存在这样一种可能性：本来是一堆沙子，取走一粒沙子以后，剩下的就不是一堆沙子了？当然不可能。于是，我们从一堆沙子开始，一粒一粒来取，最终，这堆沙子只剩下孤零零的一粒了，但它必须依然是一堆！然后把这仅存的一粒也取走，什么也不剩了，但是，在这种情况下，它也必须是一堆！

---

① 原文为“paradox of the heap”，直译应为“堆的悖论”，但是中国学者习惯称之为“谷堆悖论”，所以此处译为“谷堆”，尽管下面说的是“沙堆”而非“谷堆”。——译者注

当然，为了逃脱困境，我们可以规定“堆”的最小标准。“一堆至少要包含 1 000 粒，于是规则变成这样：‘在粒数不少于 1 001 粒的一堆中取走一粒，剩下的依然是一堆。’”然而，这个规定念起来都非常别扭。它不是已经误解最初的问题了吗？“堆”这类词的含义原本就被视为是模糊的。

这个悖论的一个现代版本是王浩悖论（以王浩的名字命名）。王浩声称，如果一个数 x 是小的，那么 $x+1$ 也是小的。所有人都同意 0 这个数是小的吧？是的。于是，1（“0+1”）是小的，2（“1+1”）是小的，3（“2+1”）也是小的……所有数都是小的。这是荒唐的。

连锁推理

一个连锁推理是由一连串推理构成的一个链条。在这种推理形式中，每一个命题的谓项与下一个命题的主项相同。换一个说法，如同下例：

所有大乌鸦都是乌鸦；
所有乌鸦都是鸟；
所有鸟都是动物；
所有动物都需要氧气。

在这个连锁推理中，各个前提联系在一起导致了一个明显的结论（“所有大乌鸦都需要氧气”）。在许多逻辑谜题中，关键就在于发现连锁推理。上一章（插曲）提到的“公司的流言加工厂”的例子，就是一个明显的连锁推理。

连锁推理（sorites）这个词源于希腊语中与“堆”对应的单词。这是因为，在谷堆悖论中正是（错误地）应用了这种推理方法：

如果 x 构成一堆，那么 x 减去 1 粒构成一堆；
如果 x 减去 1 粒构成一堆，那么 x 减去 2 粒构成一堆；

如果x减去 2 粒构成一堆，那么x减去 3 粒构成一堆；

如果x减去 3 粒构成一堆，那么x减去 4 粒构成一堆；

……

如果x减去 12 882 902 粒构成一堆，那么x减去 12 882 903 粒构成一堆；

这样下去，这个推理可以包含上百万个步骤。

连锁悖论可能是最简单的演绎悖论了。这里没有任何难以理解的东西。一个前提轻微地不精确，在这个前提不断地重复应用之后，这种不精确性累积起来——所有的连锁悖论都是根据这种方法生成的。这种悖论的迷人之处在于，它利用（滥用）了一种极为常见而重要的推理形式。我们的大多数知识和观念都是通过连锁推理达到的。

有一天你看见一只乌鸦，以前你从未见过这只乌鸦，任何鸟类学家也没见过这只乌鸦。即便如此，你还是知道许多关于这只乌鸦的事。你知道（或者说有强烈的理由相信），它是恒温动物，它的羽毛和皮肤下面有骨头，它是从蛋里孵出来的，为了生存它需要水、氧气和食物，等等。这些知识既非来自直接经验，也不是别人明确地告诉你的。你曾经把某只乌鸦放进充满纯氮的屋子里吗（更别说这只特定的乌鸦了）？你曾经在某本书上见过“所有乌鸦都有骨头”这样直截了当的陈述吗？你通过建构必需的连锁推理，才能了解关于这只乌鸦的这些事实。

科学建立于连锁推理之上。根据这种推理形式，任何人都可以从几个既得的概括陈述出发，推出很多信息。信赖连锁推理可以使实验过程更经济。很可能从没有人做过实验以检验乌鸦是否需要氧气。实验已经表明各种不同种类的动物都需要氧气，如果存在什么理由令我们相信乌鸦也许是厌氧型生物，那么这种可能性应当已经有人检验过了。就像上面介绍的那样，我们依赖于连锁推理。

科学家寻求“所有X都是Y”这样的概括陈述，因为这类陈述使他们可以迅速地推理。“控制实验”的概念已预先假定，关于这个世界的重要事实符合这类陈述（在控制实验中，原因与结果的关系是独立可辨的）。然而，这并不意味着，所有真理都可以如此简单地表达。每当我们发现一部分真理时，这些真理总是反映出我们已掌握的、关于真相的片段可能与真相的整体并不相符。

复杂性

上一章介绍了“UND”谜题，这道题无法用“合乎逻辑”的方法解决。福尔摩斯对这道题的抱怨显示了一个相反的问题类型，与那些可以用逻辑程序处理的问题相对。连锁推理式的按部就班的程序，在这里无法应用。

“UND”谜题涉及一个被称为“复杂性理论”的数理逻辑分支。复杂性理论在客观、抽象的程度上研究“一个问题会困难到什么程度”。计算机程序员根据经验发现，用计算机处理某些类型的问题要比处理其他类型的问题困难得多，这一发现催生了复杂性理论。

如果复杂性理论只应用于计算机，那它的用处就小多了。实际上，这个理论同样可以应用于人类解决问题的过程。一个人解决问题必须依赖方法，方法（而非硬件）正是复杂性理论关注的焦点。

寻找一个客观标准来衡量一个问题的困难程度，达到这个目标看起来也许是徒劳的。大多数在真实世界中出现的问题都是这样：一些人觉得容易，另一些人觉得困难。许多问题的解决依赖于在问题和其他的特定事实之间建立的各种各样的思想联系。你或者能建立起联系，或者不能建立起联系。

某些谜题需要建立特定的思想联系（例如华生提出的分割土地问题），从某种角度说，这类问题是最困难的一类逻辑谜题，因为如何去解一点儿道理也讲不出来。换一个角度来说，这类问题又是最容易的——一旦联系建立好就一点儿难度也没有了。

复杂性理论最关心这样一类问题：即使存在程序化的解法，问题也是难解的。有些问题在本质上是困难的，不仅人类无法解决，科学幻想中遥远的未来计算机也解决不了，但这些问题是可解的，它们不是悖论，也不是没有解的骗人的问题。

复杂性理论的一个核心概念是"算法"。算法是处理某问题的一个确定的、机械的程序。它是一套完备的指令，在执行过程中，洞察力、直觉和想象力都是不需要的。所有计算机程序都是算法。做蔬菜汤的菜谱、装配自行车的操作指南、许多简单游戏的规则等，这些都是算法的例子。在小学里教的算术规则也是算法。我们知道，当我们把两个数相加时，无论数有多大，应用这些规则总会得出正确的答案。如果我们的答案错了，原因一定是误用了规则。没有人会怀疑算法本身。

算法必须是确切的。"如果你在树林里迷路了，保持冷静，调动常识，走一步看一步。"这是建议而非算法。童子军的条例则不同：如果你在树林里迷路了，一直往低处走，直到溪流旁，然后顺流而下，最后你会到达一个城镇。这则是一个算法。

给出一个有效的算法是很难的。未预料到的情况将会发生，童子军的算法可能失效，这种情形不难想象。你有可能身处于沙漠盆地，一直往低处走会到达一个干涸的湖底，却找不到溪流。在地球上的某些偏远地区，有的溪流通向一个内陆湖或者海洋，附近历来没有人类的住所。更糟的情况是，如果你发现自己处于一个非常平坦的平原上，不存在明显的"低处"，此时，算法对你一点儿用也没有。一个理想的算法应当在任何环境下都有效。

我们并非总是依赖算法。有些厨师按菜谱炒菜，还有些厨师愿意自由地即兴操作，以至于他们声称无法描述一道菜是怎么炒的。两种方法无所谓谁对谁错，但是只有算法化的方法值得我们分析。

说假话的和说真话的

逻辑谜题是我们用以理解世界的演绎推理的缩影。我们来看一下，如何用程序化的方法解决一个逻辑问题。逻辑谜题中最古老的类型之一建立于如下背景：在一个遥远的海岛上有一些居民，其中有些人总说真话，还有些人总说假话。他们分别属于两个部落：说真话者的部落，其成员总说真话；说谎者的部落，其成员总说谎话。必须强调的是，说谎者并不狡诈，他们不会采用时而说真话的办法来掩盖一个谎言，他们说出的每一句话都与真话完全相反。两个部落的服饰是一样的，对于外地人，也没有其他线索能够区分某个人属于哪个部落。也许最常被重复的“说真话—说假话”的问题是纳尔逊 · 古德曼（此人因提出绿蓝—蓝绿问题而著名）设计的一个问题。这个问题于 1931 年发表于《波士顿邮报》的谜题专栏，但是没有指明其发明者。我们把这个问题稍加变动，表述如下：

在一个“说真话–说假话”的海岛上，你遇到三个人，分别是艾丽斯、本和查理。

你问艾丽斯，她是说谎话的还是说真话的。她用方言作答，你没听懂。

然后你问本，艾丽斯说的是什么。本会说英语，他说：“艾丽斯称自己在说谎。”你又问本关于查理的情况，本回答道：“查理也是说假话的。”

最后，查理补充说：“艾丽斯是说真话的。”

你能推出这三个人各自属于哪个部落吗？

谁在说谎？

在演绎推理中，基本原则与主观性的因素无关；在“说真话—说假话”的问题中，也是如此。假如这个问题这么开头：我们的主人公从飞机上跳伞，落到一个海岛上——这不会产生任何影响。然后给这三个人换上不同的名字，也不会有什么不同，只不过答案中出现的名字变了。这个问题的最关键之处在于发现了一种逻辑联系，这是唯一重要的。

我们只关心一件事：确定这三个人所属的部落。在解决算术问题时，我们经常利用“$x=12+5y$”之类的公式。其中x和y是变量，表示未知的量，在一个可能的变化范围内取值。解决这类问题的关键，在于确定x和y必须取什么特定的值。逻辑问题也可以用同样的方法处理。在这个逻辑谜题中，有三个未知量：艾丽斯是否说真话，本是否说真话以及查理是否说真话。

当然你也可以说，未知量是艾丽斯、本、和查理是否说谎话。这不会带来什么差别。不过我们对这个思路不加评判，我们仅仅以艾丽斯、本和查理是否说真话为未知量。这样，我们就得到了三个简单的命题，其真假未定：

> 艾丽斯是说真话的。
>
> 本是说真话的。
>
> 查理是说真话的。

以上三个命题是对整个情景最基本的描述，它们构成了这个问题的逻辑结构的原子，不存在比它们更基本的命题。这三个命题不是我们已经确知的事实，它们只是我们构造出来的或真或假的命题，因此，它们的地位非常类似于代数中的变量。当然，这些语句的“值”可以是“真”，也可以是“假”。用逻辑学术语说，这些命题是“布尔变量”，这个术语得名于英国逻辑学家乔治 · 布尔（George Boole，1815~1864）。

在这个逻辑问题中，我们首先问了艾丽斯一个问题。但是，艾丽斯的回答我们听不懂，我们从中推不出任何有效信息。

第一个有效信息来自本。本说艾丽斯称自己是说谎的。你很可能已经想到了，我们不能按照该句的表面意思接受这个命题。本在转述艾丽斯的话时可能在说谎，艾丽斯本人在介绍自己的情况时也可能在说谎。只有在确定了三个人分别属于哪个部落之后，也就是说，只有在确定了谁说假话、谁说真话以后，本的话的真正意思才可以确定。

我们分析一下。艾丽斯和本不可能都说真话。如果他们都说真话，那么艾丽斯会诚实地说她是说真话的，而本也会诚实地把艾丽斯的话翻译给我们。由于本说艾丽斯称自己是说谎的，因此我们得出结论，这两个人并非都说真话。

艾丽斯和本有可能都说假话吗？有可能。当我们问艾丽斯她是否说谎时，她会回答说她不说谎。本也是嘴里没有一句真话的撒谎精，他会对艾丽斯的话加以否定，这样就形成了双重否定。本会说艾丽斯称自己是说谎的。我们听到他就是这么说的。

实际上，没有人会说“我是说谎的”。说真话的人不会这样说——因为这是谎话；说谎话的人也不会这样说——因为这是真话。如果直截了当地问一个人是否说谎，每个人都会说自己是说真话的（在现实生活中也是如此）。

本说艾丽斯称自己是说谎的，这句话彻底暴露了他自己。无论艾丽斯实际上属于哪个部落，她一定会说自己是说真话的。本的话与此相反，所以本是说谎话的。

（如果艾丽斯根本没听懂我们的问题，又会怎么样呢？她很可能会说“我听不懂英语”，或者相反，“我能听懂英语”——如果她是说谎话的。本会向我们报告其中的一个反应，如果本是说谎的，他会给我们一个错误的答案。由于说谎者部落如此缺乏想象力，从本的实际回答我们得知，艾丽斯一定已经听懂了问题，并且做出了一个关于她的部落归属的回答。）

由于本是说谎的，他的第二句话（“查理是说谎的”）一定也是假的。因此，查理一定是说真话的。

下面只剩查理的话了。查理说艾丽斯是说真话的，我们已经知道查理是说真话的，所以这一定是实际情况。答案是，艾丽斯说真话，本说谎话，查理说真话。

在以上解题过程中是否存在什么方法？是的，的确有一些方法。没有人会说自己是说谎的，意识到这一点是有用的。这就揭示了本是说谎的，而后问题迎刃而解。

但是这个方法（假定我们称之为“方法”）不能应用于全部的、任意的“说真话—说假话”问题。例如，雷蒙德·斯穆里安提出的一个简单而新颖的问题：有一个部落归属不明的人说：“或者我是说谎话的，或者 2+2=5。”那么，他属于哪个部落？

在这个例子中，当事人没有说自己是说谎话的。他把两个命题用“或者”联系起来，这意味着，如果说话者是说真话的，那么这两个命题中至少有一个是真的。

关于说话者我们可以提出两种可能的假设：他是说真话的，以及他是说谎话的。如果说话者是说真话的，那么他所说的就是真的。因此，“或者说话者是说谎话的，或者 2+2=5”这个命题就是真的。

但这是不可能的。在“或者……或者……”的复合命题中，整体为真，则两个子命题中至少有一个为真。“2+2=5”不可能为真，所以“我是说谎话的”这个子命题必须为真，而这与假定（说话者是说真话的）矛盾。

于是，我们尝试另一个假设。假定说话者是说谎话的。于是，“或者说话者是说谎话的，或者 2+2=5”这个命题是假的，其中的两个子命题必须都是假的。如果其中有一个子命题是真的，那么由“或者……或者……”构成的整个复合命题就是真的。因此，判定“或者*A*或者*B*”为假等于判定“*A*和*B*都是假的”。如果说话者是说谎话的，那么“我是说谎话的”和“2+2=5”这两个命题必须都是假的。可是我们又遇到了一个矛盾。如果说话者是说真话的，那么他必须是说谎话的；如果说话者是说谎话的，那么他又必须是说真话的。

事实上，斯穆里安提出的这个谜题是说谎者悖论的一个巧妙的变种。这个谜题的“答案”是：答案不存在。（或者用斯穆里安的话说，唯一能够得出的结论是：这道题的出题者不是说真话的。）

有一个方法可以应用于任何“说真话—说假话”问题，即使无解的问题（就像斯穆里安提出的问题那样）也不例外。对于任意一个问题中提到的海岛居民，无非有两种可能：他属于说真话部落或者属于说谎话部落。我们把关于每一个海岛居民的部落归属的一个猜测称为一个“完全假说”（例如，“艾丽斯说真话，本说谎话，查理说真话”是一个完全假说）。对于任意一个问题，关于海岛居民的完全假说的数量是固定的（在古德曼的问题中，其数量是 2×2×2=8）。我们需要做的全部工作就是，列出所有这些假说，看看哪个假说与题中的命题相符。

在验证各个完全假说的过程中，我们的目标是找矛盾，换句话说，我们在使用归谬法。例如，在古德曼的问题中，有一个完全假说是三个人都说真话，这个完全假说导致一个结论：本会说出他不应当说出的话。这是一个矛盾，于是我们可以排除这个完全假说。把全部 8 个完全假说检验一遍，我们发现只有一种情况不导致矛盾：艾丽斯、本和查理分别说真话、谎话、真话。通过排除法，此题得到解决。

在《四签名》（*The Sign of Four*）中，福尔摩斯说道：“我跟你说过多少遍了，在我们排除了所有不可能的情况以后，剩下的情况——无论多么不可思议——一定是真的。”应用排除法可以解决许多类型的问题，但它并非总是切实可行的。

麻烦在于，排除的过程是缓慢的，这是因为需要检验的完全假说数量经常是无比巨大的。

一个布尔变量只能是真的或假的。对于一个未知量来说，有两种可能性。每一个未知量使得完全假说的总量倍增。在涉及三个未知的布尔变量的问题中，可能的完全假说的数量是 $2^3=8$。一般地，当存在 n 个或真或假的未知量时，有 2^n 个可能的完全假说。如果一个“说真话—说假话”问题牵涉 24 个海岛居民，完全假说个数将有上百万。

可满足性

现在我们已经触及演绎推理的核心。逻辑问题的花哨背景（关于此问题看起来在讨论什么东西）与问题的解决无关。撇开这些花哨的虚饰之后，还剩下什么？

剩下的是“可满足性”。对于复杂性理论来说，可满足性是最基本的、不可还原的逻辑内核。每一个演绎推理问题的内部，都以可满足性为骨骼。

459 个苹果加上 273 个苹果是多少、459 个橘子加上 273 个橘子是多少、459 根棒球棍加上 273 根棒球棍是多少，在我们看来，所有这些问题在本质上都是一个问题。算术的基础就在于意识到所有这类问题就其基础而言是一样的。

复杂性理论得以建立的基础，在于意识到许多更复杂的问题实际上是同一个问题。算术发源于古代人计数的问题。人们意识到，对小麦的蒲式耳[①]数进行加减，与对骡子和金币的数量进行加减没什么两样。在 20 世纪 60 年代和 70 年代，计算机程序员面临一些问题，这些问题导致了复杂性理论的诞生。这些程序员发现，许多看起来不同的问题是相互等价的。

习惯上，可满足性可以表达为一个用“是—否”来回答的问题：给定一组前提，它们是否相互一致？或者说：它们是否描述了一个可能的世界？或者说：它们是否包含不可解的悖论？

一个完整的可满足性问题包括一组布尔变量（即最初真假未定的基本命题）和一组关于这些布尔变量的逻辑命题，这些命题可以包含“或者”“并且”“并非”“如果……那么……”之类的标准的逻辑连接词。

通常，每个命题描述一个单独的、不明确的观察结果。以古德曼的“说真话—说假话”问题为例，以三个人的名字为符号表示三个布尔变量。这个问题实际上就是：

---

① 蒲式耳（bushel），谷物计量单位。——译者注

布尔变量：

艾丽斯（表示艾丽斯是说真话的）

本（表示本是说真话的）

查理（表示查理是说真话的）

命题：

1. 如果（艾丽斯并且本）那么并非艾丽斯
2. 如果本那么并非查理
3. 如果查理那么艾丽斯

第一个命题是最难处理的，它对应着本断言艾丽斯称自己是说谎的。如果本和艾丽斯都是说真话的，那么这个命题就是可信的，而在此情况下，艾丽斯就不是说真话的。①

猪排问题

可满足性问题可能非常难。刘易斯 · 卡罗尔设计过一些极其枯燥的逻辑谜题，这些题要求解题者借助十几个（甚至更多）无意义的前提推出一个单独的有效结论。有几道题收在他未完成的教科书《符号逻辑》中，这些问题是对科学推理或数学推理的拙劣模仿，但是却出人意料地困难。一些更难的问题已超出了大多数人的耐心的极限（虽然这些问题已经被计算机解决）。最困难的一个问题是在他的笔记中发现的，直到 1977 年才发表，

① 原著此处有瑕疵。在把原题中的语句翻译为标准的逻辑命题时，作者犯了错误。正确的翻译应当是：1. 本当且仅当（艾丽斯当且仅当并非艾丽斯）；2. 本当且仅当并非查理；3. 查理当且仅当艾丽斯。有兴趣的读者可耐心推敲，亦可参考斯穆里安的奇书《这本书叫什么？》，此书已有汉译本。原著的这个例子意在展示问题的表达形式的转换，所以技术性的错误并不造成关键性影响。——译者注

这个问题包含50个前提。

卡罗尔设计过一个被人脑和计算机广泛分析过的问题，即大名鼎鼎的“猪排问题”。这个谜题要求推出“完全结论”，即一个既与所有其他命题相一致又被所有其他命题所要求的假说。

猪排问题

（1）一个晚餐吃猪排的逻辑学家很可能丢钱；

（2）一个食欲旺盛的赌徒很可能丢钱；

（3）一个已经丢了钱的，并且可能丢更多钱的、郁闷的人，总是在凌晨5点起床；

（4）一个既非赌徒又不在晚餐时吃猪排的人，一定有旺盛的食欲；

（5）一个凌晨4点以前起床的、有活力的人最好去开出租车；

（6）一个食欲旺盛的、未丢钱的、不在早晨5点起床的人，晚餐总是吃猪排；

（7）一个有丢钱的危险的逻辑学家，最好去开出租车；

（8）一个郁闷的、未丢钱的、热心的赌徒，没有丢钱的危险；

（9）一个不赌钱、食欲不旺盛的人，总是有活力的；

（10）一个真正热心的、有活力的逻辑学家，没有丢钱的危险；

（11）一个食欲旺盛的人不需要去开出租车，如果他是真正热心的；

（12）一个郁闷的、没有丢钱危险的赌徒，在凌晨4点以前不睡觉；

（13）一个丢了钱、晚餐不吃猪排的人，最好去开出租车，除非他在凌晨5点起床；

（14）一个在凌晨4点以前睡觉的赌徒不需要去开出租车，除非他食欲旺盛；

（15）一个郁闷的、没有丢钱危险的并且食欲旺盛的人，是一个赌徒。

我们习惯于把逻辑看作某种自然产生的东西。我们期望解决一个逻辑问题而无须认真考虑问题的答案是怎么来的。在卡罗尔的问题中，命题的数量太多了，而且非常不自然，无法立刻掌握。所以我们不得不将其诉诸算法，例如卡罗尔介绍的树形图和术语（或者借助于计算机）。

猪排问题有 11 个布尔变量（热心的、吃猪排、是赌徒、凌晨 5 点起床、丢了钱的、食欲旺盛的、很可能丢钱的、有活力的、是逻辑学家、最好去开出租车、凌晨 4 点以前不睡觉的）。对于其中任意一个变量，都有 $2^{11}=2048$ 种不同的假说。

猪排问题要求给出一个结论，看起来这个问题更像是科学研究。这似乎与可满足性问题完全不同，可满足性问题是由“是”和“否”来回答的。然而，可满足性问题的这个特征并不妨碍它成为一种通用方法。就像“20 个问题”这种游戏所展示的，任何信息都可以通过一系列“是—否”问题表达出来。任意一个逻辑问题（无论它提出的问题是什么）都可以表达成一个或多个“是—否”问题。

比方说，我们想检验这一结论：一个吃猪排的人是有活力的。解题的第一步是把原来的 15 个前提转换为可满足性问题的形式。这些前提是相互一致的吗？应当是，否则题就出错了。第二步，我们把待检验的结论作为第 16 个命题添加进去。现在这个更新之后的命题集合中的各命题依然是相互一致的吗？（这是第二个可满足性问题。）如果是一致的，那么这个新命题至少是被最初的前提允许的。

但这并不意味着，根据前提就可以有效地推出这个结论。你可以检验一下“月球是由绿奶酪构成的”这个命题，把它作为第 16 个命题，你会发现，整体也是可满足的——当然是这样。由于它对于逻辑学家、赌徒以及其他猪排问题中的胡言乱语只字未提，所以它不可能导致任何一个矛盾。

为了确定一个假说是原来的前提所要求的，我们需要引入第三个可满足性问题。把这个假说替换成它的否定形式，即它的负命题：“并非所有吃猪排的人都是有活力的。”把这个负命题作为第 16 个前提加进去，看看命题集合是否一致。

如果一个假说和它的负命题加进去之后都会不引起矛盾，那么很明显，这个假说与命题集无关的。“月球是由绿奶酪构成的”和“月球不是由绿奶酪构成的”这两个命题都与猪排问题一致，所以二者都不能有效地推论出来。

如果一个假说与前提一致，但是它的负命题与前提不一致，那么这个假说就是从前提出发可以推出的正确结论。（如果一个假说与前提不一致，但是它的负命题与前提一致，那么这个负命题就是可以有效推出的。）①

可满足性问题，就像所有的一般性问题一样，有时很简单。即使布尔变量和语句的数量极其巨大，问题也可能是简单的。因为我们并不总是需要检验所有的可能性，有时甚至不需要检验大多数的可能性。许多命题经常可以通过连锁推理连接起来。如果如此，那么这般，并且如果这般，那么如此……这种推理在梳理数量巨大的命题时极具威力。

连锁推理中的每一个连接都可以表达为“如果……那么……的形式，其中包含两个未知的布尔值。如果一个可满足性问题的每一个命题都恰好包含两个布尔变量，此时问题是简单的。解决这类问题有高效率的方法，比检验每一个可能的假说以发现符合要求者要快得多。

并不是所有的逻辑问题都如此简单。当命题包含 3 个或更多未知的布尔值时，不存在明显比排除法迅捷的通用解法。卡罗尔的猪排问题显然很困难，因为该问题的前提涉及三到四个布尔变量（逻辑学家、吃猪排的人、丢钱的人等）。

电梯问题

一旦命题涉及三个未知量，问题难度便会上升——这种情况在“电梯问题”中表现得很明显。

---

① 也许有些读者想知道猪排问题的答案。答案是：“一个热心的逻辑学家总是凌晨 5 点起床而且凌晨 4 点以前不睡觉。”

假设电梯中有6个人，则或者其中至少有三个人互相认识，或者至少有三个人互相都不认识。你能证明这总是正确的吗？

这是正确的，但是难以用“逻辑方法”证明。关于“认识”和“不认识”的常识推理没有任何用处。我们不能从“B认识C”推出“A认识B”，这道题没说两个人之间是否认识，它说的是三个人之间的关系。

此类电梯问题有很多版本。例如，在一次聚会上，有6个客人被错误地安排在一张桌上，其中有些人因为宿怨而互相不说话。已知任何三个客人都不构成两两互相说话的关系，证明存在三个客人，这三个人中谁与谁都不说话。另一个比较淫秽的版本这样说：在大学宿舍里任选6名住户，则或者至少有三个人，其中任两个人都在一起睡过，或者至少有三个人，其中任两个人都没在一起睡过。

电梯问题展示了一个被称为“图论”的数学分支。图论（经常是隐蔽地）出现于许多问题中，娱乐性的问题和实际问题都有。最著名的问题之一就是“气、水、电”问题，此题因亨利·欧内斯特·杜登尼的介绍而普及，杜登尼在19世纪与20世纪之交为报纸和杂志写谜题和谜语。这个问题的最初版本的答案是，答案不存在。把三个点和另外三个点连接起来，任意两条线都不相交——这是不可能的。在一个此类的谜题正风靡时，没有人太在意一个心地单纯的读者是否会在一个无解的问题上耗费几个小时甚至几天时间。当然，在上一章中华生和福尔摩斯给出的巧妙的解答不在此列！

图论研究的不是表示股票市场的平均值或者年降雨量之类的图。图论所研究的图是由点构成的网络，点之间还有线相连，就像我们在机场见到的航班线路图。线是直是弯无关紧要，点和点的相对位置也不重要。整个网络结构中唯一重要的拓扑性质是——哪些点之间有线相连。所有这些点和线都非常正确，但是它们并没有说明为什么这种性质是重要或有用的。从更广的意义上说，图论是关于元素之间的关系或联系的研究。

电梯问题很容易转换成图。把6个人表示为点（如图）。在任意两点之间，我们可以画一条线表示二者之间的关系。用黑线表示两个人互相认识，用灰线表示两个人互相不认识。三个人互相都认识表现为一个黑色三角形；三个人互相都不认识表现为一个灰色三角形；是否有可能在所有点之间画线以保证黑色三角形和灰色三角形都不出现？

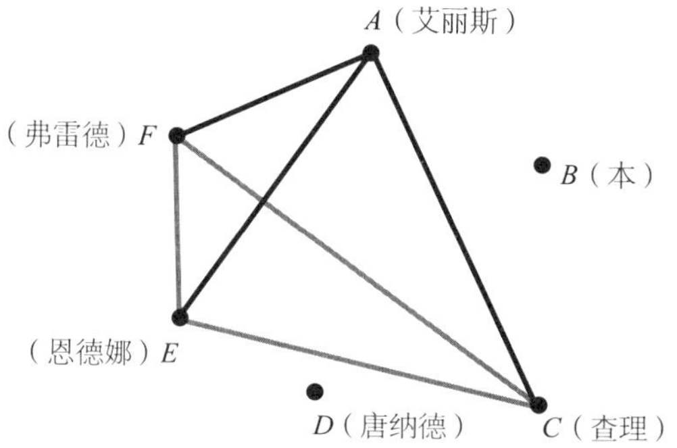

证明的过程很容易理解。从A开始。我们从A出发画出5条线，分别代表这个人与电梯里的另外5个人认识或不认识。无论如何，其中至少有3条线同色。这是因为，一共有5条线和2种颜色，最均匀的分配方案是一种颜色3条而另一种颜色2条，否则将有4条（甚至5条）线同色。

我们不知道，A是至少认识三个人（黑线），还是至少不认识三个人（灰线）。讨论第一种可能性。假定三条黑线把A与C、D、E连接起来，那么，在C、D、E之间，线的颜色如何呢？

如果C、D、E之间存在一条黑线，则产生一个全黑的三角形，也就是说，有三个人互相都认识。为了避免全黑的三角形出现，唯一的办法是令C、D、E之间的线都是灰色的。但是这就产生了一个全灰的三角形，也就是说，有三个人互相都不认识。无论哪种情况，一定会出现三个互相都认识的人或者三个互相都不认识的人。

如果A不认识三个（或更多）人，推理过程类似，结论一样，必然存在一个全黑的三角形或全灰的三角形。

这不是一个逻辑问题等价于一个几何问题的唯一的例子。复杂性理论发现，许多不同类型的问题在解决程序上是相同的。

科学与谜题

一条谜语、一段密码、一个拼板谜题——许多诸如此类的问题反映了科学方法的特点。通常，证实更像是解一道逻辑谜题，而非前几章讨论的归纳模式。一个简单的概括陈述可以被任何相关的观察结果证实或反驳，但是大多数科学理论则复杂得多，必须根据大量的观察结果进行评价。我们甚至不能说某一个特定的观察结果能单独地提供证实或反驳。

请考虑“地球是圆的”这个假说。对这个假说的证实不在于汇集一大堆关于“圆的地球”的观察结果（从宇航员的视角？），而且没有反例。实际上，人们接受“地球是圆的” 这个假说，是因为它联系并解释了许多先前看来无意义的经验事实。对于古代人来说，这些都是非常琐碎而且没有关联的事实：在极北之地，午夜可以见到太阳；月食发生时可以见到圆形阴影；船只离港远去时看起来就像沉于波涛之下。现在所有这些现象，都被视为“地球是圆的”这一假说的逻辑推论。这一假说解释了如此众多各不相关的观察结果，正是因为这样，它才如此令人信服。假如事实上地球不是圆的，那么只有不可思议的巧合才能使所有这些观察结果如此协调地与这些假说一致。

这是一个更加精致的证实类型，它混合了演绎和归纳。一个能推出逻辑结论的假说，首先必须解释以往的观察结果，然后必须做出新的预言。预言如果是真的，则证实假说。归纳和演绎的相互影响是某些悖论的根源，这些悖论甚至比我们讨论过的悖论还要奇妙。

第 6 章　观念：意外绞刑悖论

一个囚徒站在死刑法官面前听候判决。法官的话相当不吉利："我不得不做出残酷而罕见的判决。我能够做出的最严厉的判决是绞刑。这个恐怖的刑罚必须执行。除此之外，我唯一的自由是安排你的行刑日期。对此有两种考虑让我犹豫不定。"

"最直接的想法是下令立即执行，马上生效；相反的想法是，这样决定也许对你过分仁慈了，你将不必为即将到来的命运而担惊受怕。因此，我做出一个折中的决定：在下周 7 天中的某一天，我会在日出时判处你绞刑。我保证，你不可能事先知道自己将在哪一天被绞死。每个夜晚，你入睡时都在担心明天早晨是不是可怕的末日，而当最后的时刻来临时，它将完全是一个意外。"

囚徒退后，发现他的律师在听到这个难以置信的、残酷的宣判以后，竟然露出了微笑。他们走出法庭之后，律师说："他们不能绞死你。"律师解释说："根据安排，在下周的 7 天中的某一天，在日出时你将被绞死。于是，他们不能在星期六绞死你，因为这是一周的最后一天。如果在星期五的早晨你没有被绞死，那么你就确切无疑地知道行刑日是星期六。这与法官的计划矛盾，法官的计划是不让你事先知道行刑日期。”

囚徒对此表示赞同。律师接着说：“实际上，他们最迟只能在星期五绞死你，这一点没问题。但是仔细一考虑，他们在星期五也不能绞死你。既然星期六实际上已经被排除，星期五是他们可以绞死你的最后一天，那么，如果你在星期四早晨能活到吃早饭的时候，你将确切地知道自己将死于星期五。这又与法官的命令矛盾。你发现了吗？根据同样的逻辑，可以排除星期四、星期三，乃至于其他每一天。法官把自己套住了。这个判绝不可能被执行。”

这个囚徒的愉快心情只保持到了星期二。他从美梦中醒来，被押往刑场——这对他来说非常意外。

突然袭击的考试与隐藏的鸡蛋

意外绞刑悖论中包含着两个陷阱。我们认为，悖论在于似是而非的判决无法被执行。确实如此。哲学家迈克尔·斯克里文（Michael Scriven）写道：“逻辑的力量遭到事实的否决，我觉得这正是此悖论的迷人之处。可怜的逻辑学家念着过去屡试不爽的咒语，但事实上这个怪兽听不懂咒语，执意前行。”

这个悖论拥有非同寻常的声望，因为它是在一个真实事件的启发之下诞生的。它可以追溯到第二次世界大战期间（1943 年或 1944 年）瑞典广播公司播放的一个广播声明：

> 本周将举行一次民防演习。为了确保各个民防单位真正处于无准备的状态，任何人都不会预先知道演习将在哪一天发生。

瑞典数学家莱纳特·埃克波姆（Lennart Ekbom）在声明中发现了微妙的矛盾，并且告诉了他在艾斯特毛姆学院的学生。从此，这个问题很快传遍世界。它被装扮成好几种轶闻的形式。其他的版本包括A级灯火管制、将在下周举行的临时军事演习、教师进行突然袭击的考试，等等。

在许多一个人的知识不完善的场合，都可以看到这个悖论的影子。米尔纳（E. V. Milner）注意到《圣经 · 新约》中的一个寓言故事与此类似。这个寓言讲的是富豪和麻风病人。富豪有钱，死后要下地狱；麻风病人是穷人，一生都在受苦，死后要进天堂。富豪向亚伯拉罕祈怜，但是亚伯拉罕说，不行，生前的不公正必须在下一世精确地得到补偿，活着时走运的人死后必须受苦。米尔纳的“富豪与麻风病人”悖论揭示了“来世正义”这个概念中的矛盾：

> ……假定我们实际发现了某些方法让活着的人（无论贵贱）确信，在来世“正义必将来临”，那么在我看来，将出现一个有趣的悖论。如果我知道自己在此世遭受的不幸将会被来世的幸福所补偿，那么我在此世是幸福的。但是既然我在此世是幸福的，我就没有资格（姑且用这个说法）在来世享福。于是，如果有一个这样的补偿等着我，那么这个补偿的存在就要求我应当至少不完全确信它的存在。颇具讽刺意味的是，“正义必将来临”这个判断看来只对那些不相信它的人生效。这是因为，如果一个人相信它，正义就已经生效过了。

意外绞刑悖论中的一个比较次要的缺陷是，囚徒有可能根本不被绞死。在囚徒的推理中,“死刑一定会执行”是一个重要的前提。为了弥补这个缺陷，迈克尔 · 斯克里文采用鸡蛋实验的形式重新表述了这个悖论，他的分析发表在 1951 年的英国杂志《心灵》上：“你面前有一排盒子，共 10 个，分别编为 1 号至 10 号。你转过身去，你的朋友把一个鸡蛋藏进其中一个盒子里。鸡蛋一定在某个盒子里，这是毫无疑问的。你的朋友说：‘依次打开盒子。我保证，你将在某个盒子里意外地发现鸡蛋。’显然，她不能把鸡蛋藏进 10 号箱子，因为你在打开 9 号盒子以后就会确知鸡蛋的位置。推演和反推依然生效，而最后你会意外地在某个盒子——比方说 6 号盒子里发现鸡蛋。”

霍利斯悖论

囚徒的精妙推理可以延伸到什么限度并无限制。我们研究一个比较新的变种——霍利斯悖论（由马丁·霍利斯提出）：

火车上的两个人*A*和*B*各自选一个数，然后通过耳语告诉另一个乘客*C*。*C*起身宣布："我到站了。你们两人告诉我的是两个不同的正整数。你们俩都无法推出谁选的数大。"然后*C*下车了。

*A*和*B*在沉默中继续自己的旅程。*A*选的数是157，他想："显然*B*选的不是1。如果他选的是1，他就会知道我选的数比他的大，因为*C*刚说过我们两个选的数不同。同样明显的是，*B*也知道我没有选1。没错，1可以完全被排除，我们两人都不会选。最小的有可能的数是2。但是如果*B*选的是2，他应当知道我选的不是2。于是2也被排除……"

如果他的旅途足够长，他可以排除每一个数。

一个简化的悖论

当我们面临疑难时，应当先把疑难简化。7天和10个盒子（以及阿列夫零[①]个整数）是不必要的东西。如果只有6天（6个盒子），或者5天、4天，悖论依然存在。那么，问题可以简化到什么程度呢？简化到两天？还是简化到一天？

我们试一下一天的情况。法官宣布囚徒将在星期六被处死（囚徒当然听到了判决）。毫无疑问，囚徒预先知道行刑日期。他当然知道。刽子手唯一可以让他感到意外的办法是根本不吊死他，但是这种可能性一开始就排除了。因此，这里没有意外，也没有悖论。法官做出了一个不可能的要求。"你将死于星期六，而且这将是一个意外"，这句话无异于"你将死于星期六，而且2+2=5"。总之，这句话的后半部分是错误的。

现在把简化的目标调低一点儿，考虑两天的情况。法官宣布囚徒将在下周末被绞死，但是囚徒不可能推出究竟在哪一天（星期六还是星期日）行刑。那么，悖论依然存在吗？

---

① 阿列夫零是集合论中的术语，读者可以把这个词大致理解为无穷大。——译者注

毋庸置疑，囚徒无论如何将在两天中的一天被处死。如果星期六日出时没有行刑，那么在星期六的早餐时刻，囚徒就会确切地知道自己将在星期日被处死。

然而，这意味着判决无法被严格执行：行刑不是意外的。结论：判绝不可能以在星期日绞死囚徒的方式执行。

在星期六行刑是否可以满足“意外”这个要求？这依赖于囚徒是否预期星期六行刑。有两种可能：囚徒预期星期六行刑以及囚徒未预期星期六行刑。

囚徒可能这样想：“好吧，我已经没救了。”然后就不再考虑了。关于在哪一天行刑他没有任何考虑。在这种情况下，刽子手只需在星期六绞死囚徒就可以满足法官的要求。（星期日依然需要排除。如果星期六没有行刑，即使最随遇而安的囚徒也会意识到，他将死于星期日。）

悖论的关键在于第二种可能性：囚徒确实分析了自己的处境，并且预计刽子手将在星期六到来，这样刽子手将无法满足“意外”这个要求。

我们暂且把悖论放到一边。如果你是刽子手，你会怎么做？你必须在星期六或者星期日行刑，而且你必须遵守法官的命令——如果命令可以被执行的话。

显然，一个尽全力执行命令的、聪明的刽子手几乎肯定不得不选择在星期六行刑。在星期日行刑不可能不被预见到。在星期六行刑，刽子手至少可以寄希望于囚徒没有深入考虑这个问题。

于是，刽子手在星期六日出时分把囚徒押赴刑场。根据惯例，囚徒可以说出他的遗言。囚徒转向法官，说道：“你的刽子手没有执行命令！我预见了今天被处死。只有在今天被处死，我才有可能无法预见到结局，但是我还是预见到了！”

囚徒和刽子手在斗智，每一方都可以预见对方做出的关于行刑日期的推理。当然，如果遇到一个愚蠢的囚徒，此人既不思考自己的命运，也不尝试反复猜测，那么这个悖论就无法成立。但是，如果双方都是精通逻辑谜题的高手，那么这里确实有一个意义深远的悖论。

时间旅行悖论

苏格兰数学家托马斯 · H · 奥贝恩（Thomas H. O' Beirne）指出，这种情况是有可能的：一个人做出一个关于未来事件的预言，而且此预言是真实的，但其他人直到事后才知道它是真实的。当法官说囚徒将会感到意外时，法官是正确的，即使囚徒（当下）还不知道法官是正确的。

把悖论换一种表述可以看得更清楚：法官宣判，在下周的某个时间处死囚徒（日期由刽子手确定）。之后法官钻进一台时间机器，把时间拨到一周以后（或者更远）。到达不久的将来以后，法官走出时间机器，买了一份报纸，读到囚徒在宣判之后的星期二被处死的报道。囚徒在最后一次接受采访时说，他对这个日期感到吃惊，他原以为他们等到本周末才会行刑。一个残酷的想法跳进法官的脑海："如果我回到宣判的当天告诉囚犯，他将无法猜出行刑的日期，这将是一个正确的判决，因为身处未来的我知道他感到吃惊。而且，我对他这么一说，就会把他搞疯！"

法官回到时间机器里，重返宣判的那一天。他走出来，对囚犯说："你将在下周被绞死，但你事先无法猜出行刑的日期。"（和最初的悖论一样。）囚犯得出结论：他不可能被绞死。他错了，法官对了。

以上叙述有问题吗？有。法官真实地见到了自己最初的判决的后果（最初的判决没有提到日期是无法预知的），告诉囚犯他将感到意外，因为这一举动改变了一些事——变化也许无关紧要，也许意义重大。现在已不能确保囚犯一定会对此感到惊讶。

旅行到未来的法官也许知道，他为自己妹妹的生日举行的意外聚会确实是妹妹未曾预料的。如果他回到前一周，告诉妹妹这一情况，那么很明显，妹妹在生日那天就不会感到意外了。把关于未来的一些有效信息透露出去会使得信息不再有效。

如果法官可以任意地使用时间机器，这个问题不难解决。法官在告诉囚犯他将感到意外以后，可以溜到未来，验证一下他的预言是否准确。如果准确，万事大吉；如果不准确，他可以再返回去修改自己的判决，直到预言与实际情况相符。结果应当是，预言是真实的，但是囚犯在事前无法知道它是真实的。

贝里悖论［因图书管理员贝里（G.G.Berry）而得名，此人向罗素介绍了这个悖论］看起来与意外绞刑悖论很不一样，但是二者之间有深刻的相似之处。想一下“不能以少于 18 个音节定义的最小整数”[①]。当然，某个数恰好满足这个条件，但是“不能以少于 18 个音节定义的最小整数”这个词组本身，就是描述一个确定的数的表达式，而此表达式只包含 17 个音节。所以，“不能以少于 18 个音节定义的最小整数”实际上被 17 个音节定义了！

贝里悖论无法轻易地解决这个问题。我们设想在这个悖论中隐藏着一个妖精，它无所不知。一旦某人给出了一个含糊的词组，这个词组就会被妖精获知。看来，这个妖精可以知道关于每一个整数的所有可能的表达式或句子。对它来说，有一个数就是不能以少于 18 个音节定义的最小整数！这个妖精就像意外绞刑悖论中的法官那样，知道一些我们不可能知道的事。

所有这一切似乎表明，在意外绞刑悖论中，法官可以知道他认为自己知道的信息。然而，囚犯和刽子手的推理也是很有道理的。那么，究竟谁是正确的——如果他们并非全错的话？

什么是知道？

意外绞刑悖论提出了一个问题：什么是知道？囚犯陷入了二级猜测、三级猜测乃至于n级猜测的网络之中。他认为，他知道自己不能在星期六被绞死。刽子手认为，他知道囚犯不能知道行刑的日期。这个悖论令我们担心两种相反的情况：一是由错误的理由支撑的真理；二是由正确的理由支撑的谬误。在科学哲学中，我们经常遭遇同样的问题。我们经常通过与因

① 直译原文应为“不能以少于 19 个音节定义的最小整数”，在英语中这个词组恰好包括 18 个音节。——译者注

犯类似的推理链条“知道”某事——当然，不是在刑事审判中。

就像其他最常见的词汇一样，“知道”这个词有非常丰富的含义。当我们说“我知道凯尔特人将夺得冠军”时，我们其实心怀疑虑——我们经常以这种方式使用“知道”这个词。但是在科学研究中，我们总是希望“知道”这个词代表更加确切的含义。

多年以来，哲学家以三条标准定义“知道”，这三条标准被称为“三重理由”。当且仅当这些标准得到满足时，我们会知道某事。[①]

我们来考虑一个例子。这个例子应当属于某个数学分支。假定你知道 4 294 967 297 是一个质数（除了 1 和它本身以外，任何其他整数去除它，都不能整除）。有三个条件必须被满足：

第一，你相信 4 294 967 297 是一个质数。如果你甚至不相信它本身，你就不可能知道它。我们不能说，一个人相信地球是平的，但是他知道地球是圆的。

第二，你关于 4 294 967 297 是质数的观念是合理的。你有相信它的好理由。你的观念不能以计算错误为依据。你也不能根据预感、通过研究茶叶的形状、神灵附体等途径建立观念。

第三，4 294 967 297 确实是一个质数。显然，如果这个命题是错误的，你就不能把它当作事实来知道它。

这三条原则初看起来像是陈词滥调，提不起我们的兴趣。但是“知道”并不像表面上看起来那么简单。在三条原则中，第二条是最麻烦的。为什么要求观念是“合理”的？看起来，我们相信某事而且该事是真的，这两条可能就足够了。

如果我们只用这两条标准界定“知道”，就会把一些瞎猫碰上死耗子的情况也包括进去。在刺杀肯尼迪事件（1963）和刺杀里根未遂事件（1981）之后，几个灵学家跳出来宣称，她们早就做出了预言。她们中至少有某些人

① 关于“知道”的研究至今尚无公认的结果。——译者注

预言了在事件发生日期前后，总统将处于危险中，而且在事件发生前，这些预言已发表或通过媒体公布。同样是这些灵学家，她们也做过假预言。华盛顿灵学家珍妮 · 狄克逊（Jeane Dixon）每年都做出大量预言，其中难免会出现一些正确的预言。即使这也算“知道”的话，它也不是什么有用的知识。

什么是相信某事的“好理由”，这并不容易判断。1640 年，法国数学家费马（Pierre de Fermat）觉得他有理由相信 4 294 967 297 是质数。他注意到，从以下公式可以产生质数：

$$2^{2^n}+1$$

费马的公式是一个多级指数。一个常见的指数，例如 2^3，表示写在左下方的数（2）乘以自己若干次，乘积的次数即作为小写的上标的数。2^3 即 $2\times2\times2=8$。在费马公式中，我们首先选择一个任意数 n，计算出顶端的指数（2^n），然后把底数 2 以这个数值为指数自乘，最后加 1。

例如，$2^{2^1}+1$ 等于 5，这是质数。$2^{2^2}+1$ 等于 17，$2^{2^3}+1$ 等于 257，$2^{2^4}+1$ 等于 65 537，这些全是质数。费马猜测，4 294 967 297（$2^{2^5}+1$）以及这个序列中所有更大的数一定是质数。

许多人同样相信，这里有经验证据和权威的双重支持。但是，正如你很可能已经猜到的，4 294 967 297 根本不是质数。瑞士数学家发现这个数等于 641 乘以 6 700 417。①

科学与三重理由

相信、合理、真实——在科学史中充满各种各样的例子，分别对应着这三个条件的各种组合。我们用 T 表示一个条件被满足，用 F 表示一个条件

① 有许多公式最初可以产生质数，但算过一些值之后会失败。最著名的例子之一是 $n^2-79n+1\,601$，直到 n 取 80 之前，这个公式一直产生质数，但是当 n 取 80 时就不是质数了。这就是在数学中根据归纳得出概括命题的危险。

不被满足，排列就按如上次序。

TTT表示一个合理的真观念，即一个已被接受的知识。大多数科学观念都属于这一类，无论如何，这部分是正确的。

FTT表示不被相信的、合理的真理。有许多例子属于这一类。例如，神创论者拒绝相信进化论，虽然有许多压倒性的证据支持进化论。神创论者构成了一个准科学的宗派。拒绝新发现，保有因循守旧的观点［法国科学院拒绝接受陨石，物理学家赫伯特·丁格尔（Herbert Dingle）古怪地拒绝相对论，等等］都属于FTT。面对这种顽固势力，物理学家普朗克（Max Planck）抱怨道（1949）："一个新的科学真理得以确立，并非因为其反对者认识到新理论的正确性而接受了新理论，更大程度上是因为反对者最终死了，而熟悉新理论的新一代成长起来了。"①

TFT是不合理的真观念。这就是由错误的理由支撑的真理，灵学家碰巧蒙对的猜测就属于此类。这一类信念也有许多例子。公元前5世纪的德谟克利特相信一个真理：所有物质都是由极其微小而不可见的微粒——原子构成的。虽然他的著作已经失传，但是他不大可能有被我们视为有效的证据。他的判断是一个哲学性的猜想，而结果是正确的。（20世纪物理学所说的原子并不像德谟克利特设想的那样是不可见的，认识到这一点，德谟克利特的幸运猜测就不那么令人惊异了。）

TTF是一个合理但错误的观念。许多相互延续的、关于宇宙的理论都属于此类，回顾一下这类理论是有趣的。古代人基于他们的理解有理由相信，太阳围绕着地球转。虽然一代又一代的学校老师把这种观点当作谬误的典型，但是敢于把太阳视为一个在遥远处环绕这个世界而动并因而造成日夜变化的物理对象，这需要一定的才智。哥白尼把太阳当作宇宙的中心，他有理由这样相信，但他同样是错误的。由于TTF是假的，我们无法举出一

① 艾伦·L·麦凯（Alan L. Mackay）对此的回应是："既然曾经生活过的物理学家中的百分之九十现在依然健在，为什么我们还是在产生新的思想和观点呢？"

个当前被普遍接受的观念作为例证，但如果我们现在接受的宇宙理论大体上是错误的，这也没什么好奇怪的。

另外四种情况包括至少两个未满足的条件。TFF是不合理而且实际上是错误的观念，例如迷信的观点、荒诞的传说。FTF是一种独特的情况：尽管我们有理由相信，但是它不被相信，而实际上也是错误的。对上文描述的TTF抱有怀疑的人属于这种情况。哥白尼相信太阳是宇宙的中心，这种观点合理但它是错误的；天主教统治集团不相信哥白尼的观点，则属于FTF。

FFT代表一个真理，但是由于缺乏合理的理由而不被人们相信。某人拒绝相信某事，他的怀疑是有理由的，但事实上此事是真的。反对德谟克利特的原子论的历代哲学家（他们没有理由相信原子）是一个例子。在某种程度上，每一次科学革命都是由合理的保守主义（FFT）转变为对立面（FTT）的。

最后一种情况是FFF，这是没有理由的、错误的、被拒绝的观念。例如，不相信永动机的人，不相信“月球是由绿奶酪制成的”这样的废话的人，他们的观点属于此类。

布里丹语句

有些观念无法归入以上任何一个类别。“布里丹语句”就挑战了所有对“知道”进行定义的努力。“布里丹语句”得名于14世纪哲学家让·布里丹（Jean Buridan）的《诡辩》中的例子，表述如下：

没有人相信此语句。

如果这个语句是真的，则没有人相信它，于是没有人“知道”它。如果这个语句是假的，则至少有一个人相信它，但是没有人（无论相信者还是不信者）“知道”它，因为它是假的。因此，任何人都不可能“知道”这个语句是真的！

你相信下面这个语句吗？

你不相信此语句。

你相信这个语句是愚蠢的，因为这意味着你相信你不相信它。但是如果你不相信它，那么你有充分的理由相信它，因为它是真的……如果以上分析令你相信它，那么你马上又会陷入困境。相信它是荒唐的，整个推理又得重来一遍。奇怪的是，关于这个语句，你无法站在一个稳定的立场上。然而，在任何一个瞬间，一个了解你全部思想的、全知的存在者可以说出你是否相信它。

这个语句的反面（“你相信此语句”）说出了笛卡儿的“我思故我在”的要旨。只要你相信这个语句，那么它就是真的。如果你不相信它，那么它就是假的，而且你有非常充分的理由不相信它。无论你对这个语句持什么立场，你都是正确的。

“知道者悖论”比这还要奇怪。这个悖论的核心是如下断言（与意外绞刑悖论中法官的陈述类似）：

没有人知道这个语句。

如果它是真的，那么没有人“知道”它。如果它是假的，则立刻导致矛盾：有人“知道”它，但是很明显，没有人可以“知道”一个错误。因而，这个语句不是假的。它是毫无疑问的事实，但是从来没有人“知道”它！

盖梯尔反例

尽管三重理由给出的三条标准已经导致悖论，它们还不构成充分条件。满足这三个条件还不能保证“知道”。我们有一个合理的、真实的观念，但是并不“知道”我们相信的东西——这是有可能的。这些悖论性的情况被称为“盖梯尔反例”，得名于美国哲学家埃德蒙·盖梯尔（Edmund Gettier），此人在1963年的一篇论文中讨论了这些例子。

当反例应用于归纳概括时，是对一个命题或一段论证的反驳。盖梯尔反例（通常）是一个虚构的场景，用来说明传统的三条标准并不必然导致“知道”。如果说前文提到的灵学家的例子属于“错误的理由导致正确的结论”，那么盖梯尔反例的核心在于“正确的理由导致正确的结论，但是这些理由无法生效”。这种类型的错误困扰了哲学家（以及作家）很长时间。典型的盖梯尔反例有一个欧·亨利（O. Henry）风格的牵强的巧合。

在盖梯尔之前，柏拉图在一篇苏格拉底对话录（《泰阿泰德》）中已预见了这个问题。他讨论了一个伶牙俐齿的律师，这个律师的口才足以令陪审团相信一个有罪的委托人是无辜的。假定委托人是无辜的。陪审团相信这个委托人是无辜的，而且他们可以举出他们刚听到的有效的证据。然而，假如这个委托人实际上是有罪的，陪审团在卓越的辩护的催眠之下，同样会欣然相信委托人的无辜。柏拉图主张，他们的“知道”是假“知道”，实际上他们并不“知道”委托人是无辜的。

盖梯尔最初的例子之一是这样的：史密斯和琼斯到一个公司去应聘一个职务。史密斯刚和公司的总裁谈过话，被告知琼斯将得到这份工作。史密斯相信琼斯将得到这份工作，而且有合理的理由。史密斯还相信琼斯的口袋里有10枚硬币，因为刚才他看见琼斯为了找一枚25美分的硬币倒空了自己的口袋，然后把10枚硬币放回口袋。此后史密斯一直盯着琼斯，确信琼斯既没有把硬币再拿出来，也没放入新的硬币。

史密斯在心里胡思乱想：“看起来，口袋里有10枚硬币的人将得到这份工作。”他相信这一点是合理的，因为这是从“琼斯将得到这份工作”和“琼斯的口袋里有10枚硬币”推出的逻辑结论。

盖梯尔认识到，这些观念可能是错误的，然而史密斯依然可能是正确的。假定史密斯得到了这份工作（总裁改了主意），而且琼斯的口袋里实际上有11枚硬币（有1枚卡在了口袋的衬里上），非但如此，史密斯的口袋里也有10枚硬币。于是，“口袋里有10枚硬币的人将得到这份工作”是正确的。但是，如果我们说史密斯“知道”这一点，这是荒唐的——史密斯不过是蒙对了。

盖梯尔反例的斧凿之痕不一定总是如此明显。某人吃完午饭回来问你几点了，你看了一眼自己的表，答道：2 时 14 分。你相信此时是 2 时 14 分。你的观念当然是合理的：你的表很贵，一直走得很准，而且（出于对精确时间的痴迷）你每天晚上都根据官方广播电台对表，把手表时间校准到秒。实际上，此时确实是 2 时 14 分，但是你不知道的是，昨晚你的表停了，指针停在了凌晨 2 时 14 分的位置上。你在此之前一直没看表，直到事隔整整 12 个小时，出于偶然，坏表恰好指示了正确的时间。

另一个例子：你到卢浮宫去看《蒙娜丽莎》。你在 100 张画中认出了这幅画，你与“蒙娜丽莎”同处一室，为此你激动不已。后来你得知，博物馆的管理人员得到消息，有人计划偷这幅画。于是，在你参观卢浮宫那天，管理人员用一副杰出的复制品替代了真迹。但是，你确实与达 · 芬奇的这幅杰作同处一室，因为真迹就隐藏在附近一幅不值钱的画的背后，那是窃贼最不容易发现的地方。

在科学史上也有盖梯尔反例。一个例子是，炼金术士相信金属可以变成黄金。这个观念不仅以单纯的直觉为基础，炼金术士最早把关于物质的知识系统化，他们正确地认识到，某种物质通过化学反应可以转变为另一种完全不同的物质。他们进一步发现，世界不是无限多样的，而是由相对较少的一些基本物质构成的。既然红汞可以变成汞，为什么贱金属不能变成黄金？看来，唯一的问题就是找到正确的配方。

即使在今天看来，这个猜想也有一定道理，这个猜想只不过碰巧是错误的。红色的、易碎的红汞可以变化为银色的液体水银，是因为红汞是汞和硫（两种元素）的化合物。如果黄金是由普通元素构成的化合物，或者某些普通物质是由金和其他东西构成的化合物，那么把普通物质变成黄金就是可能的。不幸的是，金是一种元素，而且没有哪种普通物质是金的化合物。化学家可以从某些东西（比如说氯化金）中提炼黄金，但是氯化金比黄金本身还稀有。

尽管如此，事实上在原子反应中，其他元素可以转化为金（或者任何其他元素），而炼金术士对原子反应一无所知。炼金术士有合理、正确的观念，但说他们“知道”其他元素可以转化为金，显然是不对的。

对盖梯尔反例的一种反应是，这些例子不过是“从错误的理由得出正确的结论”这种情况的特例。在每个例子中，所谓“合理”的观念都不是毫无疑问的合理，“很可能”与“确定”被混为一谈。

在史密斯找工作的例子里，史密斯与公司总裁的对话并未提供足够充分的理由令他相信“琼斯将得到这份工作”。这个理由足以为“琼斯将得到这份工作”分配一个高概率，但并不足以把它当作确切的事实来相信。史密斯应当已经意识到了，对方可能故意放出假消息以误导求职者，干扰他对机会的判断。

另一方面，即使像外部世界的存在这样确切无疑的观念，也可以设计成盖梯尔反例的情况。此时此刻，你最能确定的是什么？也许你非常确信，此刻这本书就放在你面前。但是你有可能是一颗“缸中之脑”。一个实验室的看门人在打扫卫生的时候，把一本书放在你面前，由于一个极巧的巧合，彼书就是此书。

要点在于，如果我们要求“合理”的观念必须是能够确切无疑地相信，那么我们定义“知道”的工作就会瘫痪。假定我们把确切无疑作为一条标准，我们就需要掌握确切无疑的理由。更糟糕的是，在外部世界中，没有任何东西是不可辩驳地确定的。如果我们为了“知道”某事必须百分之百地确切，那么我们就不可能“知道”任何事（甚至包括我们有理由相信的、真实的事）。

第四个条件

人们付出了巨大的努力去寻找第四个条件。第四个条件应当补充前三个条件，确保我们“知道”。它不仅需要消除所有的盖梯尔反例，而且应当禁止更加奇异的反例出现。

明显正确的、令所有人欣然接受的第四个标准尚未被发现。在确立第四条标志的几种尝试中，得到最充分讨论的一种观点认为，合理的真观念同时必须是不可失效的——它不能因环境条件的弱化而失效。

在盖梯尔反例中，假“知道”的当事人这时候会敲着自己的脑袋说：“当时我要是知道就好了！”他们本可以避免错误，如果知道——或者仅仅相信——某些特定的信息的话（画已经被拿走了，表已经停了，等等）。这些使他们的观念失效的事实被称为“败因”。如果这些当事人相信败因，他们就没有合理的理由相信那些悖论性的真命题了。

此刻是下午 2 时 14 分，你看了一眼自己的表，相信此刻是下午 2 时 14 分；你同样相信昨晚你的表停了，再也没走过。这样的话，你相信此刻是下午 2 时 14 分就是不合理的。这是不合理的，因为败因已经彻底推翻了最初的关于此刻的时间的证据（你的表指向 2 时 14 分），现在你的表显示什么时间已经无关紧要了。不可失效性条件要求，诸如此类的环境条件的弱化不会出现。

没有人真正知道，什么时候一个观念会受到一个这样的败因的威胁。不可失效性条件也许可以满足第四个条件的理论需要，但是不能帮助我们避免盖梯尔的假“知道”。

囚徒和盖梯尔

现在我们回到意外绞刑悖论。我们可以从三重理由出发做出论证：囚徒的“知道”是一个假象。奎因认为，囚徒（或者律师）的全部推理都是错误的。就连第一个推理（囚徒不能在最后一天被绞死）也是无效的。

当法官说囚徒不可能预知行刑的日期时，很明显，他的意思是说，一个完全遵循逻辑思维的囚徒将无法确切地推出行刑日期。一个普通的、不那么遵循逻辑思维的囚徒可能拥有更大的自由空间，他可能凭直觉确定一个日子，甚至有可能猜对（一个不合理的但正确的观念）。囚徒无法选择行刑日期，这足以说明囚徒不是真知道，只是猜对了。如果法官的命令确实有什么意义的话，其意义就在于禁止仅仅凭借推理确定日期的可能性。

为简单起见，我们假定行刑日期只能在两个日子中做出选择。假设囚徒的论证是有效的，他可以根据逻辑确定，为了奉行法官的指示，他一定会在星期六被处死。刽子手（此人和囚徒一样聪明）同样可以推出这个结论。这样的话，他就没有理由在星期六而非星期日行刑了。为什么呢？囚徒预测星期六是行刑日（根据归谬法假定这个前提），但是，即使由于某个奇迹，囚徒没有在星期六被绞死，他也可以推出行刑将发生在星期六。这就使得刽子手没有理由倾向于选择某一天而非另一天。如果他在星期六行刑，他会受到谴责；如果他不在星期六行刑，他也会受到谴责。

因此，刽子手可以在两个日子里自由选择行刑日。这意味着，囚徒推出他将在星期六被绞死的推理是错误的。

如果我们愿意，我们可以假定囚徒推出星期日是唯一合乎逻辑的行刑日。但是这使得刽子手有同样的理由在星期六行刑，这同样说明囚徒的推理是错误的。

以上分析导致了两个并列的盖梯尔反例。假定囚徒在星期六被绞死。表面看来，囚徒似乎是正确的。囚徒的观念是合理的真观念，然而，这并非真正的预先知道。囚徒没有意识到他的观念的败因：他有同样合理的理由相信行刑日是星期日。如上所述，如果假定囚徒必须在星期六被绞死，则推出他同样可以在另一天被绞死。囚徒的观念中的败因就是观念本身。

意外绞刑悖论是对演绎推理的一个警示。囚徒的推论是：他不可能在星期日被绞死，因此星期六是唯一的可能。致命的错误在于，他以为排除了不可能的情况就可以保证留下其他的可能情况。但有时所有的可能性都导致矛盾。

律师的结论是法官的命令不可能得到执行，他的观点更加片面。律师和囚徒都没发现下一步更为残酷的推论：如果囚徒相信法官的命令不可能得到执行，那么刽子手可以在任何一天绞死他，甚至可以选择最后一天，而且绞刑将是意外的。

第7章　不可能性：期望悖论

你是一所大学的心理学系主任，正在主持一次奇怪的实验，实验对象是人。一个人A坐在桌边，接受心理学考试；另一个人B坐在他对面，监视他的进展。B面前有一个按钮。B被告知，摁下这个按钮将使A受到惩戒性的、痛苦的电击（但是不会造成永久性伤害）。琼斯教授会定时走到A的旁边，指出一个错误答案，然后指示B摁下按钮。

实际上A是琼斯教授的同伙。按钮没有接通任何东西，当按钮被摁下时，A假装很痛苦。琼斯进行这次实验的唯一目的是测试B，看他是否会执行"惩罚"A的命令。琼斯的一贯主张是，在权威人物的授意下，大多数人会执行残酷的命令。琼斯在10个不同的B身上做过实验，其中8个人摁下了按钮。

琼斯教授没有意识到，他本人正处于卡夫卡式的陷阱中：他，琼斯本人，其实是你的实验对象。你的兴趣是研究心理学实验中的"附加因素"，即"实验者偏见效应"。在心理学实验中，当一个研究者期望某个特定结果时，他得到这种结果的可能性更大。研究倾向于支持研究者的一贯主张——这意味着研究过程有问题。

换一种研究方法，可以消减或消除实验者偏见效应。在检验新药的实验中，实验以“双盲”方式进行，一些实验对象服用新药，另一些实验对象服用安慰剂（不含任何有效成分）。在结果出来以前，实验对象和实验者都不知道对方的情况。这种设计防止了实验者对新药的热情感染服药者。

但是在某些心理学研究中，双盲设计几乎不可能。实验者必须知道正在发生的情况。他期望他的实验对象变得像纳粹一样凶残，于是，大多数实验对象果然如其所愿。相反，另一个实验者史密斯教授相信人本性善良，做了相同的实验，并报告说，在10个实验对象中只有一个人摁下了按钮。这不是有意欺骗，这是在潜意识下进行的欺骗。史密斯和琼斯都倾向于按照对自己有利的方式解释模棱两可的结果。当琼斯让其实验对象摁下按钮之时，其态度比史密斯更严厉、更专横。二者在选择实验对象B时都可能有意挑选特定的人以获得期望的结果。这两位研究者都没有意识到这一点，但是他们创造的预言具备自我实现的力量。

如果实验者偏见效应比较强，那么对实验对象的研究将会受到强烈的影响。假设你说服了一个大基金会资助你的实验，你的实验对象是其他一些对实际情况一无所知的心理学家。这个基金会给你足够多的钱，你可以资助琼斯、史密斯以及许多其他的研究者。你并不关心这些人在他们自己的实验中发现什么，你唯一的目的是检验存在于研究者的偏见和他的结果之间的可疑的相关性。你已经观察了许多心理学家，他们个性各异，都在对不知情的人类实验对象进行各种类型的一切可设想的实验。证据是明显的：实验者偏见效应巨大而普遍。在90%的情况下，心理学实验的结果就是实验者期望的结果。

现在问题出现了。这个结果本身正是你所期望的。如果你的研究是正确的，那么针对人类实验对象的心理学实验结果就是无效的。你的研究也是一个针对人类实验对象的心理学实验，因此，你的研究是无效的。但是如果你的研究无效，我们就没有理由相信实验者偏见效应，而你的研究也很可能是有效的，因为你的研究揭示了无效的研究……

第 22 条军规

小仲马（Alexandre Dumas fils）说过："所有全称命题都是危险的，包括本命题在内。"这句话与上文的讨论相比，不仅有表面上的相似性，而且，"期望悖论"也令我们回想起约瑟夫 · 海勒（Joseph Heller）在《第 22 条军规》中描述的悖论性的情景：

> 只有一条军规（即第 22 条）具体提到，面对真实而紧迫的危险时，心智健全对个人的自身安全是至关重要的。奥尔疯了，因此他可以停飞。他需要做的只是提出要求。他一旦提出要求，就说明他不是疯子了，他必须继续执行任务。如果他继续执行任务，他就是疯子；如果他停止执行任务，他就是心智健全的。如果他是心智健全的，他就不得不继续执行任务。如果他继续执行任务，那么他就是疯子，他就不必执行任务了；但是如果他不想执行任务，就说明他心智健全，必须继续执行任务。

比较一下普罗泰戈拉（Protagoras，约公元前 480 年—公元前 411 年）的著名故事（这个故事很可能是假的）。普罗泰戈拉是智者学派的开创者，也是古希腊最早的收费教师。一个跟随他学法律的学生和他达成协议：学生在打赢第一场官司之后将支付学费。这个学生不受理案件，想以此逃避交学费。普罗泰戈拉不得不起诉学生以讨回学费，学生则为自己辩护。如果学生输了，他不必付学费；如果他赢了，他也不必付学费。

（无论如何，故事就是这么讲的。也许有人这样设想：如果学生在他"是否可以推迟受理第一场官司"这个问题上赢得胜利，那么普罗泰戈拉可以立刻向学生索取学费，有必要的话，他可以再次起诉，因为学生已经板上钉钉地违约了。）

以上这些悖论的一个共同之处是，悖论中有一个概念（或集合）可以自我包含。期望悖论的症结在于，这个实验研究的是以人作为对象的这一类实验，而这个实验本身就属于这一类别。关于包含自身作为元素的集合，最经典的表述是罗素的“理发师悖论”：在某个镇上，理发师给每个不自己刮胡子的人刮胡子。更确切地说，他给且仅给不自己刮胡子的人刮胡子。那么，他是否给自己刮胡子呢？这时，这个理发师无法遵行这个规定。如果他不给自己刮胡子，他就必须给自己刮胡子；如果他给自己刮胡子，他就不能给自己刮胡子。

以上这些都是伪装成谜题的悖论。乍一看似乎有个答案等待被发现，而一旦你找到了答案，你会说：“啊哈！就是这么回事！”但是，随后你会发现这个答案站不住脚。无论你怎么想，结果都是不可能的。

这样的事有可能吗？

面对这类悖论，一种常见的反应是怀疑它们是否“可能”，也就是说，它们是否可能在真实世界中发生。在某些场合，答案是一个肯定的“是”。普罗泰戈拉的诉讼有可能发生（法官会面临困难的抉择）；军方可能制定令人糊涂的、自相矛盾的规定（这样的规定很可能已经有了）。某个理发师可能为镇里除他本人以外的每一个不给自己刮胡子的人刮胡子——这使得大家对他做出了一个与罗素的说法一样的判断，虽然他还是不能真正地符合这个判断。

实验者偏见效应已经得到了真实实验的支持。（人们甚至为“实验者偏见效应”创造了一个专门的字母缩写：EBE。）1963 年，罗伯特 · 罗森塔尔（Robert Rosenthal）和福德（K. Fode）报告说，有三个研究显示了显著的实验者偏见效应。罗森塔尔和福德指派许多大学生去进行以人作为实验对象的假实验。他们向实验对象出示不同种类的人的照片，让实验对象判断照片上的人正在“经历成功”还是正在“经历失败”。大约一半主持实验的学生受到引导并相信他们的实验对象将倾向于回答“成功”；其他的学生则受到引导并期待他们的实验对象回答“失败”。最后，对假实验的实验报告进行比较。由于每次假实验获得的结果应当相同，所以如果结果有差异，则应当认为差异是由实验者的期望造成的。罗森塔尔后来进行的研究进一步探索了实验者偏见效应。罗森塔尔极其关注这种效应，甚至主张未来的针对人类的实验也许不得不由自动化的程序引导，以避免这种效应带来的偏差。

其他研究者无法再现罗森塔尔的发现。1969 年的《咨询与临床心理学杂志》把争论推向高潮。这份杂志接连发表了一系列文章：西奥多 · 色诺芬 · 巴伯（Theodore Xenophon Barber）及其同事仔细地重复了罗森塔尔的实验，但是发现完全没有支持实验者偏见效应的证据。于是，罗森塔尔进行辩护性的反驳，巴伯又发表了火药味十足的反驳。双方在学术上的吹毛求疵演变为暴躁的潜流，最后导致了这样一个冷冰冰的声明：“罗森塔尔主张实验者偏见效应在男女混校的州立大学比在其他类型的大学或学院更易于发现，如果他的主张是严肃的，他应当拿出证据支持这个主张。”（罗森塔尔反驳巴伯说，巴伯的重复实验是在女子学院进行的，对此巴伯做出了如上回应。）

随后的实验进一步削弱了显著的实验者偏见效应的证据。1968 到 1976 年，至少有 40 项研究显示，不存在统计上的明显的实验者偏见效应，另外 6 项研究发现了实验者偏见效应的较弱的证据。

为了使期望悖论在现实世界中存在，必须确保期望效应既普遍有效又无法避免。如果只是某些心理学家受到这种效应的影响，不会产生问题。这样，实验者本人可以是一个小心谨慎、头脑冷静的心理学家，而他的同事马马虎虎，他可以研究同事的失误。正如“所有克里特人都说谎”这个悖论要求有一个克里特人把它说出来，所有此类实验的不可靠性也需要一个同类的实验表达。

在现实中，期望效应不大可能表现为普遍的现象。因此，即使某个实际研究宣称发现了这种效应，这个研究本身也未必会陷入悖论的旋涡。

但是，如果某个实验真的确定了“所有针对人类的实验得出的结果都是无效的”这个结论——包括确定这个结论的实验本身在内，将会如何呢？这有可能发生吗？①

“假”和“无效”是有差别的。如果一个实验的结果是假的，它就是假的。但是，如果这个实验仅仅是无效的（由于粗心的操作、缺乏控制等），那么它的结果可能是真的，也可能是假的。一个无效的实验可以支持一个碰巧为真的假说（我们可称之为“盖梯尔实验”）。

对于说谎者悖论，假定其为真，则推出其假，而假定其为假，则推出其真。但是在这里，我们讨论的是期望效应实验的真/假，还是有效/无效？问题并非一目了然。我们先列出所有的可能性，就像处理逻辑谜题一样。

（a）假定研究结果为真。如果它是真的，就意味着针对人类的心理学实验是不可信的。（这并不是说这些心理学实验得出的结果必然是错误的，只是说这些结论不能完全从实验中得出。）因此，本研究本身也是不可信的。其结论可能是真的——我们其实已假定其为真，但是本研究并不构成其结论的有效证据。这个研究是一个盖梯尔实验。这种情况不无讽刺意味，但它的确是一种可能状态。

（b）假定研究结果为假。也就是说，不存在普遍的期望效应。这个研究结果可能为假，它应当由于其他原因为假。（如果结论为假，那么研究就一定是无效的。）这又是一种可能状态。

（c）假定研究是有效的。于是，结论是真的，而且实验是无效的——这是矛盾的。

（d）假定研究无效。于是，结论可真亦可假：没有矛盾。

简单地说，如果某人做了一个研究，表明实验者偏见效应是普遍存在

① 这个问题有点不着边际。一个由实验确立的结论只能是归纳式的结论，所以不可能有普遍性——一旦认识到这一点，这个问题就没必要讨论了。如果一定要把这个实验的结论应用于这个实验本身，那不过是外推，而外推的失败再正常不过了。——译者注

的，那么有以下三种可能：结论碰巧是真的，但是研究是无效的，研究不足以支持其结论，这属于情况（a）；结论是假的，研究无效，这属于情况（b）；研究是无效的，真假不定，这属于情况（d）。以上三种批评都是合理的。无论如何，三种情况都表明：研究是无效的。

但是，如果有一群获得过诺贝尔奖的科学家组成了一个委员会，由这个委员会指导该研究，付出了最大的努力以确保研究的有效性，我们该如何评价此项研究呢？他们设计了前所未有的严谨的研究体系，包括细致的控制、统计检验、仔细地校验各个环节，以保证研究无可置疑地有效，并且正确地断言：所有针对人类的心理学实验（包括本研究在内）都因潜意识的实验者偏差而无效。

这个问题的核心其实就是说谎者悖论，只不过把“真”替换成“有效”了。一个有效的研究恰好断言其自身的有效性是不可能的。我们的讨论进入了探讨不可能性的领域。

可能世界

“可能世界”是哲学中的一个非常著名的概念。为什么世界是这个样子的？这是一个很自然的问题。为什么会有邪恶？我们能提出这个问题就足以说明，我们可以设想一个没有邪恶的世界，这个世界与真实存在的世界截然不同。我们有理由认为，这种构想“可能世界”的能力是人类智力的最基本的部分之一。我们在生活中做出了无数的选择，所有这些选择无论大小都以想象力为基础。你想象了一个世界，在这个世界里，你在今天下午洗了车；你又想象了另一个世界，在那个世界里，你在今天下午没洗车。比较这两个“可能世界”，然后决定你更乐意生活于哪一个当中。

第一个广泛使用“可能世界”这个概念的西方著述者是德国数学家、哲学家莱布尼茨（Gottfried Leibniz，1646—1716）。莱布尼茨感到奇怪，为什么上帝在创造世界的时候在所有的“可能世界”中选择了这一个。莱布尼茨给出了一个独特的答案：因为这个世界实际上就是所有的“可能世界”中最好的一个。他设想，这个世界中的痛苦和不幸达到绝对意义上的最小值。在造物主那里做出的任何一点改动，任何希望在这里或那里做一点儿修正的企图，都将把整个世界变糟。这种难以置信的观点再现于伏尔泰的讽刺小说《老实人康迪德》（*Candide*）中，书中人物潘格洛斯博士（Dr. Pangloss）受到莱布尼兹的启发。康迪德无法相信，一个没有发生过里斯本地震（1755 年，4 万人丧生）的世界怎么会不如我们的真实世界好。

20 世纪 60 年代，索尔·克里普克（Saul Kripke）、戴维·刘易斯（David Lewis）、拉科·欣蒂卡（Jaakko Hintikka）等哲学家复兴了可能世界哲学。为了避免误解，我们澄清一下什么是“可能世界”。它指的不是在宇宙中的另一个星球。一个“可能世界”是一个完整的宇宙，它有自己的过去、现在和未来。我们可以谈论一个德国人打赢了“二战”的“可能世界”，我们甚至可以谈论那个“可能世界”的公元 1 万年。人们经常用单数的“可能世界”表示实际上的一类“可能世界”。一定存在着不止亿万个德国人打赢了“二战”的“可能世界”，其中的每一个都在某些细节上与其他的不同。存在着（或者说看来存在着）无穷多个“可能世界”。我们生活于其中的那一个“可能世界”被称为“真实”世界。

即使这样一个纯哲学的概念也有其限度。如果任何一种随意的想象都构成一个“可能世界”，那么这个概念也就没什么用处了。多数哲学家同意，谈论一个并非“可能世界”的世界是有可能的。

虽然我们可以说出这样一个句子：“1+1 不等于 2 的世界”，但是这并没有描述一个“可能世界”。类似地，“6 是质数的世界”、“有四条边的五边形的世界”、“里斯本地震既发生过又没发生过的世界”、“林肯比斯大林个头高、斯大林比拿破仑个头高并且拿破仑比林肯个头高的世界”都不表达可能世界。

（有人对此表示异议。虽然任何人都无法设想一个 1+1 不等于 2 的世界将是什么样的，但是冥顽不化的怀疑论者还是可以提出疑问：我们怎么能保证这样一个世界是不可能存在的呢？大多数关于“可能世界”的哲学讨论都遵循一个基本规则：我们的逻辑在其他“可能世界”中无论如何也会生效。不然，我们就没法思考它们了。）

有多少个“可能世界”

说某事是不可能的（不同于仅仅是假的）意味着在任何一个“可能世界”中它都不能为真。有多少个不同的“可能世界”？这是哲学中最深刻的问题之一。

索尔·克里普克主张，像“金的原子序数是79”这样的事实在任何“可能世界”中都是真的。大多数人则认为这种观点难以接受。看来很容易想象一个世界，其中金的原子序数是78、80或17。关于金的原子序数，在你整个一生中你很可能从来都不知道，或者没在乎过。表面看来，想象一个金的原子序数不同的世界与想象一个你的电话号码或车牌照改变了的世界没什么两样。真是这样吗？

根据元素在周期表中的位置可以推测其性质。在表中，金位于银和铜之下，而性质与这二者在许多方面相似：密度大、柔软、惰性、金属类、导电性极好。如果金的原子序数加1或减1它在周期表中的位置会变化，而性质也应当不同。

假设金的原子序数是78。在周期表中它将位于镍和钯下面，而性质应与这二者相似。它应当还是密度大的金属，但是性质会更接近铂（实际上铂的原子序数是78）。如果“金”在所有方面与铂相似，它还是金吗？

你可以坚持说，在周期表中其他元素的原子序数也会减1，于是金的相对位置保持不变。金是78号元素、铂是77号元素，以此类推。但是如果这样，在周期表的开端将不得不删掉一个元素。被删掉的应当是氢，这种元素构成恒星，目前是宇宙中最普遍的元素。一个没有氢元素的宇宙是如此的奇异，以至于我们甚至无法相信它有多奇异。

克里普克断言，从化学家的角度说，元素的属性或多或少地、不可避免地由其原子序数决定。设想在某个世界中氦不是惰性气体与设想在某个世界中 1+1 不等于 2 没有太大差别。确定一下，某个世界是否可能不像其表面看起来那么简单！

也许有一天，我们的物理知识会达到与化学同样完备的程度。也许电子、夸克、光子的属性遵循某些根本的原则，就像化学元素排列符合周期表一样——是可以设想的。“超弦”理论试图提供这样的理论。如果这类理论是正确的，许多似乎可能的奇异世界（例如质子比中子质量大的世界，电子的尺寸如同高尔夫球大小的世界等）也许会被排除。物理学家甚至怀疑，真实世界就是唯一的“可能世界”。物理定律，甚至世界的初始状态也许已经被严格的逻辑预先规定了，我们几乎没有设想的余地。

悖论和可能世界

“这个句子是假的”是一个悖论——当我们做出这个断言时，意思是说，在任何一个“可能世界”中这个语句都不能正确地描述自身。我们可以从两个方面分析：（1）如果这个句子是真的，那么这个句子是假的；（2）如果这个句子是假的，那么这个句子是真的。我们可以任意设想在某个世界中这个句子是真的或者假的，但是无论怎么设想，都会导致矛盾。

拉科 · 欣蒂卡利用“可能世界”定义知识。增加一个人的知识就意味着减少与此人的知识相容的“可能世界”的数量。例如，我们知道的所有事情都与半人马座阿尔法星系内存在生命相容；同时，我们知道的所有事情都与半人马座阿尔法星系内不存在生命相容。也就是说，如果有一个世界在各方面都与我们的真实世界相同，唯独在半人马座阿尔法星系内是否存在生命这一点上与我们的真实世界不同，我们的知识不足以鉴别这两个世界有何差别。而一旦我们知道了实际上半人马座阿尔法星系内是否存在生命，就有一半的可能性被排除掉了。

科学发现消减相容的“可能世界”的数量。我们很自然地想问，这个消减的过程可以进行到什么程度。在欣蒂卡看来，完全知识意味着彻底排除所有的“可能世界”，只剩下一个世界——即真实世界。

请注意全知与悖论之间的微弱差别。对于一个完全无知的人来说，与他的知识相容的“可能世界”的数目有无穷多；对于一个拥有完全知识的人来说，“可能世界”的数目被限制为一个。如果“可能世界”的数目被限制为0，会怎么样呢？某个人遭遇了这样一种困境：他发现所有的“可能世界”都与他的知识矛盾，他的已知事实集合包含矛盾。看来悖论顶多只能证明这不是一个“可能世界”。

博尔赫斯在《乌龟的化身》一文中推测，悖论作为线索揭示了世界是不真实的：

> 让我们认可唯心主义的主张：世界在本质上是虚幻的；同时，让我们采取非唯心主义的方法：寻找世界是非真实性的证据来证实世界的虚幻本性。我认为，在康德的二律背反和芝诺的矛盾中可以发现这样的证据。
>
> “最伟大的魔法师（诺瓦利斯令人难忘地记录过）可以向自己施展法术，其法术如此高超，以至于他本人在魔法的控制之下而浑然不觉，以为自己在自由地行事。我们不就处于这种状态中吗？”我猜想情况就是这样。完满的神在我们体内驱使我们，令我们梦到了世界。我们梦到一个稳固、神秘、可见的世界，它在空间中弥漫、在时间中延续；但是我们承认，在这个世界的结构中存在细微而永远无法修补的非理性的裂缝，这些裂缝告诉我们，所谓的这个世界其实是个梦。

序言悖论

我们都见过谦虚得过分的序言——作者（在感谢自己的配偶和打字员

之后）声明对“在所难免”的错误负责。你很可能觉得奇怪，既然他对于错误的存在如此有把握，为什么他不回去把错误改过来，而只是做一个空洞的说明。受这种“不作为”现象的启发，梅金森（D. C. Makinson）提出了“序言悖论”（1965）。这个悖论与期望悖论和意外绞刑悖论都有联系，它“证明了”除非是在文学作品中，否则这种情况不能发生。

一位作者写了一部巨著，他认为此书属于非文学作品。书中有许多命题，他仔细地检查过这些命题。一位朋友读了这本书，耸耸肩说：“任何一部篇幅如此长的书中至少有一处错误。”“在哪儿呢？”作者要求朋友指出来。但朋友断言，虽然他还没发现任何错误，但是所有的长篇非文学类著作都会包含一两个错误。作者勉强接受了朋友的说法。朋友说：“这么说，你的读者没有理由相信你书中的全部命题。”

“你看，”朋友说，“随便挑出一个命题。”他随机地翻到一页，找到一个陈述句。“我们暂且不看这个命题。我用手指挡住这个命题，让你看不见它。你是否相信，在这本书中除了这个命题以外的所有命题都是真的？”

“当然。除非我信以为真，否则我不会把命题写进书中。我有非常合理的理由相信它们。”

“好极了。你已经同意：这本书中至少包含一个错误，尽管你我都未能发现错误。既然你相信书中至少有一处错误，而且你相信除了这个命题以外的所有命题都是真的，于是，你必须相信我正用手指挡着的这个命题是假的，否则你的观念就是自相矛盾的。我只是随便挑出了一个命题做例子。其实我可以把任何一个命题拿出来，进行完全相同的推理。对于书中的任何一个命题，你都不能合理地相信它是真的。”朋友下了结论。

为了避免误导读者，这个作者为这本书加了一个序言作为警告：“本书中至少有一个命题是错误的。”

如果这本书中包含一个（或多个）错误，则这个作为序言的命题是正确的。如果这本书中除了这个作为序言的命题以外没有任何错误，则这个作为序言的命题就是错误的。于是，这本书中确实有一个错误，而作为序言的命题是正确的。但是如果作为序言的命题是正确的，那么本书中就没有错误，作为序言的命题就是错误的……在再版时插入一系列的勘误表也无助于解决这个问题！[①]

合理的观念必须是相容的吗?

确实有许多作者在实际的序言中承认有错误。小库尔特 · 冯内古特（Kurt Vonnegut Jr.）的小说《猫的摇篮》就有这样一篇序言："本书中的东西统统是假的。"这与梅金森的序言悖论不一样，它是更直接的矛盾。不过好在冯内古特的书是文学作品，只要这个序言不应用于自身，它还是正确的。按理说，这个序言本身是真正的冯内古特（而非小说中的人物）写的，所以序言不是文学性的。当序言涉及自身时，就产生了一个说谎者悖论。

序言悖论使我们回想起数学家威廉 · 尚克斯毕生悲剧性的工作。他一生致力于计算圆周率，他在计算第 528 位小数时出了错，导致以后的全部工作都无效了。设想你正在写一本名为"圆周率的数字"的书。书的第一页上写着："圆周率的第一个有效数字是 3。"此后的每一页都承续上一页记录圆周率的十进制小数的下一个数字。你用手摇计算器得出数字。你是个有水平的数学家，采用的是公认有效的算法。因此，你有理由相信自己算出的每一个数字都是对的。

当你算到第 1 000 位的时候，你发现，你很可能已经在计算中犯了至少一个错误。哎哟！你的处境比梅金森的序言悖论还要糟。计算新的一位数字依赖于先前的计算结果（就像在长除法中一样）。你不能直接确定圆周率的第 1 000 位数字，在此之前，你必须先确定第 999 位数字，而为此你必须确定第 998 位数字，依此类推。如果在计算某一位数字时出了错，那么随

---

① 作者对序言悖论的理解和介绍与常见的版本不同。一般认为，序言悖论的要点在于"相信"。根据常识，某人既相信 A 又相信 B，则可以推出，此人相信"A 并且 B"。序言悖论颠覆了这种想法。但是从作者的分析看，他显然把"相信"替换成了"是真的"。——译者注

后的所有数字都是无效的。这就好比竖起 1 000 张多米诺骨牌，一旦第 307 张骨牌倒向右侧，其后的每一张骨牌都会倒下。如果在前 1 000 位数字中至少有一处错误，则第 1 000 位一定是错的。[①]同样，第 999 位、第 998 位以及此前的一长串数字很可能也是如此。

和期望悖论一样，序言悖论质疑了在涉及归纳概率的、没有确定性的场合下演绎推理的作用。由于科学家借重于概率更甚于确定性，这个问题值得深思。

我们的世界观由一系列观念构成，这些观念大体上是真实、合理的（至少我们是这样认为的）。序言悖论提出一个问题：在合理的观念之中是否可能包含逻辑矛盾。请注意，在悖论内部包含着悖论。书的作者有这样一个观念：书中的每一个命题单独考虑都是真的，但是以整体上来说书中一定包含错误。这个观念包含矛盾。假定这本书做出了 1 000 个不同的判断，这些判断都是正确的，而且相互一致；而序言中的声明（“本书中至少有一个命题是错误的”）是第 1 001 个判断。这就产生了一个极为奇异的矛盾：虽然全部 1 001 个判断构成的整体是自相矛盾的，但是从中任意取出 1 000 个判断，则这 1 000 个判断在逻辑上相互一致。

在小亨利 · E · 屈贝里（Henry E. Kyburg Jr.）提出的“彩票悖论”（1961）中，概率的地位更加明显。任何一个买彩票的人都不能合理地期望赢，因为结果相反的概率太大了。但是事实上总会有某个人赢，如果每个人都预计自己不会赢，则与这个事实矛盾。在实际生活中这个可疑的推理链条又向前推进了一步。“既然一定会有某个人赢，你怎么知道这个人就不是我呢？”这个想法不符合理性推断，但是国家彩票的广告词就是这么说的。屈贝里认为，一个人的合理观念的集合可能在逻辑上是矛盾的。

梅金森的序言悖论和屈贝里的彩票悖论涉及的深层问题在于，大量观念汇集在一起可能把矛盾隐藏起来。在一个由 100 万个命题构成的集合中，

① 这个数字有 1/10 的概率是正确的。如果它碰巧正确，则构成一个盖梯尔反例。

某个单独的命题可能会引入一个微妙的矛盾。请考虑这个连锁推理：

1. 艾丽斯是个逻辑学家。

2. 所有逻辑学家都吃猪排。

3. 所有吃猪排的人都是克里特岛人。

4. 所有克里特岛人都是说谎者。

5. 所有说谎者都是出租车司机。

……

……

……

999 997. 所有得克萨斯人都是富人。

999 998. 所有富人都是不快乐的。

999 999. 所有不快乐的人都吸烟。

1 000 000. 艾丽斯不吸烟。

省略号表示其他前提，即第 6~999 996 条。其中每一个命题都是“所有的X都是Y”这种形式，我们最终可以推出，所有的逻辑学家都是吸烟者，由此得到艾丽斯吸烟。这与第 100 万条前提矛盾。因此，这个命题集合是不可满足的（自相矛盾的）。

没有哪个前提格外值得注意。有趣的是，去掉任何一个前提都会使得整体变成可以满足的。例如，去掉前提 4，则得到艾丽斯是克里特岛人，所有说谎者都吸烟，艾丽斯不吸烟（因此艾丽斯不是说谎者）。

在这个例子中，所有前提以整齐的次序排列，因而不难看出其中的矛盾。如果这 100 万个前提打乱次序随机排列，要想发现其中的自相矛盾之处就非常困难了。如果其中某些命题采取了更复杂的形式，难度则更大。一个观念集合如同一个博罗梅奥环（Borromean Ring），或是那种抽出一片就使整体散架的智力玩具。每个命题的作用都会在整个集合中传播开来，对整体产生影响。

波洛克毒气室

一旦陷入悖论，人们的第一个反应是放弃一个（或更多）导致矛盾的初始假设。问题是，我们如何决定放弃哪个观念？约翰 · L · 波洛克（John L. Pollock）根据证实规则解决了序言悖论。他通过下面这个思想实验展示了证实规则：

一个房间有时会充满绿色的毒气。为了警告那些可能想进入的人，这个房间设计了一个警示系统。这个系统（由一个委员会设计）这样工作：通过门上的窗户可以看见房间里的一盏警示灯。当人们可以安全进入时，灯是绿色的（表示“通过”）；当房间里有致命气体时，灯是白色的（在某些亚洲国家白色代表死亡）。

糟糕的是，当房间里有毒气时，灯实际上是白色的，但是绿色的毒气使得灯看起来是绿色的，因此，这个系统无法使用。无论房间里有没有毒气，灯看起来总是绿色的。委员会设法解决了这个缺陷。在距警示灯几英寸的地方安装了一个闭路电视摄像头，视频信号传给房间外的彩色监视器。无论房间里是否有毒气，监视器都会精确地再现警示灯的颜色。在门上有一个警示牌，上面写明：“不要理会通过窗户看到的灯的颜色，以电视监视器反映的颜色为准。”

波洛克用这个组装的警示系统比喻我们关于世界的不完善的知识。灯或绿或白，但是我们不知道是绿还是白。从窗户中看，灯是绿色的。表面证据让我们相信灯是绿色的。但是在电视屏幕上，灯看来是白色的。这个理由让我们相信灯是白色的。但是灯是绿色的意味着它不能是白色的，反之亦然。在这两个原本可信的猜想中，我们必须放弃一个。

波洛克注意到，拒斥一种观念的方法不止一种。你可能会说：“通过窗户看灯是绿色的。根据经验我知道，大多数窗户是用无色玻璃做的，玻璃不会使颜色走样。空气也是无色的。因此，通过玻璃看灯是绿的便有了一个合理的理由，我相信灯是绿色的。如果灯是绿色的，那么它不能是白色的。因此它不是白色的。”

当然，你可以同样容易地做出如下推理：“从电视监视器上看，灯是白色的。物体的颜色通常与彩色电视机反映出来的一样——这就是我们买彩色电视机的全部原因。因此，从监视器上看灯是白色的是一个合理的理由，我相信灯是白色的。如果灯是白色的，那么它就不能是绿色的。因此它不是绿色的。”

这样，我们得到了一个小型的悖论。从有限的几条观察出发，推出了一个矛盾。每个推理都对另一个构成针锋相对的反驳，反驳看来是以最强烈的方式进行的。

解决方案很明显。实际上，灯一定是白色的，和电视屏幕上反映的一样。但是我们采用的不是上面的第二个推理。上面的第二个推理不见得比第一个强——也许还稍微弱一些。（当我们在电视上看到的与亲眼所见的相冲突时，我们很可能更相信自己的眼睛。）我们有另一个理由支持灯是白色的——根据房门上的警示牌。

一切经验性的观念都有可能是错误的。我们可能得知某些东西（一个败因），因而放弃了一个过去的观念——这种情况总有可能发生。有两种类型的败因：直接反驳型和釜底抽薪型。

直接反驳型的败因直截了当地指出一个观念是错误的。一旦得知在哥本哈根动物园有一群白乌鸦，这就直接反驳了“所有乌鸦都是黑色的”这个猜想。我们还是有很多证据（见到黑色乌鸦的所有目击证据）证明这个猜想，而且这些证据依然是有价值的，但是我们不得不承认这个猜想是假的。

釜底抽薪型的败因则揭示，支持此观念的证据是无效的。得知你实际上是一颗“缸中之脑”就是一个釜底抽薪型的败因，使得你相信的关于外部世界的一切东西都失效了。一个釜底抽薪型的败因使我们用一种新视角来审视支持某个猜想的证据，显示出这个证据其实不能用来证明这个观念。当然，观念本身也许碰巧还是真的，但是提供支持的证据不足。

初看起来，直接反驳型败因强于釜底抽薪型败因。但是波洛克认为，实际上釜底抽薪型败因优先于直接反驳型败因。二者的差别如同有趣的论辩与无趣的论辩之间的差别：在无趣的论辩中，针锋相对的双方各自指责对方是错误的；在有趣的论辩中，他们指出为什么对方是错误的。

关于灯的两种结论（基于从窗口获得的证据，它是绿色的；基于从电视屏幕获得的证据，它是白色的）都有经验理由支持，而二者互为对方的直接反驳型败因。这种相持不下的局面只能通过警示牌解决，警示牌属于釜底抽薪型的败因。它解释了透过绿色的毒气看见绿色的灯，灯的绿色可能是假象。这使我们有理由抛弃一个观念而坚持另一个。

釜底抽薪型败因优先的原则有助于我们理解本章中的大多数悖论（也包括意外绞刑悖论）。在序言悖论中，作者的朋友针对一个挑选出来的命题所做的论证是一个直接反驳型的败因，这个论证只是说此命题是错误的，并不解释为什么是错误的。这个论证与这个命题本身没有直接关联。实际上，这个被挡住的命题的内容从来没有进入讨论过程。

作者可以用一个釜底抽薪型败因反驳朋友的论证。朋友的推理立足于书中包含错误这一观念。我们也许有非常好的经验理由（在其他书中都发现了错误和排印问题）支持这个观念，但是，一旦我们发现事实上除了朋友挑出的命题以外，所有书中命题都是正确的，这个理由肯定会遭到破坏。如果非要认为书中一定包含一个错误，那么唯一的可能就是，朋友挑出的这个命题是错误的，但是没有理由认为，这个命题出错的可能性比其他命题更大。在必须做出选择的时候，我们应当求助釜底抽薪型败因。

序言悖论其实是一个玩笑。我们一直很清楚，朋友的推理是错误的，问题只不过是说明错在哪里。相比之下，期望悖论更难被攻破。诉诸釜底抽薪型败因，可以得到如下解决方案（当然这个方案未必是定论）：

如果一个论证指出某个实验的结果是假的，那么这个论证属于直接反驳型败因；如果一个论证指出某个实验是无效的，那么它属于釜底抽薪型败因。在关于期望效应的实验中，两种败因出现冲突。在这种情况下，根据波洛克的理论，我们应当优先考虑揭示无效性的理由，而非揭示错误性的理由。

考虑这个悖论的加强版：一个由著名科学家组成的超一流委员会指导这个实验，因而我们确信实验的有效性。直接反驳型败因是这样的：如果实验结果是真实的，那么实验必定是无效的。然而，由于我们知道实验是有效的（根据指导委员会的权威性），所以结果一定不是真实的（根据否定后件式推理）。

釜底抽薪型败因是这样的：如果实验既有效又真实，那么潜意识的期望已经危及了实验本身。这样，我们遗憾地得出结论：实验是无效的。（需要指出，在这两种败因中，后一种更有道理。）

最后讨论一下意外绞刑悖论。（当天数较多时，这个悖论与序言悖论的命题数较多的情况类似。）囚徒的推理反驳了他在一周内的任何一天被绞死的可能性（直接反驳型败因）。这样一组观念又构成了对自身进行颠覆的釜底抽薪型败因，因为刽子手在了解了囚徒的观念以后可以在任何一天行刑。釜底抽薪型败因优先的原则使我们接受奎因的结论：囚徒是错误的。

你可能会问，在什么条件下我们才能下结论说，某个命题得到了确切无疑的确立。答案是：永远不能。这说明以不可失效性作为“知道”的第四条标准是有麻烦的。任何观念都不能在败因面前免疫——包括“这是一个败因”这样的观念。

一个门卫走到波洛克毒气室门外检查监视器。他嘀咕道：“伙计，用这玩意儿警告大伙是一个天大的玩笑。除非某个人因此送了命，否则他们是不会有什么行动的。”他一边抱怨着，一边扭动显示器的旋钮调整了一下，灯泡的图像变成了鲜艳的绿色。

第 8 章　无限：汤姆森灯

“汤姆森灯”［得名于詹姆士 · F · 汤姆森（James F. Thomson）］看起来与其他灯没什么两样，由一个按钮开关控制。摁一下按钮灯亮，再摁一下灯灭，再摁一下灯又亮。一个超自然的精灵喜欢这样玩这盏灯：把灯点亮 1/2 分钟，然后熄灭 1/4 分钟，再点亮 1/8 分钟，而后熄灭 1/16 分钟，依此类推。“1/2+1/4+1/8+……”这个级数是我们熟悉的，它最终等于 1。因此，到 1 分钟的最后一瞬为止，这个精灵摁了无穷多次开关。在最后一瞬，灯是开着的，还是关着的？

每个人都知道，从物理的角度看这种灯显然是不可能存在的。然而，我们的想象力并不受凡俗的物理学束缚，关于此灯的操作描述已经达到了最大可能的逻辑精确性。为了判定灯是开是灭，我们已经获得了全部的必要信息——看来这是不可辩驳的。此外，灯要么开要么灭——看来这也是不可辩驳的。

然而，试图解答汤姆森灯这个谜题是可笑的，因为这个问题等同于判定最大的整数是奇数还是偶数！

圆周率机

“圆周率机”更令我们不安。这是一种神奇的机器，其外观像老式的收银机。打开这台机器，它开始迅速地计算圆周率的各位数字（圆周率是直径为 1 的圆的周长）。在古希腊、罗马时代，人们就已经知道圆周率是一个无限小数：3.141 592 65……圆周率计算每一位数字所需的时间等于计算上一位数字的时间的一半，通过这种方法计算所需的时间得到压缩。每当一位数字被确定，这个数字立刻会弹入机器顶端的一个窗口中。在任意一个时刻，只有刚刚得到的数字会出现在窗口中。

如果计算第一位数字需要 30 秒，那么计算圆周率的所有数字所需的时间为 1 分钟。①不仅如此，在 1 分钟结束时，机器将如假包换地显示出圆周率的最后一位数字！当然，这纯粹是痴人说梦，因为圆周率的最后一位数字不存在。

第三台不可能的机器是皮亚诺机。这台机器像是一支自动伸缩笛，笛身上标有刻度，像尺子一样。一端标有数字“0”，另一端标有数字“1”。一个游标从“1”端滑向“0”端，历时 1 分钟，匀速滑动。当游标经过的点的刻度为整数的倒数时，一只机械嘴会读出这个整数。随着游标的滑动，声调越来越高，同时，读数字的速度越来越快。

例如，在这 1 分钟刚开始时，游标位于刻度 1，而 1 的倒数是 1，机器用厚重的男中音朗读“1”。30 秒过后，游标位于刻度 0.5 处，0.5 的倒数是 2，机器朗读“2”（声音已经变成男高音）。又 10 秒过后，机器用女低音读“3”。又 5 秒过后，是女高音的“4”。

在这 1 分钟接近结束的时候，朗读声变得迅速而猛烈。声调逐渐增高，尖锐到人耳听不到的程度。有一阵子狗会发出呜咽声，狂躁地用爪子刨地……而后狗的耳朵也听不见机器的朗读声了。在这 1 分钟结束的时候，

① 在一间屋子里同步运行圆周率机和汤姆森灯，屋子里没有其他光源，在闪烁的灯光的照明下可以见到圆周率的所有奇数位数字。

每个自然数都被这个机器朗读出来了。

芝诺悖论

“无限”是一个用来表示这个巨大的、我们无法完全领会的世界的符号，它是悖论中极常见的主题。悖论中经常包含着无限对自鸣得意的日常世界的冲击和威胁。

在最古老的关于无限的悖论中，有一些归功于埃利亚的芝诺（生活于公元前5世纪）。芝诺在一本书中（大约写于公元前460年左右）记录了他的悖论，此书已失传。芝诺好辩，乐于证明时间、运动以及其他我们习以为常的东西并不存在。他最著名的悖论是这样的：善跑的阿基里斯与乌龟赛跑。乌龟在阿基里斯前面起跑，比方说，领先1米。为了追上乌龟，阿基里斯必须先跑到乌龟的出发点。当他到达这个位置时，乌龟已经往前跑了一段较短的距离——10厘米。现在阿基里斯必须再跑10厘米才能追上乌龟，但是与此同时，乌龟又往前跑了1厘米。以上分析过程可以无穷延续，乌龟领先阿基里斯的距离会越来越短，但是阿基里斯永远也追不上乌龟。

芝诺否认无穷数列和无穷量的真实性。他认为，如果你可以表明某个东西涉及无穷，你就可以证明这个东西是不存在的。在现代人看来，芝诺的某些论证缺乏说服力。芝诺的表现就像是一个永远拒绝无穷级数的顽固、古怪的数学家。阿基里斯必须跑的距离构成了一个无穷级数，加起来等于111.111……厘米（即111又1/9厘米）①，这是一个有限数。所谓的“无限”只是芝诺分析的结果，并非物理意义上的无限。

在芝诺发明的悖论中，“飞矢不动”悖论更令人困惑。一支箭在空中飞过。在时间历程中的任意一个瞬间，这支箭是静止的。在这个瞬间，箭就

---

① 这是一个等比数列，首项为100，公比为1/10，因此前n项之和为100（$1-1/10^n$）/（1–1/10），当n趋于无穷时，结果即为111又1/9。——译者注

像处于一张静止的照片中，或者说，就像是从拍摄飞箭的电影中截出的一个孤立的画面。时间是由无穷多个这样的瞬间构成的，既然在每个瞬间箭都是纹丝不动的，箭的运动又何在？

飞矢不动悖论值得深入思考。我们把这个问题移植到现代语境中。假设有一支箭，它是由原子构成的。它在相对论情境下的时空中运动，我们在一个惯性参照系中对它进行测量。在这种表述中，我们以日常含义使用“时间中的一个瞬间”这个词组，和芝诺一样。我们依然接受因果关系：将来是由现在决定的，而现在是由过去决定的。（除了在量子层次上——我们可以暂且忽略这种考虑吧？）在完全静止的一个瞬间，一支飞行的箭与一支静止的箭有何不同？看来这支运动的箭上一定附着了一些信息以区别于静止的箭。否则，它怎么“知道”在下一个瞬间会疾射向前？

就本书的讨论范围而言，我们更关注当代人的“无限机器”悖论。这些悖论是在芝诺的启发下诞生的。他们质疑的是知识，而非运动学。关于无穷级数的现代理论无助于解答这些问题。每台机器的操作都属于超级任务，其动作涉及无限。然而，这些动作可以被清晰地描述——尽管完成动作本身也许是不可能的。在每个例子中，超级任务允诺我们瞥一眼不可知的事物——例如希腊神话中的美杜莎①。

注重实际的人也许会对无穷机器的想法表示质疑。关于超级任务的哲学讨论就好比医生为一种并不存在的疾病寻找疗法。然而，超级任务可以和真实世界中的某些过程类比。这些问题表现出来的奇特状态只有通过由一系列离散的动作组成的无穷（或接近无穷）的序列才能得到解答，这是值得研究的。

① 美杜莎为希腊神话中的女妖，任何人看她一眼都会变成石头。美杜莎是不能看的，所以“弊一眼”美杜莎是不可能的，作者以此类比“超级任务”，说明超级任务是不可能完成的。——译者注

造一盏汤姆森灯

关于无穷机器的某些讨论关注操作细节。虽然机器的实用性似乎与讨论无关，但是略微分析一下细节也许有助于发现其中的逻辑困难。阿道夫 · 格林鲍姆（Adolf Grünbaum）分析了这三台机器。

针对汤姆森灯的一种反对观点是，电灯泡不可能无限且迅速地被打开、熄灭。在操作过程中的一个过去的确定时刻，当电流接通时灯丝没有足够的时间完全被加热，而当电流断开时灯丝没有足够的时间冷却。在最后阶段，灯丝可能始终处于半明半暗的状态。

此外，每个人都知道，连续开关电灯泡很容易把灯泡烧坏。汤姆森灯的灯泡一定会烧坏。

阿道夫 · 格林鲍姆认为，这些讨论都没说到点子上。问题的关键是，在这 1 分钟结束时，灯泡是亮的还是灭的？即使灯泡烧坏了也不要紧，在这 1 分钟过后，我们总可以卸下坏灯泡，拧上一个新的，看看它亮不亮。

真正的问题在于开关。汤姆森灯的开关按钮在每一次打开或关闭时，显然要经过一段距离。因此，按钮必须在有限的时间内经过无限的距离。一个物理上的限制足以提出反驳：在这 1 分钟接近结束时，按钮的运动速度一定会超过光速，而这是不可能的。

按钮将往复运动无限距离的这个问题并不重要——实际上，按钮不需要走这么远。格林鲍姆和艾伦 · 贾尼斯（Allen Janis）做了一点改进，得到了升级版的汤姆森灯。改进之后的情况更有道理。

把按钮画成一个垂直的圆柱，其底部是导电的。当按钮被完全摁下时，圆柱的底部接触电路的两个裸露电极，电流流过圆柱底部，点亮灯泡。

每当灯应当点亮时，按钮接在连通的电路上；每当灯应当熄灭时，按钮以恒定的速度沿上下方向做一个短程运动。每一次按钮弹起的距离仅限于时间允许的范围内，而运动速度是固定的。

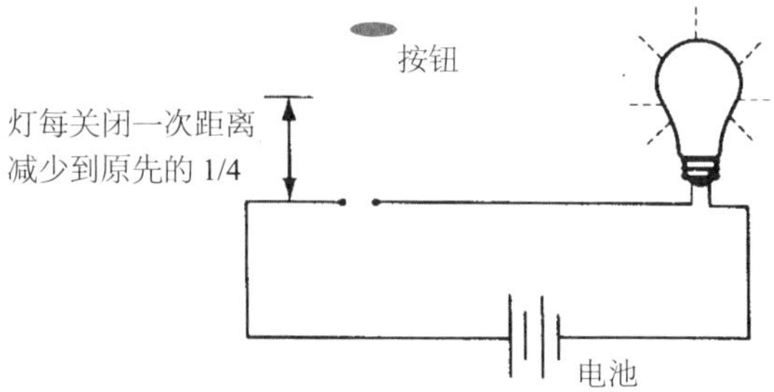

在最初的 30 秒中，按钮压在电极上，灯泡是亮的。再过 15 秒，灯泡关闭。按钮先用 7.5 秒向上弹起，又用 7.5 秒回落。然后，按钮在电路上停留 7.5 秒，这段时间电路接通，灯泡又亮了。再往后，按钮用 1.875 秒向上弹起，用 1.875 秒回落，灯泡保持熄灭 3.75 秒。

按钮起落无穷多次，但是每一次移动的距离都是上一次的 1/4，就像是一只弹性不大好的球。在整个操作中，按钮移动的总距离同总时间一样，是个有限数。移动速度是常数，比光速小得多。

遗憾的是，格林鲍姆和贾尼斯的改进还是不能彻底挽救汤姆森灯。按钮在往复运动的过程中需要加速和减速，而加速度会超过任意的固定值。看起来，无限大的加速度毕竟比无限大的速度容易接受，但是……任何物理对象都只能承受一定限度内的加速度。在某一时刻，加速度肯定会摧毁按钮，其效果就和用锤子砸碎的效果一样。

改进版的汤姆森灯有一个更严重的问题：在 1 分钟之后灯是开是灭已经不是问题。在操作过程中，按钮的底部与电路之间的距离越来越小，最终恰好停在电路项上。（就好像一只球在地板上蹦，最终落在地板上。）改进版的汤姆森灯在操作结束时一定是亮的。修改开关的结构就会导致这种令人不满的结果。这个改进版的汤姆森灯与原来的汤姆森灯有关系吗？——确实成问题。

在设计圆周率机和皮亚诺机时也会遇到一些问题，有的与上面的问题类似，有的则不是。[顺便说一句，皮亚诺机的名字是格林鲍姆起的，是为了纪念意大利数论家朱塞佩·皮亚诺（Giuseppe Peano）。] 圆周率机的问题是，计算圆周率的数字的过程怎么可能这么快。下文将提到，计算速度如同运动速度一样，是有上限的。在数字向窗口中弹出的过程中，为了避免运动速度达到无限，运动的距离必须递减。最终，我们将无法判断正在显示的是哪个数字。圆周率机可以换一种显示模式，每个数字被打印出来，数字的字体表现为超现实主义风格：每个数字的高度是上一个数字的一半。全部计算结果可为一张索引卡片所容纳。但是有一个问题：即使用最强大的电子显微镜也看不出最后一位数字是几。

皮亚诺机有一个独特的问题：数字的读法越来越复杂。干净利落地读出一个100位的数也要花很长时间。贾尼斯建议不采用日常语言的读法。他的方案是，设计一个编码方法，让每一个数对应一个频率确定的音调，然后用哨音把数字"吹"出来。

发出一个声音需要消耗多少能量取决于频率（音调）和振幅（音量）。为了避免能量需求达到无穷大，随着频率的增加，振幅必须减小。在这1分钟的最后一瞬，机械嘴的音量将下降到0。你无法听到最后的哨音——即使你的耳朵有能力捕捉音调无限高的声音。

请注意：如果试图以更具物理上的可实现性的方式设计三种无限机器中的任何一种，都会导致一个结论——最后的结果是不可见的（或不可闻的）。许多哲学家认为，在涉及无限机器、超级任务以及只有通过超级任务才能了解的事实时，总是有些可疑的东西。

几何级数

无限——完全就其本意来说是不可理解的，但是趋近于无限的情况随处可见。有一个印度传说，什里姆国王（King Shirim）曾经落入西萨·本·达希尔（Sissa Ben Dahir）的圈套。达希尔是国王的大臣，发明了国际象棋。国王钟爱这一游戏，决定重赏发明者。因为国际象棋棋盘有

64个格子，国王决定为每个格子赏赐达希尔一块金子。达希尔礼貌地谢绝了这份赏赐，恳请国王以另一种方式奖励他。他请求国王在棋盘的第一个方格上放一粒麦子，在第二个方格上放两粒麦子，在第三个方格上放四粒麦子，依此类推，每个方格上的麦粒数是上一个方格的2倍，直到棋盘的每一个方格上都分配了麦粒。

因感动于达希尔的谦虚，国王收回成命，转而下令拿来一袋麦子，按照达希尔的要求仔细地数出麦粒来。当国王的仆人们对付第12个方格时，他们就已经无法把所有的麦粒放进方格里了，只好把大臣应得的麦子在棋盘旁堆成一堆。国王吃惊地发现，第20个方格还没被满足，一袋麦子就耗尽了。他下令取来更多的麦子……最后所有的麦子都用完了。他的王国的所有麦子加在一起也无法满足达希尔的要求，不仅如此，全印度乃至全世界的麦子加在一起也不够用。

这个故事的寓意在于，永远不要低估几何级数。当然，从民间故事里挖掘出数学含义有点奇怪。根据国王最初的想法，赏给达希尔的金子直接和棋盘包含的方格数成正比。如果达希尔设计的棋盘不是64个方格，而是81个、49个或者其他数字，从国王的角度说都没有太大的差别。区区几块金子与国王的财富相比，算得了什么呢？

然而，几何级数的增长超出世间的任何限制——对于财富或任何其他东西都是如此。达希尔要求以麦粒为单位来赏赐，麦粒的价值与金块相比微不足道，但是这个事实对最终结果几乎没有影响。

我们看一下，多少粒麦子才能满足达希尔的要求。这个总数是 $1+2+4+8+\cdots$，换一种写法，即 $2^0+2^1+2^2+2^3+\cdots 2^{62}+2^{63}$。（这个级数的最后一位是 2^{63}，不是 2^{64}，因为第一个方格中的麦粒数是 2^0，即1。）

以2为公比的几何级数的和总是等于最后一项的2倍减1，再用这个差乘以数列的第一项。例如，$2^0+2^1+2^2$（$=1+2+4$）等于 2^3 减1（即8减1）。所需的麦粒的总数是 $2^{64}-1$，等于18 446 744 073 709 551 615。

1吨麦子大约包含1亿粒麦粒，因此，所需的麦粒总量大约为2 000亿吨。现在（指本书成书时的 1987 年）全世界小麦年产量仅有 4.6 亿吨。国王欠下达希尔相当于 4 个世纪的小麦产量的债务（以现在的年产量计）。显然，当时的小麦产量还比现在低得多。（我们不知道这个故事发生在多久以前，因为国际象棋的发明时间不能确定。和篮球一样，国际象棋发生过几次变革，此外，我们不知道历史上是否确有达希尔其人。）

马尔萨斯灾难

托马斯 · 马尔萨斯（Thomas Malthus）认识到，世界人口以几何级数增长，而粮食产量仅以算术级数增长，在此基础上形成了他的著名理论。马尔萨斯有理由相信，每年新开垦的农田面积是固定的。因而，粮食供给的增长大致是这样的：100, 102, 104, 106……另一方面，人口的增长率（主要取决于每年的新生婴儿数）随人口规模本身而增长。世界人口趋向于每隔若干年增加一倍，增长情况大致是：1，2，4，8，16，32……和达希尔的奖赏一样，这是一个几何级数。马尔萨斯警告说，人口增长必定超过食物供给，导致全球性的饥荒。

用“几何级数”这个术语来称呼这种级数并不恰当，把这种级数以几何指称既不形象又容易引起混淆。一个更恰当的术语是“指数级数”，这个名称源自“指数”这个术语。生长的有机体一般以指数增长为特征。无论是细菌的繁殖还是人类的繁衍，其共同特征是，新增个体数与总数成正比。复利存款也呈指数增长——这显然与这一事实有关：借方和贷方都是不断生长的有机体，他们创造了以指数状态增长的经济，而且，他们进行交易时依据的货币处于呈指数增长的通货膨胀中。

指数增长可以用简单的数学函数描述。所谓函数是从一个数转换为另一个数的过程。你可以把函数理解为袖珍计算器上的一个特定的键。你先在计算器上输入一个数，然后摁这个键，得到一个新的数。例如，开平方函数（许多计算器上都有开平方键）会产生一个数，此数乘以自身后得到最初输入的那个数。如果先输入 36，再揿开平方键，得到 6。

函数不仅限于可以在计算器上算出。任何一个从某个数产生新数的清楚而确定的过程都是“函数”。我们可以定义一个函数：67 乘以n的积加上 381（对于任意数，n），这就是一个有意义的函数。函数通常用方程的形式表示，例如：

$$f(n)=67n+381$$

“$f(n)$”读作“n的函数”。

我们很自然地想知道，哪种动物最大、什么动物的运动速度最快。同样，数学家也想知道，哪一种函数最大，或者增长得最迅速。有些函数胜过其他函数。如果在n足够大时，一个函数的值总是大于另一个函数，那么我们说前者比后者大（或者说增长更快）。例如，函数 A 是 $A(n)=1\ 000\ 000\ 000\ 000\ 000$，而函数 B 是 $B(n)=n$，则在很大一段区间里 B 较小。但是当n取大于 1 000 000 000 000 000 的任意数时，$B(n)$都大于 $A(n)$。因此，$B(n)$的增长比 $A(n)$快。

以上这些函数都不算大。任何一个常函数，即$f(n)$等于一个固定值的情况，最终一定会被一个与n成正比的函数超过。同样明显的是，这两种函数都会被与n^2成正比的函数超过。与n^3成正比的函数最终会增长得更快。类似地，对于与n^4、n^5、n^6等成正比的函数，也是如此。

多项式是一个表达式，由一个变量的各次幂组成，例如$n^3+8n^2-17n+3$。一个多项式表示了一个函数。粗略地说，一个多项式函数的相对增长速度取决于它的最高次幂。函数$n^3+8n^2-17n+3$的增长速度远远超过任何最高次幂为 2 的函数。同理，它将被一个最高次幂为 4（或更高）的函数超过。

许多函数的增长还要更快。马尔萨斯的悲观论点立足于一个事实：指数函数的增长超过任何多项式函数的增长。在一个指数函数中，某一个特定的常数以n为指数（而非n以某个常数为指数）。$f(n)=3^n$是一个指数函数，它表示 3 自乘n次。当n为 2 时，3^n即3^2，等于 9。当n为 1 时，结果即等于底数（这个例子中是3）；当n为0时，无论底数是多少，结果都定义为1。于是，对应0，1，2，3，4……的函数值分别为1，3，9，27，81……每一项的值等于前一项的3倍。底数越大，函数值的增长越快。对于10^n，每一项是前一项的10倍；而对于$1\,000^n$，每一项是前一项的1 000倍。

在复杂性理论中，表示一个问题的困难程度的最常用的标准是解决此问题所需的时间。不用说，每个人的工作效率是不一样的，计算机也各不相同。同样重要的是，针对同一个问题，算法可能不止一种，而某些算法比其他的更快。解决各种类型的问题所需的时间差异如此之大，这使得计算机与计算机之间（以及人与人之间）的计算速度的差别已经不重要了。

需要强调的是，某些问题可以用“多项式时间”解决，而另一些问题需要“指数时间”。这意味着，解决一个问题所需的时间可以表达为关于问题的规模（或复杂度）的一个多项式函数（或指数函数）。如果一个问题需要指数时间，则通常会令人绝望。无限机器也许只是胡思乱想，但是指数时间问题却是真实而普遍存在的。解决这类问题需要数量接近于无穷多的步骤——即使问题出现在有限的宇宙中。

下一章将讨论多项式时间问题与指数时间问题的差别以及这个问题与悖论的关系。现在，我们来研究两个质疑时空无限性的悖论。

奥尔贝斯悖论

1826年，德国天文学家海因里希 · 威廉 · 奥尔贝斯（Heinrich Wilhelm Olbers）意识到宇宙中有些东西似乎不对劲。天文学作为科学的一个分支，不能回避无限的问题。物理宇宙要么是无限的，要么是有限的。但是对于大多数人来说，这两种可能性都不容易被接受。

布莱士 · 帕斯卡（Biaise Pascal）写道：“每当设想我的生命被封闭在永恒的时间中的一个狭小的范围内，我能看到且感知的一小部分空间淹没于一个无限广袤的空间中，我对这个无限的空间一无所知，这个无限空间也不能了解我。一想到这些，我就对自己身处于此地而非别处感到恐惧和震惊。”另一方面，一个有限的宇宙也许令人更加难以接受。人类难以设想空间怎么会有尽头。

这种不安并非新问题。希腊哲学家卢克莱修（Lucretius）认为，他的论证足以证明空间是无限的：假定空间是有限的，那么空间则有一个边界。如果让某个人达到这个终极的边界，把一支标枪掷过边界，那么这支标枪要么穿过边界，要么被什么东西挡住——某个本身必定在边界外的东西挡住了它。无论是哪一种情况，都说明在边界外存在某种东西。以上操作可以不断重复，推动这个所谓的边界无限倒退。

在奥尔贝斯的时代，大多数天文学家认为空间的无限性是理所当然的。奥尔贝斯对无限时空的反对被当作痴人说梦，他也因此而闻名。假定宇宙是无限的，而星体（还有星系，虽然奥尔贝斯那个时代的人还不知道星系）在各个方向上从中心向外无限延伸出去。在这种情况下，从地球发出的一条直线（无论其方向如何）必将与一颗星体相遇。

当然，这条直线也许在延伸数十亿光年之后才与某星体相遇。关键在于，在一个散布着星体的宇宙中，这条直线最终必定遇到一个星体。这就好比，如果我们在轮盘赌上玩足够长的时间，那么所有号码最终肯定都会出现，不会有例外。

太阳是一颗恒星，在天空中，看起来有宽度的恒星仅此一颗。如果太阳与我们的距离增加到现在的 10 倍，那么它的外观表面积将只有现在的百分之一，亮度同样下降到之前的百分之一（根据很久以前就已确立的亮度递减公式）。如果太阳距离我们比现在远 100 万倍，它将变暗 1 万亿倍，它在天空中的大小将是现在的一万亿分之一。需要注意的是，在天空中，单位面积上的亮度保持不变，与距离无关。无论太阳距离地球多远，其单位表面积上的亮度都是固定的。奥尔贝斯意识到，这个简单的事实蕴含着一个悖论。

在夜空中，其他星体只呈现为针孔大小，但是这些针孔（平均而言）

与太阳表面一样亮。光沿着直线传播，如果从地球出发的一条直线与某颗星体相遇，我们可以见到这颗星体发出的光。如果从地球出发的每一条直线都与某颗星体相遇，那么整个天空应当充满相互交叠的星体光盘，每个光盘都与太阳的光盘一样明亮，所有光盘交叠在一起，遍布整个苍穹。这幅图景就好像太阳是一个空心的球体，而我们位于球体的中心。阴影之类的东西不会出现，也不会有所谓的夜晚——夜晚其实就是阴影。

太阳无处不在，阳光永恒地照耀。也许你会认为，某些黑暗的对象会挡住星光，让我们无法看见。但是在这种环境下，不可能有任何黑暗的东西，所有东西都会吸收、传播或反射光（通常三种情况都有），任何吸收光线的东西（如月球、星尘、这本书、你的眼睑）都会吸收热量，直到其温度达到星体本身的平均温度，而后他们将发出同样强度的光。任何完美地传播光线的东西（一块理想状态下的玻璃）都是完全透明的，不会产生任何阴影。那些反射光线的东西（比如镜子）应当反射出与背景同样耀眼的光，让我们分辨不出来。

这就是奥尔贝斯悖论。当然，整个论证显然是错误的。这个悖论令奥尔贝斯闻名，但他并不是最早沿着这个思路设想的人。托马斯·迪格斯（Thomas Digges）、埃德蒙·哈雷（Edmund Halley）、埃德加·爱伦·坡（Edgar Allan Poe）以及其他人也曾关注过这种观点，但是它在几个世纪的时间里一直没有受到重视。显然，和前文讨论的无限机器一样，这个悖论针对一个无限性的问题（宇宙是否无限）提供了一个短平快而轻佻的答案。

反对“多”

把望远镜倒过来看，你会见到有趣的图景。类似的想法可以导致一个悖论，这个悖论可视为芝诺“反对‘多’的悖论”的升级版。我们知道，即使最短的线段也包含着无穷多个点。这么说，一个核桃壳内部也存在着无限的空间，如同辽阔的星际一样不可测量。

"坚固"的物质是由原子构成的，而原子内部大部分是未被填充的空间。非空的部分是质子、中子和电子，而这些粒子内部大部分也是未被填充的。如果空间是无限可分的，就会有一个无穷的序列：粒子、亚粒子、亚亚粒子，而它们内部大部分是空的。也就是说，任何东西内部的99.999 999%以上的空间都是虚空。果真如此，我们就应当无法看见任何东西，如同格特鲁德·斯坦（Gertrude Stein）提到"奥克兰"一样——那儿什么也没有。

利用物理学可以简单地解决这个悖论。一方面，原子中的电子会散射可见光。电子可以像波一样在空间中展开，实际上，整个原子被电子"笼罩"和"覆盖"着。另一方面，电子可以被当作一个无限小的粒子，永远无法进入其内部。原子核中的质子和中子不散射普通光。①

为了使这个悖论成立，我们必须假定自己有一种超级视力：当且仅当从你的眼睛出发的一条绝对直的几何直线遇到一个被物质占据的点时，你就会看到东西。这样，当你看一个核桃壳时，你看到的不是核桃壳，而是成千上万的由电子和组成电子的夸克（或者组成电子和夸克的终极的亚粒子）构成的点。每个东西看起来都像是不规则的尘埃碎片。由于我们看不到单独的、无限小的点，所以每个东西都应当是不可见的。

奥尔贝斯悖论的解决

现在回到奥尔贝斯的宏观悖论。关于这个悖论的任何解决方案都必须立足于三个前提：宇宙是无限的；星体随机分布；没有任何东西能够阻止远方的星体发出的光被我们看到。这三个前提是预设的。

一种解决方案是，假定星体的分布类似于上一节讨论的亚原子物质的分布。这两个悖论交相辉映，合在一起考虑则两个问题都可解决。为了解决奥尔贝斯悖论，瑞典数学家沙利耶（C. V. L. Charlier）提出，星体不是任

① 原著此处有笔误，译文已更正。——译者注

意地散布在各处，而是聚集在层次分明的体系里。现在我们知道，我们附近的星体都属于一个星系——银河系，而银河系本身是一个星系群（本星系群）的一部分。本星系群是一个更大的结构体的一部分，这个结构被称为本超星系团。这个本超星系团又是双鱼座—鲸鱼座超集结综合体的一部分……如果有一天有人宣布双鱼座—鲸鱼座超集结综合体是一个更大的物体的一部分，我们也不会太吃惊。

沙利耶表明，在这个无穷无尽的层级结构中，即使星体的数量是无限的，悖论也可以避免。例如，也许某个由星系构成的超超超星系团离我们过于遥远，以至于在我们的天空中，它的图像恰好被隐藏在大角星或参宿四之类的微小天体后面。应当有一些超超超星系团和超超超超星系团距离我们极其遥远，这使得它们看起来甚至更小。根据沙利耶的设计，在大多数方向上，我们的视线无限延伸以后也碰不到一颗星体，因此，夜空是黑暗的。

从几何的角度看，沙利耶的解释是可以成立的。唯有一个原因使这个理论失败：它似乎无法解释已经观测到的天体层级结构的相对距离和大小。附近的星系虽然朦胧模糊，但是比附近的恒星大得多。仙女座星系非常昏暗，但是视直径是太阳或满月的数倍。南方天空的麦哲伦星云（距我们的星系最近的两个星系）的大小相当于一颗距我们一臂长的柠檬的大小。附近的星系团甚至更大。例如，肉眼不可见的室女座星系团占满了整整一个星座区域。

现代人对奥尔贝斯悖论的解决诉诸一个20世纪以前还不为人知的事实：宇宙处于膨胀中。所有我们可见的星系都在以巨大的速度远离我们的星系。我们无法直接测量这种运动，但是它造成了从这些星系发出的光的改变，我们接收到的光透露了关于运动的信息。如果不假设这种运动，这种光的变化是无法解释的。位于天空中每一个确定区域的星系都在离我们远去；在地球另一面的天空中，星系也在离我们远去，只不过方向相反。

对这一现象的一种解释是，我们的星系是“特殊的”，它处于宇宙的中心。另一种解释同样可以很好地解释这个现象：整个宇宙都在膨胀。这种说法很方便，但是有点儿容易引起误解。这种膨胀不是庞加莱所说的那种完全均匀的膨胀，而是以长度标准不变为基础的膨胀。地球和银河都没有变大，也许甚至本星系群也没有变大。但是星系团之间的距离却越来越大。从理论上说，我们可以用尺子测量星系间的距离膨胀值，因为尺子并没有膨胀。

根据宇宙膨胀假说，不需要假定我们的星系或它在宇宙中所处的位置有何独特之处。那些在遥远的星系中的居民也会发现，自己处于膨胀"中心"。这个假说不需要假定我们的星系是特殊的，由于少了这个无关要求，所以这个假说更好。

我们所知的、距我们最远的星系在以接近光速的速度远离地球。一个高速远离的物体发出的光会产生"红移"：光的波长增大而能量减小。能量较高的可见光在红移以后变成能量较低的微波。当一个发光体以接近光速的速度远离时，它发出的光能量将下降到几乎完全消失的程度。因此，我们接收到的非常遥远的星系的光能量非常微弱，以至于不可见。

我们来看一下以上知识对奥尔贝斯悖论的论证有何影响。设想我们把整个宇宙空间划分为以地球为中心的一系列同心球壳层。由于光的强度与距离的平方成反比，我们从各个壳层接收到的光（平均而言）强度相同。所有距太阳系 10 光年以内的星体发出的光应当与距离在 10 光年至 20 光年之间的星体发出的光强度相同。距离在 30 光年至 40 光年之间的星体，乃至于距离在 1 000 000 光年至 1 000 010 光年之间的星体也是如此。

如果宇宙是无限的，所有这些光的总量是一个无穷级数的和，大致为 $x+x+x+x+x+\cdots$，其中 x 表示从每个壳层发出的光。这种类型的无穷级数不收敛，求和时便会推出无限。

但是，由于来自更远的壳层的光受到红移效应的削弱，以上图景全变了。星系距我们越遥远，它远离的速度越大，光的能量越小。因此，这个无穷级数会更像这样：$x+0.9x+0.81x+0.729x+0.6561x+\cdots$，其中每一项按固定的比例递减。这样的无穷级数是收敛的。有无穷多的星体照耀地球的天空，而光的总量可以依然是有限值。

很少有宇宙学家怀疑这个悖论可以用宇宙膨胀合理地解释，但是还存在一个更简单的解释。1720 年，埃德蒙·哈雷（Edmund Halley）写道，天空的黑暗反驳了星体有无限多的观点。今天，许多宇宙学家相信宇宙确实是有限的（虽然他们的出发点不同于奥尔贝斯悖论）。广义相对论提供了一种解释，使得有限的宇宙不必有一个令人难以接受的“边界”。空间自身是可以弯曲的，这个三维结构可以类比成一个球的表面。在地球上，如果你走得足够远，无论朝哪个方向，你都会回到出发点。空间本身也许同样如此：一艘火箭如果沿一条直线飞行得足够远，它将回到发射点。

根据大多数当代宇宙模型的预言，如果宇宙中的物质密度达到或超过一个确定的限度，那么宇宙就是这样一个有限的宇宙。已观察到的可见物质（星体）的密度低于这个限度，但是据推测，存在着足够多的不可见物质（星际间的氢、黑洞、中微子？）以建立一个有限的宇宙。关于遥远的星系和类星体的“引力透镜”效应的研究支持了有大量不可见物质存在的想法。

特里斯特拉姆·香迪悖论

人们对待时间和空间时，会在潜意识里使用双重标准。时间的无限性似乎与空间的无限性略有不同。我们很自然地认为，空间向各个方向无限延展（或许这是文化传承的结果？），而时间则被认为仅在未来的方向上是无限的。我们追问时间的起点，但是很少追问空间的起点。

“时间在过去的方向上是无限的”并不是一种广为接受的观点。不过，这个观点可以“回答”“世界是何时以及如何被创造的”之类的问题，因为如果时间在过去的方向上是无限的，那么这类问题就是无意义的。相反，“时间在未来的方向上是无限的”这个观点则得到了普遍接受，甚至那些以先知预言为基础的宗教都愿意接受这个想法。千年盛世到来后，善者永生，或者在一个新的世界中轮回。即使某些极端虚无主义的教派相信，时间有一个真实的终点，在终点处万物归复于虚无，与时间的起点之前完全相同，只有时间本身是善的——即使这种信仰存在，也是非常罕见的。

罗素的特里斯特拉姆 · 香迪悖论（paradox of Tristram Shandy）巧妙地利用了"无限未来"这个概念。特里斯特拉姆 · 香迪是劳伦斯 · 斯特恩（Laurence Sterne）18 世纪 60 年代的漫游小说《香迪传》中的健谈的故事讲述者。罗素写道："如我们所知，特里斯特拉姆 · 香迪用了两年时间来记录他的生活中的头两天的历史，然后他抱怨道，按照这种速度他永远也写不完。但是我认为，如果他可以永远活下去，而且坚持不懈地写下去，那么，即使他的一生始终像文章开端那样充满需要记录的内容，他的传记也不会遗漏任何部分。"

罗素的论证大致是这样的：假定香迪生于 1700 年 1 月 1 日，而写作开始于 1720 年 1 月 1 日。在第一年（1720）写第一天（1700 年 1 月 1 日）的事，写作进程如下：

写作的年份	涵盖的事件
1720	1700 年 1 月 1 日
1721	1700 年 1 月 2 日
1722	1700 年 1 月 3 日
1723	1700 年 1 月 4 日
……	……
……	……
等等	等等

每一天对应一年，每一年对应一天。如果香迪的写作工作持续至今，到 1988 年，他将进展到 1700 年 9 月的事件。按部就班且不死的香迪将在大约 106 840 年时记录下今天（即本书作者写下本段的日子）的事件。对于

任何一天，香迪在未来都有指定的一年去记录它，绝无例外，因此，罗素说："他的传记不会遗漏任何部分。"即便如此，香迪的写作工作将越来越滞后。他每写一年，距离最后竣工就远了364年！

罗素的论证以乔治·康托尔（George Cantor）的无穷数理论为基础。如果在两个无穷量之间可以建立起一一对应关系，则这两个量相等。例如，数学家认为，所有正整数[①]（0，1，2，3，4，5⋯）的个数与所有偶数（0，2，4，6，8，10⋯）的个数相等，虽然有些人可能认为，前者是后者的2倍。二者相等，因为任何一个正整数n可以与一个偶数$2n$配对，而如此配对不会遗漏任何偶数。

更令人费脑筋的是克雷格（W. L. Craig）提出的一个悖论，这个悖论是特里斯特拉姆·香迪悖论的颠倒版。假定时间在过去的方向上是无穷的，而香迪已经写了无穷长的时间。克雷格指出，在这种情况下，在年与日之间仍然存在康托尔式的一一对应。香迪应当刚刚完成他的传记的最后一页。但这是荒唐的。既然他要花费一整年的时间记录昨天的事件，他怎么可能已经把昨天的事件记录完了呢？

克雷格以及其他人用这个颠倒版的悖论证明，无限的过去是不可能的，虽然这个证明不那么令人信服。罗宾·斯莫尔（Robin Small）针对颠倒版的香迪悖论提出了一个合理的答案。答案是：实际上在特定日和特定年之间不可能建立一一对应。

假定现在是1988年12月31日午夜，香迪刚刚完成他的手稿的最后一页。在过去的一年里，香迪记录的是哪一天的事？不可能是这一年中的某一天。（否则就意味着，在这一年中这一天以前的时间里，香迪已经开始记录尚未到来的一天。）在1988年，他可以记录的最邻近的一天是1987年12月31日。

如果香迪用1988年记录1987年12月31日，那么他必须用1987年记

① 原文为"整数"，应为笔误。——译者注

录 1987 年 12 月 30 日，这又是不可能的。实际上，在 1987 年他不能记录 1986 年 12 月 31 日以后的任何一天。

但是，如果他在 1987 年记录 1986 年 12 月 31 日，那么他不得不在 1986 年记录 1986 年 12 月 30 日……我们可以设想的任何一种对应方式都会遭到反驳。所谓的香迪一直在写的那一天将向过去无穷倒退。它不可能是任何一天。

结论：如果过去的时间是无限的，而香迪始终在写，那么他将留下无穷多的未完成的写作任务。他最近完成的部分记录的是无穷远的过去的事件。

实际上，罗素版的悖论和克雷格版的悖论都不难解决。罗素从来没说香迪终将完成他的手稿。罗素的意思是，我们无法找到香迪不能记录的一天。香迪的“最后”一页始终是一个遥不可及的海市蜃楼。

第 9 章　NP 完全：彭睢迷宫

豪尔赫·路易斯·博尔赫斯的小说《小径分岔的花园》描述了一个迷宫，这个迷宫极其复杂，没有人可以走出来。故事的讲述者说到他知道道路的方向，然后就开始跑题了：

> 指示说一直向左拐，这让我想起，走迷宫的一般方法就是如此，用这种方法可以发现一个确定的迷宫的中心点。我对迷宫有研究。我是彭睢的曾孙，这可非同寻常。彭睢曾经管辖云南省，后来辞职，专心写一部小说，这部小说本可能比《红楼梦》更著名。同时他还在建造一座迷宫，任何进入迷宫的人都会迷路。他花了 13 年时间做这两件没什么关联的事，直到一个陌生人把他谋杀了。他的小说看起来语无伦次，他的迷宫也消失了。我在英国的树下思索着关于这座消失的迷宫的一切：我想象这座迷宫是至高无上的完美巅峰；我想象它消失在稻田下或水底；我想象它是无限的，不是由八角形的亭子和往复的路径构成，而是由河流、省份和王国构成……我构想的是迷宫的迷宫，

一个错综复杂的迷宫，它涵盖过去和未来，并且以某种方式把星辰包括进去。

“迷宫”这个词起源甚早，而且含义不固定。在古希腊罗马时期，迷宫是一种建筑，至少有一部分建在地下，故意设计得令人晕头转向。希罗多德（Herodotus）认为，鳄城附近的埃及迷宫（建成于公元前1795年）是一个比金字塔还伟大的奇观。这座迷宫包括3 000个房间，其中一半建在地上、一半建在地下，迷宫里的柱子像森林一样茂密，一直延伸到人们视力所及的范围之外。希罗多德游历了地上的一半迷宫，但是未被获准观赏地下部分。他被告知，神鳄在地下守护着法老的墓穴。许多古代作家记录了这座迷宫的逐渐衰落，它的遗址始终没有消失。1888年人们发掘了它的地基，面积是800 000平方英尺（800 × 1 000）。

在西方文化中，最著名的迷宫是古希腊克里特岛上的弥诺陶迷宫。在希腊神话中，弥诺陶是一头牛首人身的怪兽，居住在一个巨大的迷宫中央，这座迷宫是代达罗斯为克里特国王迈诺斯设计的。在克里特打败雅典之后，迈诺斯国王下令，雅典人每9年向弥诺陶进贡7名童男和7名童女作为祭品。这些进入弥诺陶迷宫的人无一生还。雅典王子特修斯自愿作为祭品进入迷宫。迈诺斯的女儿阿里阿德涅告诉特修斯，进入迷宫时沿路拉开丝线，这样就能找到出路。特修斯用这个办法杀死了弥诺陶，终止了进贡。

这个神话故事也许是根据雅典进贡者的传说演化而来的。在克里特人的制海权处于巅峰时，雅典派人向克里特进贡。也许他们在克里特见到了一些他们不理解的东西（莫非是一个戴着牛头面具的神秘教派的祭司？），而后他们的故事逐渐变味儿了。我们不知道古代克里特的迷宫是什么样的，我们甚至不知道它是否真的存在。在克里特语中，“迷宫”可以指迷宫一样的建筑，岩洞或者曲折的山洞（克里特地形以岩洞为特色），或者在推理中导致的不可解的困境——即悖论。在克里特文明衰落以后，克诺索斯宫殿遗址被称为“迷宫”，也许只是为了讽刺性地把它比作岩洞。残存的克诺索斯钱币显示，他们有一个建造迷宫的规划，它似乎是一个人工建造的迷宫，不仅仅是天然的岩洞。20 世纪初，考古学家在克诺索斯发现了宫殿残骸，但是没有发现什么与迷宫相似的地方。

另一个隐藏在传说中的迷宫是罗莎蒙德的闺房（Rosamond Bower）。据推测，它建于 12 世纪的英国伍德斯托克（Woodstock）的一个公园里。国王亨利二世把自己的情妇罗莎蒙德夫人（Rosamond the Fair，约 1140~约 1176 年）藏匿于这个非常玄妙的迷宫中，以免妻子阿基坦的埃莉诺（Eleanor of Aquitaine）发现。亨利二世利用一个秘密的“窍门”找到正确的路线，到达幽会地点。根据传说，埃莉诺也找到了一个“窍门”：她沿着一根丝线追踪，也到达了迷宫的中心，令罗莎蒙德饮鸩自尽。这个故事是编造的，在 14 世纪以前尚未出现。罗莎蒙德的闺房是否真的存在，以现代的眼光看它是否称得上迷宫，这些问题都很难说。不那么浪漫的历史学家猜测，它不过是一座设计简陋的房子，外面有一些迷惑人的通道。

现代迷宫差不多都是花园迷宫，通道两侧用角树（在英国常见）或紫杉制成篱笆封死。都铎王朝时期和斯图亚特王朝时期，花园迷宫在英国很兴盛。迷宫的设计者通常留出一条有记号的秘密路线通向出口，这是走迷宫的窍门。知道这个窍门，就可以毫无困难地找到出路，出入自如。

迷宫留下许多奥妙。走迷宫问题属于NP完全问题。它是一类普遍性的问题中的一个，有可能难倒最强大的计算机。

NP完全

世界就是一个由纵横交错的关联和关系组成的迷宫。“NP完全”（NP-Complete）这个名称客观而准确地表达了这种状态。从字面上看，“NP完全”是“非确定性多项式时间完全”（nondeterministic polynomial-time-complete）的缩写。这个令人望而生畏的术语定义了一个基本而普遍的问题种类，在哲学思辨和实际应用两方面都有重大意义。

NP完全问题是30年来始终困扰着计算机程序员的一类问题。计算机自问世以来，其运算速度越来越快，功能越来越强大。20世纪80年代末的计算机的运算速度大约比50年代末的计算机快3万倍。有一个炫耀的说法："如果汽车技术的发展与计算机技术保持相同的速度，那么相当于一辆劳斯莱斯汽车应当以超音速行驶，而价格低于1美元。"然而，在20世纪60年代中期，计算机科学家开始意识到有些事不对劲。有些普通问题极难用计算机解决（也很难用已知的方法处理）。采用更强大的处理器或者投入存储空间更大的内存也无法产生可以期望的差别。这些问题逐渐被称为"难以处理的"或"内在困难的"。

"旅行推销员"问题即为一例。许多古老的谜题书都介绍过这个问题。这是一道数学题：一个推销员必须到达几个城市，城市之间的距离已知，要求你为一个推销员设计一条最短路线。这个问题击败了最强大的计算机。关键在于组合数学，一个本身不太大的集合产生了数量巨大的组合。解决这个问题的已知的最好办法并不比比较每一条可能路线的总英里数高明多少。随着城市数的增加，计算量如雨后春笋般激增，很快就突破了任何可以设想的计算机的计算能力。

NP完全作为一类问题首次在1972年的一篇论文中得到清晰的表述，论文的作者是加州大学伯克利分校的理查德·卡普。从此以后，NP完全在几十个意外的领域受到关注。小孩的谜语、谜题、游戏和脑筋急转弯中有许多NP完全问题的例子。如果找到了可高效解决NP完全问题的"解法"，那将是价值连城的发现（不过大多数计算机科学家认为不大可能找得到）。美国、苏联以及其他技术发达国家的军事安全在这个时代以NP完全为基础[①]，而这个基础并不牢靠，在信息时代，再没有什么比这更令人如芒在背了。超级大国的敏感数据是用"公开密钥"密码保护的，这种密码以大型的、

① 原著出版时（1987年），苏联尚未解体，美苏两国军备竞赛正如火如荼地进行。——译者注

实际不可解的NP完全问题为基础。类似的密码为商业私人数据和政府数据库提供安全保障。许多种类各异的问题实际上是相互等同的，这个发现在哲学上也是发人深省的。毫无疑问，“很少有技术术语像‘NP完全’这样快速地声名远播”——麦克尔 · R · 加里（Michael R.Garey）和大卫 · S · 约翰逊（David S. Johnson）影响广泛的著作《计算机与难以驾驭性：NP完全理论导论》(1979）就以这句话开篇。

“NP完全”是一个非常难以理解的抽象说法。我们最好用具体的例子解释一下。迷宫不仅可以用来比喻我们对知识的探求，在方法论上，迷宫还等价于我们的逻辑方法（从一个适当的、抽象的视角看）。迷宫预示了演绎方法中的核心问题——悖论发现问题。

迷宫算法

我们以这个问题开始对NP完全的探讨：是否存在解迷宫的一般方法？

是的。事实上，存在好几种方法。并非所有的迷宫都需要动脑筋。单行线迷宫从头到尾都只有一条通道，没有岔道，没法走错。许多中世纪的迷宫迂回曲折但是没有岔道，唯一的通道会通向一棵树或一座神殿。早期的英国教堂墓地设计成这种类型的迷宫，象征迂回曲折的人生道路——虔信者在世间邪恶的诱惑下穿行。

克诺索斯的弥诺陶迷宫可能就是没有歧路的。钱币的图案显示了一条没有岔道的通道。如果你在这样一座迷宫里遭遇弥诺陶，你只需做一件事：掉过头跑。这样你永远都不会走进死胡同，另外，也许这些钱币只是表明一种设计风格，而非一张真正的地图。还有一种可能：这些图案也许展示了在更复杂的通道网络中应当怎么走。除非有岔道，否则你用不着拿一根丝线标记路线。

每座迷宫至少有一个入口，而且大多数迷宫都有一个终点——在迷宫中你试图到达的一个地点。终点通常在迷宫的中心附近，当然，终点也有可能只是迷宫边界上的一个出口。[①]破解迷宫的目的是找到一条路线，从入口走到终点。路线也许只有一条，也许有多条。当连接入口和终点的路线不止一条时，一个潜在的谜题是发现最短路线。

有些迷宫的入口不止一条。这与仅有唯一入口的迷宫并无本质不同。你的第一个选择是从哪个入口进入，这个选择是在进入迷宫以前做出的，但是这与在迷宫内选择路径没什么两样。有些迷宫有多个终点，要求游客走遍迷宫的各个部分，或者一系列由雕像、长椅或其他东西标示出来的地点中的每一个。路易十四在凡尔赛建造了一个著名迷宫，游客需要找到39座根据伊索寓言设计的雕塑。每座雕塑的原型都是伊索寓言中会说话的动物，水柱从它们的嘴里喷出来，形成喷泉。最后，还有一类迷宫是没有终点的，这种迷宫的走法就是进去闲逛，然后找条路出来。

在迷宫格局中，每个分岔处称为一个"节点"。节点是通道交叉的地方，在节点处你必须做出选择。入口、终点和死胡同的终端也被视为节点。两个节点之间的通道被称为一个"枝"。任何迷宫都可以用简化的图来表示，在图中，"节点"用点表示，"枝"用线表示，点和点之间用线连接。用数学术语来说，迷宫是一张"图"。

几乎所有物理形式的迷宫都是二维的。这意味着，枝和枝之间从不交叉。在三维迷宫中可以有天桥和地道，枝和枝可以交叠，如同高速公路的立交桥。

在图上解迷宫和实际走迷宫不是一回事。面对谜题书上印出来的迷宫地图，通常只利用眼睛就可以解决，人眼会自动地把迷宫当作一个"完形"。但是当你身处于一个实际的迷宫内部时，通道两侧被篱笆或石头封闭，你很难在头脑中形成一个整体图像。高明的设计者会把某些节点设计得非常相似，让你觉得自己在同一条路上兜圈子，而实际上你到达的是一个新地点。此外，在图上解迷宫可以用一些由来已久的方法，例如，把终

① 经作者同意，此处删掉了一个中国人不易理解的例子。——译者注

点当作起点进行倒推（这种方法有时使问题简化，有时则更麻烦），或者勾掉所有死胡同，从而使路线变得更清晰。但是在实际的迷宫内部，这些法子都用不上。

迷宫的难度与各节点处发出的“枝”的数量息息相关。如果每个节点处都只有一个枝，那么这个迷宫一定是单行线迷宫。我们可以把节点想象成两颗珠子，在珠子之间有一条线，无论这条线如何盘旋环绕，一个不变的事实是，它总是连在两颗珠子之间。沙特尔教堂的迷宫就是单行线迷宫，这个迷宫没有墙，是用蓝色和白色的大理石在地板上铺出来的。

如果每个节点处有两个枝，迷宫同样毫无难度可言。我们可以把它设想成一堆珠子串在一条线上。走这样一个迷宫时，你不用做出选择。实际上，你通常不会把连接两个枝的连接点视为一个节点。把这两个枝看作连续的一个枝更简单，所谓的节点不过是在这个枝上打了一个结。

在迷宫里，一个真正的岔道至少需要几条通道汇聚在一个点（三条路形成三岔路口）。节点处汇聚的枝越多，迷宫就越难走。

大多数近年来的迷宫按照习惯采用了接近直线的设计，道路和限制通道的篱笆构成密密麻麻的蜂巢，填满整个区域。这使得此类迷宫比每个节点发出四个枝还要难。凡尔赛迷宫采用了更灵活的设计。各个枝不必要地平行，许多枝汇聚在一个单独的节点上。最高纪录是一个节点上汇聚了5个枝。凡尔赛迷宫的设计师安德烈·勒诺特雷（Andre Le Notre）在尚蒂伊建造了另一个迷宫，其中心节点汇聚了8个枝。

下表介绍了关于几个著名迷宫的统计数据。有几处，节点和枝的数目应当如何计算有待商榷。在每个场合，细心的游客需要做出决定的地点都被我算作一个节点，入口、终点和死胡同的终端也被当作节点，但是只有两个枝的冗余节点被排除在外。最后一列是平均每个节点汇聚的枝的个数，这个数量大致反映了迷宫的难度。

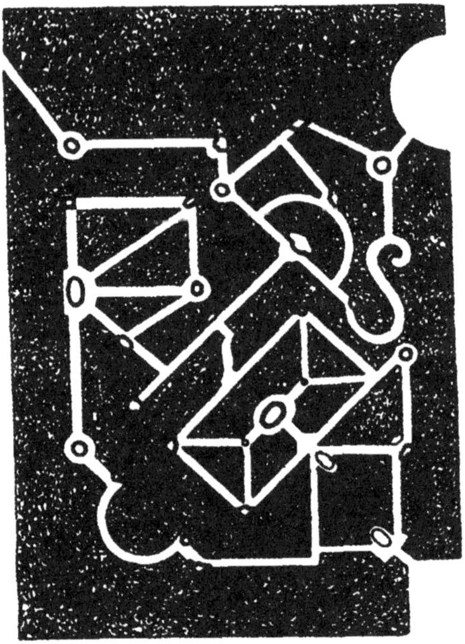

凡尔赛迷宫

迷宫	节点数	枝数	每个节点上的枝数	
			最大值	平均值
沙特尔教堂（法国沙特尔，1220）	2	1	1	1.00
汉普顿宫（英国金斯敦，1690）	16	16	3	2.00
切佛宁迷宫（英国切佛宁，约 1820）	18	22	4	2.44
凡尔赛迷宫（法国凡尔赛，1672，毁于 1755）	30	43	5	2.87
利兹城堡迷宫（英国梅德斯通，1988）	27	41	4	3.22

右手法则

最著名的迷宫算法是“右手法则”：每当你面临选择时，选最右面的枝。如果走到了一个死胡同，折回来退到上一个节点，选择你没走过的枝中最右面的一条。为了具体地应用这条法则，最好的办法是始终用右手摸着右侧的篱笆，绝不漏掉右侧的枝。

当然，右手本身没什么特别之处。采用“左手法则”一样行得通。唯一需要注意的是，一旦进入迷宫，就必须坚持同一条法则。

为什么这条法则行得通？它不是一个单纯的习俗。“按顺时针方向拧紧螺丝”是一个单纯的习俗，但是你完全可以制造一枚螺纹方向相反的螺丝。右手法则比简单的习俗更深刻，它依赖于迷宫的拓扑结构。

我们来研究一张画在纸上的迷宫的规划图。被篱笆封锁的区域涂成绿色，绿色区域之间的白色部分是迷宫中可以通行的部分。在许多迷宫中，被篱笆封锁的区域连成一片。此时实际上只有一道篱笆，尽管它可能是蜿蜒曲折的。这个迷宫看起来像一个形状诡异的国家。对比地图上的国家，代表国土的绿色区域被边界线包围。边界线是一条单独的封闭曲线（边界线对应迷宫的篱笆）。这条曲线的任何一个部分与任何一个其他部分是连在一起的。因而，走迷宫的时候，只要把右手放在篱笆上耐心地往前走，一定会经过迷宫的所有部分。

前文提到童子军迷路算法——沿着溪流可以找到有人烟的地方，实际上，右手法则的基本原理与此类似。整个北美是一块大陆，北美的海岸线（包括江河构成的凹陷）是一条封闭曲线。沿着河岸或者海岸线走，最终一定会到达新奥尔良（也可以到达任何一个位于河流或海岸线上的地点）。在迷宫中，也许会包含被篱笆分隔开的“岛屿”，但是，只要入口处的篱笆和终点处的篱笆属于同一个岛屿，右手法则就可以生效。

右手法则（或者左手法则）的优点是简单。它的缺点有两个：首先，效率不高。跟随这条法则你会走遍右侧（或左侧）的每一条死胡同。在大多数场合，存在一条通向终点的短得多的路线。其次，右手法则并非在所有迷宫中都能生效，这一点更为糟糕。显然，所有已知的、在19世纪20年代以前建造的迷宫用这条法则都能走通。此后，数学家斯坦诺普伯爵设计了一个更复杂的迷宫，它坐落在肯特郡的切佛宁。

切佛宁迷宫有八个被篱笆分隔开的“岛屿”，因而右手法则不再有效。

入口和终点不在同一个岛屿上。如果你依照右手法则走这座迷宫，你会围着一个区域兜圈子，永远无法到达终点。（就好比在长岛沿着河岸和海岸线走，永远无法到达新奥尔良一样。）这类迷宫需要一个更复杂的算法。

特雷莫算法

所有更强大的迷宫解法都需要某种方法以确保人们不是在兜圈子。你需要在路上做标记，沿路放丝线、撒面包屑、折弯树枝，如此等等。否则，你必须有极好的记忆力，能记住篱笆的形状，并且保证自己能认出所有曾经走过的地点。

有一种名为“特雷莫算法”的通用方法可以确保解决任何迷宫问题。根据法国数学家爱德华·卢卡斯（Edouard Lucas）的《娱乐数学》(1882）一书的记载，这种方法是特雷莫（M.Trémaux）发明的，因而命名为特雷莫算法。这种方法可以说是前文提到的特修斯沿路放丝线的方法的精细化算法。

切佛宁迷宫（篱笆围成的外部“岛屿”以黑色表示）

特修斯沿路放丝线保证自己可以原路返回入口处，不至于迷路。但是丝线不能帮助特修斯找到弥诺陶的窝。特修斯可能会走到某个岔路口，发现自己在兜圈子。当他决定下一步选哪一条路时，他可以利用这个信息加以改进，这种想法是合理的。特雷莫算法就是这么做的。

走进迷宫后，首先随便选一条路，沿路做记号，可以利用丝线或任何手边的东西（下文的叙述中采用面包屑）一直走，直到达到目标（如果走运的话），或者走进一条死胡同，或者迷宫中的一个你以前来过的岔路口（证据是你留下的记号）。

一旦走进一条死胡同，就退到上一个节点。（你别无选择！）记住在回来的路上也要做记号。如果你曾经在一条死胡同里一进一出，路上将留下两行面包屑。这个记号提醒你下次不要再走进去。在特雷莫算法中，任何一条路你都不会走两次以上。

当你走到迷宫中的一个以前来过的节点时（可能是通过另外一条路来过），进行如下操作：

如果你是从一条新路到达的（也就是说，你的身后只有一行面包屑），转身沿原路退回上一个节点。否则：

如果有一条没走过的路，选择这一条。否则：

任选一条以前只走过一次的路。

这就是全部需要遵守的规则。根据特雷莫算法，你会在迷宫内完成一次完整的旅行，每一条路你都走过了两次，两个方向各一次。当然，在到达终点以后就可以停下了，没有必要完成整个巡回。

和右手法则一样，这种算法的效率极低。当然，你有可能非常走运地从入口直接走到终点，但是可能性更大的是，你走完了迷宫的大部分甚至是全部以后才到达终点。

在什么时机采用右手法则或者特雷莫算法都不算晚。你可以走进一个迷宫，随心所欲地走，在迷路以后再采用算法。在任意一个点都可以开始执行算法，把这个点当作另一个“入口”。特雷莫算法将引导你从这个点出发完整地游历整个迷宫，包括终点和实际的入口。这两种算法不仅可以用于花园迷宫，在令人晕头转向的建筑中也有效。如果你在五角大楼或卢浮宫里迷路了，你可以利用特雷莫算法走出来。

无限的迷宫

设想一个面积无限延展的迷宫。这个迷宫无边无际，遍布整个世界，所以根本没有入口和边界。你从迷宫中的任意一个点开始探索，你不知道自己在这个宏大的迷宫中的位置，正如我们不知道自己所处的星系在宇宙中的位置一样。

这个迷宫的结构非常简单。在每个节点上，恰好有三个枝交汇。各个节点通过标记相互区分，雕像、长椅、树木等各种各样的东西都可以充当标记，你寻找的终点可能就是其中的某一个。

和所有其他迷宫一样，这个迷宫在本质上也是非理性的。在寻找一个给定的目标的过程中，没有哪一条路比其他的路更优先，任何一条路都可能是"正确的"。正确与否依赖于这个迷宫是如何建造的。这个迷宫的结构是通过无止无休的自我复制实现的，在复制过程中又加入了变化——意识到这一点令人绝望。假定一个游客花了若干年探索迷宫中的一个特定区域，到达了已知区域的边界上的一个岔路口。他面对两条未探索过的枝，其中一条通向他寻找的标记，但哪一条是呢？实际上，在整个迷宫中他已经探索过的部分一定会多次重复，在某些重复结构中，熟悉的路线连接迷宫的其他部分，因而，右侧的路通向终点；但是在其他场合，左侧的路才是正确的。当然，这个游客无法知道他当前的处境属于哪种情况。对于任何企图以理性的方法选择路线的计划，这都构成了一个嘲讽。

假定你处在这个无限的迷宫中，闲逛了一段时间之后，绝望地发现自己迷路了。你没有沿路做标记，也不知道自己究竟走了多远。

在这个困境中，你不想采用特雷莫算法。只要你新走的路没有和以前走过的路交叉，特雷莫算法就不会对你的行动给予任何指导。你有可能在迷宫中深入若干英里，越陷越深。在一个无限的迷宫中，你甚至有可能从未与自己走过的路交叉，从未见到终点，也从未再次遇到熟悉的地点。

特雷莫算法和右手法则预先假定，即使走遍迷宫的全部或一个很大的部分也没什么大不了的，只要确保自己不是在不停地兜圈子，最终到达终点就行。特雷莫算法实际上鼓励优先探索迷宫中较远的区域。根据此算法，选择未走过的枝总是优先于熟悉的枝，而且，除非不得已，你应该尽量避免与自己走过的路交叉。在有限的迷宫中，这些建议是合理的，因为终点几乎总是距离入口相对较远。否则的话，迷宫的主人就浪费了自己的地产，付给维护灌木的园丁工资，却没有增加迷宫的趣味性，这是没道理的。

但是在无限的迷宫中，你不能浪费时间在未知的区域漫无目标地闲逛。当你迷失方向、但确知目标比较近（与迷宫的整体大小相比）时，你应当首先探索邻近的区域，在必要时再向外扩展。耶鲁大学的厄于斯泰因·奥尔（Oystein Ore）在 1959 年介绍的一种算法就是如此。

奥尔算法

为了解释清楚这种算法，最好假定你从一个节点开始。如果你的出发点不是一个节点，那就走到最近的一个节点处。如果不知道哪个方向可通向最近的节点，随便选一个方向，走到你遇到的第一个结点。这个点就是你的出发点。

从出发点开始，探索交汇于此的每一个枝。在进入每一个枝的时候，在入口处放一块鹅卵石。对每一个枝的探索仅限于到达下一个节点，然后在这个枝的终点处放一块鹅卵石，原路返回出发点。

如果遇到死胡同，你就做一个标记。一旦对一个枝做了死胡同的标记，以后就可以忽略这个枝了。做标记的方法可以是在死胡同的入口处拉一条封锁线，或者摆上一排鹅卵石。

如果某条路转了一圈又回到最初的节点，那么你也要把它标记为死胡同。这种路对你也是无用的。

你的兴趣在于确定那些通向有新枝的新节点的枝。在探索的第一个阶段结束之后，每一条有可能通向终点的潜在路线都已经做了记号——路的两端各有一块鹅卵石，而你重新回到了出发点。

下一步，探索的深度达到两个节点。沿着每一条非死胡同的枝走到新节点，从这个新节点出发探索每一条由此辐射出去的枝，探索方法照旧。在最初的那个枝的两端各加一块鹅卵石（此时，这个枝的两端各有两块鹅卵石），对于新探索的第二级的枝，两端各放一块鹅卵石。这个办法可以防止你找不到返回出发点的路，可返回出发点的路有一个特点：路口处的鹅卵石比其他路口多一块。和第一阶段一样，对死胡同和兜圈子的路做标记，予以排除。如果一个枝通向以前探索过的节点（这个节点至少有一块作为记号的鹅卵石），在这个枝的两端也做标记，予以排除。

探索的第三步，深度达到距出发点三个节点处，在每一个探索过的枝的两端各加一块鹅卵石。依照以上规则不断推进探索步骤，直到发现终点、入口或者其他想找的东西。

奥尔算法可以确定通向终点的最短路线（所谓最短是指枝的数量最少，而非物理距离最短）。当然，你的探索过程不是最简的。但是，如果最短路线需要经过五个节点，你一定可以在探索的第五个阶段发现它，而且可以确保它是最短的。

奥尔算法的效率同样低得可怜。它不是直接对准正确的路线，而是检查所有可能的路线。这是必不可少的，因为任何一条路线都可能是正确的。

迷宫的NP完全性

下面考虑一个问题。这个问题也许可以称为无限迷宫问题。你位于E点（E点代表入口，不过这个点和其他点一样，淹没于无边无际的无限迷宫中），你在寻找G点，这个点代表终点，终点可以是迷宫中的任意点。你不知道G点在哪儿，无法在地图上对G点定位（根本就没有地图）。你确信，如果你走到了终点，便可以认出它来，因为终点处有一个已知的标记。根据以上对迷宫的明确规定提出我们的问题："连接E点和G点的简单路线是哪条？"

所谓的"简单路线"，是指不出现自身交叉的路线。如果路线自身交叉，就是在兜圈子。兜圈子总是不必要的，而简单路线要求的成本较低。简单路线可能不止一条。如果存在多条简单路线，其中最短的一条更受欢迎。但是，对于一条简单路线是否具备"最短"这个优点，你并不是很在乎。毕竟，探索这个无限迷宫是一个令人恐惧的任务，几乎任何一条能通向G点的路线都是令人满意的。

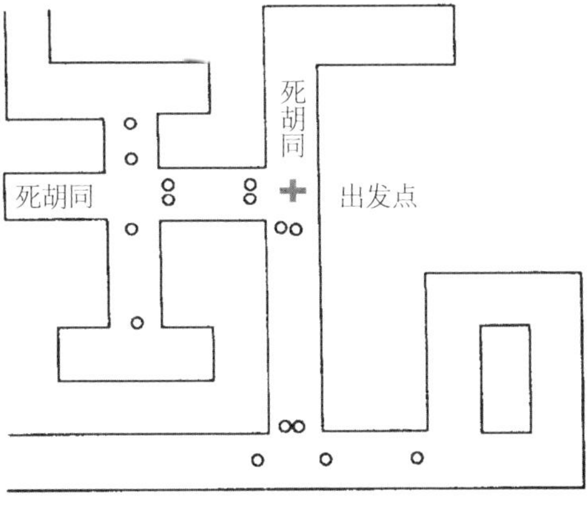

另一个问题与无限迷宫问题密切相关，这个问题可以称为"迷宫存在性问题"：是否存在从E点通向G点的简单路线？

我们来看一下为什么这个问题比较简单。一旦无限迷宫问题得到了答案（具体指明了一条路线），这个答案本身就回答了存在性问题：简单路线确实是存在的。即使它无法具体地指明一条路线，在某些情况下，仍有可能表明简单路线是存在的。我们很自然地认为，一个只需回答"是—否"

的问题要比一个也许需要为一个长达数十亿个枝的路线不厌其烦地定向的问题简单。

只有怀疑主义者才会问存在性问题。大多数迷宫探索者有一个基本观念：所有的点都是以某种方式连在一起的，从此处总可以走到彼处。尽管路线可能曲折而漫长，但是它毕竟是存在的。然而，实情未必如此。有这样一种可能：迷宫是骗人的，它只有问题却没有答案。也许所有道路构成了两个互相缠绕但彼此分离的网络，从一个部分无法到达另一个部分。即使假定整个迷宫属于一个单一网络，对此我们也永远无法证明，因为我们的知识仅限于迷宫的局部。在一条具体的路线被发现并得到证实以前，我们总是可以设想通向目的地的路并不存在。

这个“存在性问题”属于NP完全问题的一种，被称为“最长路径”问题。NP完全问题以“困难”著称，但是这个存在性问题有时不难回答。例如，当G点碰巧距离E点只有一个枝时，随机的探索几乎会立刻发现G点，存在性问题和无限迷宫问题同时得到解决。

这很正常。一个一般性问题的特例有可能非常简单。我们要寻找的是解决存在性问题的成体系的通用方法，这对于最简单的迷宫和无限的迷宫都有效。

对于一个未知的迷宫而言，不存在快速的解法，事先我们无法知道哪条路更好。我们所能采取的最好的方案就是检验几乎每一条路，直到发现终点。各种各样的迷宫算法其实只有一个功能：避免不知不觉地兜圈子或者在已知的死胡同和环道上浪费更多的时间。在探索迷宫中的新领域时，算法并不能给你“聪明”的指导。

我们看一下奥尔算法，这个算法的效率和其他算法一样。你从出发点开始可以发现：这个节点发出了三个枝，每个邻近的节点同另外两个节点相连。（在一个邻近的节点上有三个枝，其中一个枝把这个节点与出发点连在一起，这个枝已经考虑过了。）这六个点中的每一个依次与另外两个节点相连，这样新的节点距离出发点又远了一层。迷宫的节点和枝层出不穷。你探索的枝把你带到新的节点，而新的节点又产生更多的枝。这些枝中的一部分可能以前探索过（根据以前做的记号可以证明）。在多数场合，需要探索的枝的数量呈指数关系剧烈增长。你对迷宫的了解越多，你就越感觉到自己对迷宫的无知。

假定探索一个枝需要 1 分钟，奥尔算法的执行过程大致如下：

探索的阶段	路线	本阶段探索的枝	累计的枝数	所需时间
1	3	6	6	6 分钟
2	6	24	30	30 分钟
3	12	72	102	1.7 小时
4	24	192	294	4.9 小时
5	48	480	774	12.9 小时
10	1 536	30 720	55 302	38.4 天
15	49 152	1 474 560	2 752 518	5.23 年
20	1 572 864	62 914 560	119 537 670	227 年
30	1 610 612 736	9.66×10^{10}	1.87×10^{11}	355 000 年
45	5.28×10^{13}	4.75×10^{15}	9.29×10^{15}	177 亿年

在所有有限的迷宫中，发现新枝的过程最终一定会结束。在某个具体的探索阶段过后，大多数新枝会指向已经去过的节点。最终，所有的枝都被走过了，终点一定已经发现。然而，在无限迷宫中，指数增长永不停息。即使终点相对较近，找到终点也会耗费大量的时间，以至于实际上难以找到。也许相距 5 个节点，需要花费将近一天的时间，但是实际上一旦发现了路线，走到终点只需要 5 分钟。搜索一个 15 个节点远的终点需要若干年。如果到终点的距离是 45 个节点，那么为了找到终点，宇宙的全部时间都不够用。

我们从计算机程序员的角度来看一下最长路径问题。你希望用计算机来判定，在一个比较大的迷宫中的两个点是否被某条路线连在一起。为此，你必须为计算机提供一幅迷宫“地图”。这幅地图以表格的形式列出了迷宫中的所有节点和所有的枝。节点标明数字或名字，通过明确一个枝连接哪些节点以及节点之间的距离可以确定枝。（无论采用什么计数单位，距离都用整数表示。）一个枝可能被表示为“节点 16，节点 49：72 英尺”。距离是游客所走的实际长度，而非直线距离。充当入口和终点的节点同样如此表示。

最长路径问题还需要考虑一个因素：一个特定的距离n。最长路径问题问的是，在入口和终点之间是否存在长度大于n的直接路径。如果你愿意，n可以取任意小的值，甚至是 0。当n取 0 时，最长路径问题转化为：是否存在一条长度大于 0 的路径，这等价于是否存在一条连接入口和终点的任意形态的路径。

既然存在性问题属于 NP 完全问题，比它更难的无限迷宫问题至少和 NP 完全问题一样难。如果判定通向G点的路径是否存在这个问题的难度已经达到了实际不可解的程度，那么具体指明这样一条路径的问题更是如此。

迷宫先知

NP 完全问题有一个令人惊异的属性：其答案很容易验证。设想你遇到一个先知，无论你问什么问题，这个先知都能依靠神的启示立刻给出答案。那些相信先知的全知能力的人带着问题来问先知，这些问题如此之难，以至于他们解决不了，但是先知却能立即做出回答。

然而，当先知试图向所有人证明自己的特异功能时，他遇到了麻烦。他的想法是，通过表明他给出的答案的正确性来证明自己确实是全知的。但有时这是不可能的。

人们问他的问题分两类。最常见的一类是其他人无法回答的难题：为什么存在邪恶？神存在吗？圆周率的十进制小数展开式中小数点后第 10^{100} 位数字是几？实际情况是，先知的回答从各个角度来说都是正确而精准的，但是他无法证明这些答案。怀疑者对他冷嘲热讽：对于这些问题先知可以胡乱给出任意的答案，反正别人也无法揭穿他。即使是相对而言比较现实的问题（例如圆周率的第 10^{100} 位的数字）也难以验证，其难度已超出了世界上最强大的计算机的处理能力。

为了证明他的特异功能，这个先知必须回答那些答案可以被检验的问题。人们问他的问题中也包括这种，其中某些是怀疑者提出的，提问的目的就是拆穿他。基里巴斯的首都是哪儿？622 521 的平方根是多少？《小妇人》中的姐妹们叫什么名字？这只密封的箱子里装的是什么？

先知正确地回答了所有这些问题，而且提问者知道先知的答案是正确的。提问者知道这一点，是因为提问者本来就知道答案。问题就出在这儿。这些问题太简单了，因而不足以确切无疑地证明先知的神力。既然提问者早已通过普通的方法知道了答案，那么可以设想，先知同样可以利用普通的方法了解或发现。怀疑者会说，他的全知可能是假冒的：他不过是一个计算天才，在一些琐细的事情方面的知识非常渊博。至于最后一个问题，他采用了“测心术”——表演者在舞台上施展的不入流的骗术。

这两种结果都是先知的失败。如果一个问题是其他人无法回答的，怀疑者会指控他捏造；如果一个问题的答案是已知或者可知的，怀疑者会指控他假冒。为了证明自己的全知，先知需要第三类问题，其特点在于：问题很难回答，可一旦说出答案，便很容易验证。存在这样的问题吗？

无限迷宫问题就满足这个要求。让怀疑者在这个迷宫中选两个随机点，然后让先知在两点间确定一条路线。任何人都能轻而易举地验证答案正确与否，他们需要做的不过是沿着指定的路线走，验证一下自己是否到达正确的地点。

这个问题不会是另一个“简单”的问题吗？我们必须确保选定的这两个点足够远，没有人知道连接这两个点的路线，甚至没有人可以用正常方法找到一条这样的路线。算法（包括奥尔算法）的相对低效性保证了这样一对点的普遍存在。如果两个点相距 20 个节点，用普通方法找到一条路线需要若干个世纪。[①]另外，这个问题不会是另一个“困难”的问题吗？不会，因为我们只需 20 分钟就可以检验先知的答案（假定每分钟走过一个枝）。迷宫的一个解比迷宫本身容易太多了。

就本质而言，第三类问题与复杂性理论中的“NP 类”很接近。

P和NP

一个一般性的问题不同于一个问题的若干例子。拼版游戏是一类一般性的问题；把 1 500 块碎片拼起来，复原成一幅荷兰风车的图案。这是拼版游戏的一个例子。

NP 完全理论判断问题的难度不是以某些特定的例子为依据，而是以难度随问题的规模增长而增长的函数关系为依据。在拼版游戏中，问题的规模反映为碎片的数量。碎片越多，问题越难。问题的难度最好用解题所需的时间衡量。当然，所需时间依赖于你的工作效率，但是这段时间显然与你为了完成工作而必须比照、处理的碎片数目有非常大的关系。

拼版游戏有一些非常困难的例子，例如有一种比较新颖的玩法，所有的碎片都是一种颜色。在这种情况下，你必须随机地比较碎片，判断它们是否吻合。在这个过程的早期，你需要把每一个碎片和许许多多的碎片比较，这个阶段会令你精疲力竭。比较和匹配操作的总体步骤与碎片数量的平方成正比。因此，所需的时间可以表示为包含 n^2 的多项式函数，其中 n 为碎片的数量。

比较而言，这个问题所需的时间还不算多。在迷宫中，用奥尔算法找到终点所需的时间更接近于 2^n，其中 n 是起点和终点之间的节点数。当 n 较小时，n^2 和 2^n 之间差别不算巨大；随着 n 值的增加，多项式函数和指数函

① “没有人知道连接这两个点的路线”这个要求是不必要的，出题者可以知道路线。出题者这样出题：自己在迷宫中随机地走过 50 个节点，记住自己走的路，定义他的起点为 E 点，终点为 G 点。仅把 E 和 G 告诉解题者，让解题者找到路线。从解题者的角度看，这道题的难度好比大海捞针；但是从出题者的角度看，这就像回家一样简单。——译者注

数之间出现一条巨大的鸿沟。你可以解决一个有5 000个碎片的拼版问题，但是你无法解决一个需要5 000次正确选择的迷宫问题，除非迷宫明显非常简单。

从复杂性理论的角度看，所谓“容易”的问题是那些可以在多项式时间内解决的一般性问题。这些问题属于P类（P代表多项式）。我们把P设想为某处的一个辽阔的国家，粗略地画在地图上，但是边界是清楚的。地图上的任何一点或者属于P，或者不属于P。当然，我们的地图不大可靠，有时候无法判断属于与否。拼版问题是一个属于P类的点，简单的算术问题也属于此类。

另一类问题称为“NP”，包括所有那些答案可以比较容易地被检验的问题（可以在多项式时间内验证）。如果一个问题是简单的，那么答案也是容易检验的。如果别无检验的办法，你可以把问题重解一遍，比较一下两次的答案是否一样，这样就完成了检验。因此，所有简单问题（P类）属于答案容易检验的问题（NP）。NP还包括许多P以外的问题，迷宫就是一个例子。这样看来，NP像是一个更大的国家，而P是NP内部的一个省。如果画成地图，大致如下图。外面的矩形代表所有可能的问题。NP类并不包含所有的问题。有些极端困难的问题，甚至检验其答案都是很难的。矩形中NP的圆圈以外的部分代表这类问题。

我们在这个背景下讨论先知的问题。第一类问题是困难的，检验也是不容易的，它们相当于NP的圆圈以外的问题。第二类问题对应于P类。第三类问题难以回答但容易检验，对应于在NP范围内但不属于P的问题。

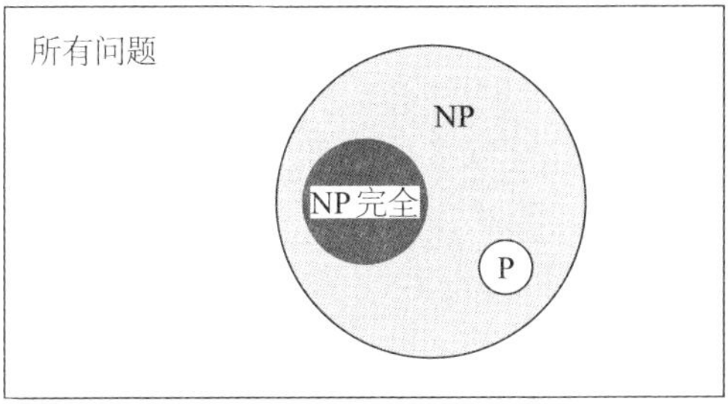

“NP”这个术语（“非确定性多项式时间”）涉及一种被称为“非确定性计算机”的东西。这种理想化的计算机会特别地被称为“图灵机”，这是计算机先驱艾伦 · 图灵（Alan Turing）构想出来的。非确定性计算机与字面意思不大一样。从字面上看，它的意思似乎是计算机随机工作，或是遵循某种不大确切的“算法”（或者一台有自由意志的计算机）。

我们可以这样设想一台非确定性计算机的操作：我们的计算机不止一台，我们有很多台计算机，计算机的数量有可能是无穷多的。每一台计算机被分配了某个问题的一个可能解，以负责检验这个解。

例如，我们的问题是，要在迷宫中找一条路线，全体计算机（在这个例子中是机器人）从入口处出发。每当这支机器人搜索队走到迷宫的一个岔路口时，他们兵分数路，每条路分配一队人马。搜索队在每个新的岔路口不停地分派人马，直到把所有可能路线探索完毕。

至少有一个机器人实际上从入口走到了终点。现在我们集中考虑这个机器人。它用了多长时间？很可能没用多少时间。迷宫的解通常较短，迷宫的难度在于尝试所有错误的路径以及退回到出发点的过程。一台非确定性计算机用来“解”一个问题所需的时间就是用来检验一个猜出来的解的时间。

NP问题大致相当于科学探索所面对的问题。当科学家试图建立新的真理时，他的地位很像上文提到的先知。科学最关心的假说与NP问题的答案类似：这些假说可以非常容易地被证实或反驳。

在NP问题和科学之间还有更惊人的联系——逻辑演绎本身就是一个NP问题。

最难的问题

在NP类问题中，哪个问题最难？ 1971年，斯蒂芬 · 库克证明，“可满足性”和NP中的任何一个问题相比至少同样难。他的证明显示，在NP中不存在更难的问题，因为所有NP问题都可以转化为可满足性问题。

随之而来的是理查德·卡普的发现（1972）：许多不同种类的难题都属于可满足性问题。这些形态各异的问题来自图论、逻辑学、数学游戏、数论、密码学、计算机编程等领域，它们都和可满足性问题同样难。由最难的NP问题构成的类称为“NP完全”。用维恩图（Venn diagram）表示，NP完全在NP的圆圈内，但位于P外。

严格地说，NP完全是一个不稳定的区域，也许并不真正存在。我们尚未证明NP完全问题无法在多项式时间内解决。我们的证据仅仅是经验性的：理论家和计算机程序员倾注多年的心血，试图在多项式时间内解决NP问题，但是毫无例外地失败了。在实际中，一旦证明一个问题属于NP完全，则可以认为有充分理由证明，这个问题不存在高效率的解决方法。

我们还可以勉强设想，存在一种尚未发现的超级算法，可以在多项式时间内解决所有的NP问题。如果确实有这种算法，那么P、NP和NP完全就全变成一回事儿了，我们可以把它们合在一起表示为一个圆圈。

如果存在一种高效率的解法——一个神奇的窍门，那么我们从逻辑前提中可以推出的东西（像福尔摩斯那样）实际上就没有任何限制。反过来说，如果可满足性问题和NP完全问题没有高效率的解法，在现实中就一定存在大量的永远不会被发现的真理。我们强烈地感到，这样一种解法是不存在的。所有人都像华生医生那样，错过了大量可见的线索。

这意味着，对于哪些逻辑问题是可解决的，存在着一个关于其规模的相对严格的限制。在迷宫问题中，一旦迷宫规模超过一定限度，就变成实际不可解的了；同样的道理，一旦一个逻辑问题超过一定的复杂程度，也会变成实际不可解的。一个明显的推论是，我们关于实在世界的推理也是有限度的。

经验目录

悖论意义重大、影响深远，超过了其表面看起来的程度。如果某人相信一些自相矛盾的观念，那么这些观点中至少有一些是他没有理由相信的。因而，理解一组观点（至少）意味着有能力发现观念中的矛盾。所以说，发现悖论的问题——即可满足性问题——是知识的界标。在试图全面理解某事的含义的过程中，已经内在地包含可满足性的难度。

在奠定牛顿的万有引力理论基础的因素中没有一样是古希腊人不知道的。疾病的细菌理论原本有可能提前几个世纪提出和确立——如果某人发现了正确的联系。同理，此刻一定也有我们尚未完成的综合，虽然所需的材料已经摆在面前。非常可能的是，解决“如何预防癌症”、“第10颗行星在哪儿”这些问题所需的全部事实已然齐备，但是还没有人发现组织这些事实的正确秩序。不仅如此，也许我们正在错过关于这个世界的各种各样的逻辑结论。这些结论有可能隐藏在我们见到、听到的每件事里，但是其复杂性有一点点超出了我们的理解力。

爱因斯坦写道：“全部科学的宏大目标是，从最小数量的假说或公理出发推导出最大数量的经验事实。”[①]把人类的全部经验加在一起，包括从冰川纪至今所有人曾经看到、摸到、听到、尝到或闻到的一切。从理论上说，这些信息可以汇集为一个巨大的目录，这个目录是一个简单的列表，对经验不做任何解释。对梦境、幻象、胡思乱想和错觉详尽描述，与“真实”的经验并列。二者中哪个是真实经验（如果有的话），留给目录的读者自己确定。

这个目录必然包含作为自然科学的基础的全部观察。对鸟、星星、蕨类植物、水晶和草履虫的全部观察都可以在目录中找到。这个目录也包含所有曾做过的科学实验中的那些哪怕最微小的细节。目录中还包括，在

① 原文此处有笔误。译文已改。——译者注

1887年那个特殊的日子，迈克尔逊和莫雷对下午稍晚时候的阳光照耀在仪器的镜子上的印象。[①]牛顿曾见过的所有苹果的颜色、尺寸、形状、运动速度以及加速度等信息也被搜集在目录中。

科学不是简单的经验目录。首先，任何人的大脑都无法容纳全部人类经验的整体。目录必须包括你经历过的一切，这就会占据迄今为止你的整个生命中的全部注意力！科学对人类经验（或经验的某些方面）进行压缩，达到一个可处理的形式。我们真正感兴趣的是理解目录所描述的这个世界。总的说来是这样，虽然某些特殊场合并非如此。在科学哲学中有一个恼人的问题：这种过程可能进行到何种程度?

每一个经验对未知的世界的某些部分的真值都做出了限制——和在逻辑谜题中一样。当然，未知事物间的关系可能非常微妙，每一个事物都必须用一系列的“如果”来限定。也许你的一个经验是：你听到你的朋友弗雷德说，他上个星期二见到了尼斯湖怪兽。经验的实际输入也许是这样：

> 如果弗雷德没犯错，他也没有撒谎，并且外部世界不是幻象，那么在星期二尼斯湖怪兽存在。

这些“如果”从句是必不可少的辅助性假设，它们使证实复杂化。

把经验目录输入一台超级计算机，编好程序，让它进行推演。这个任务只需要逻辑，而逻辑正是计算机的强项。在这个任务完成以后，计算机甚至可以把推演结果按重要性排序，重要的衡量标准是一个结果可以解释多少不同的经验。推演结果列表的第一条应当是人类可以知道的最重要的事实。

虽然以上介绍只是幻想，但是它确实展现了科学哲学中某些最核心的问题的基本框架。连锁推理是科学的基础，它的一致性可以在多项式时间

① 指著名的迈克尔逊—莫雷实验，这个实验证实了爱因斯坦的光速不变理论。——译者注

内识别和检验。这些简单的逻辑问题相当于单行线迷宫（在每个节点处只有一或两条枝的迷宫），简单得不值一提，并且与“正常”的迷宫（每个节点处有三条或更多的枝）不同。更复杂的推演包括含有三或四个未知量的前提，解这类问题需要指数时间（实际上是无法完成的）。也许有一大类可以解释我们的感觉经验的逻辑推演是我们永远无法发现的。

把我们的经验设想为迷宫，把关于经验的逻辑真理设想为遍布迷宫的路径。可满足性问题的NP完全性表明，我们永远无法穷尽所有的潜在路线。

和宇宙一样大的计算机

计算机科学家拉里 · J · 斯托克迈耶（Larry J. Stockmeyer）和阿尔伯特 · R · 迈耶（Albert R. Meyer）设想了一台大小和宇宙一样的计算机，以此来形象地展示处理NP问题的极高难度。他们表明，我们在想回答许多关于宇宙的问题时，会发现宇宙并不够大。

假定我们试图把所有已接受的观念列成一个清单。就像笛卡儿一样，我们希望从一片空白开始，并且非常小心地把观念填进去。在任何一个观念被填进去之前，首先再次检查已经被列进清单的观念，以确保增加的新观念与已有的观念不产生矛盾。这个检验即为可满足性问题。

也许你会认为，为此只需要把清单浏览一遍，确保准备加入的新观念不与任何一个以前列入的观念直接矛盾。然而，实际情况没有这么简单。

显然，新的观念有可能与旧的观念矛盾。如果新的观念是“所有乌鸦都是黑色的”，而旧观念中有一条“所有乌鸦都不是黑色的”，在这里你就遇到了矛盾。[①]最危险的是这种情况：三个或更多命题，各自独立地看都是

① 这个例子不恰当。现代逻辑认为，“所有乌鸦都是黑色的”和“所有乌鸦都不是黑色的”并不矛盾，两个语句可以同时为真。不过，这并不影响作者的分析。——译者注

可以成立的，但是合在一起构成矛盾。通常，“悖论”这个术语专门指这种情况，矛盾不是一目了然的。

假定新的观念是“所有草都是绿色的”，清单中可能已经包含了两个语句：

所有干草都是黄色的。

干草是草。

这两个语句若加上新语句就产生了矛盾。如果你仅仅一对一对地检查——在三个语句中拿出两个来检查是否相互一致，你就会遗漏这个矛盾。为了排除这种情况，有必要在清单中一对一对地取出所有可能的命题组合，一一检验它们加入新命题后是否一致。这极大地增加了检查的工作量。但是这还不算完。也许还有更精致的悖论，只在四个、五个或更多命题合在一起考虑时才显现出来。在100万个观念中加入一个观念，即使在原来的观念中任意取出999 999个观念与新观念合在一起都是一致的，整体上还是有可能出现矛盾。

需要检查的事实太多了，显然必须借助于计算机。我们从1号观念开始（这个观念也许是“我思故我在”）。为了让计算机能够处理，这个观念被表示为关于布尔未知量的一个逻辑命题，下一步，我们准备加入一个新的观念，2号观念。我们指示计算机对照1号观念进行检查，看看是否出现矛盾。此时，只需一次逻辑检验（比照2号观念和1号观念）。

现在，清单中有两个观念，我们准备加入第三个。此时必须进行三次检验：与1号观念比照；与2号观念比照；与1号、2号合在一起比照。

第四个观念必须和7个命题集合进行比照：分别与1、2、3号比照；分别与1和2、1和3、2和3比照；与1、2、3合在一起比照。

事实上，一个新的观念必须与当前清单上的所有可能子集合在一起检验。*n*件东西的子集数计算公式是一个指数函数：2^n。这个公式把空集也计算在内，其实我们不必考虑空集。非空子集的数量是2^n-1。

假定这些观念（或其中的某些信息）在逻辑上足够复杂，因而无法避免指数时间的算法。此时，需要进行比较的次数如下表：

清单的大小	子集数
1	1
2	3
3	7
4	15
5	31
10	1 023
100	1.27×10^{30}
1000	10^{301}
10 000	$10^{3\,010}$

即使这个清单的规模非常有限，比方说，只包含100个观念，它的子集数也是一个天文数字。为了接受第101个观念，它必须与这个清单包含的10^{30}个子集对比检验。

怎么会这样呢？你可以写下第101个观念，然后很快地确信其中并无悖论，这不是很明显的吗？

确实如此。你可以随机从一部百科全书中抄下100个命题，确保每个命题都提到一些别的命题没说的东西。但是，我们现在研究的是更一般的情况，清单中的观念可能有许多是关于同一个未知量的，而且逻辑关系是复杂的。这些观念有可能互相纠葛，就像卡洛尔猪排问题的前提那样。这样我们就必须求助于一种算法——一种很慢的算法。

计算机向清单中加入观念的过程可以快到什么程度？

斯托克迈耶和迈耶在分析时，假定有一台“理想”计算机依靠指数时间算法确定某些数学命题的真假。就本质而言，这个分析对可满足性问题同样有效。斯托克迈耶和迈耶认为，任何一台计算机的计算能力最终取决于它所包含的元件的数量。在计算机体积一定的条件下，元件越小，处理能力越强。

在最早的数字计算机中，逻辑门采用真空管，而连接采用导线。后来，真空管让位于晶体管。现在，强大的处理器封装在一个芯片内。大多数连接是通过印制电路实现的，它们由很薄的金属膜构成。

没有人确切地知道，处理器和逻辑门可以小到什么程度。在实验条件下，逻辑门可以采用只有几个原子厚度那么厚的膜。在这个领域，许多前途远大的技术尚待开发。斯托克迈耶和迈耶在他们的思想实验中采用了非常乐观的假定。他们设想，计算机元件以某种方式可能达到质子的大小。现在我们认为，在可测量的范围内，质子和中子是最小的。在这台理想计算机中，无论元件多么小，其直径不能小于 10^{-15} 米（负的指数表示分数，这个数是 1 除以 10^{15}，即一毫米的一万亿分之一）。

假定这些质子大小的元件可以像沙丁鱼罐头那样密密麻麻地塞满在一个体积给定的物体内，它们可以填充多少个直径为 10^{-15} 米的理想球体，就可以填充同样数量的元件。如果计算机的大小与普通的个人电脑相仿（体积大约为 1/10 立方米），则大约包含 10^{44} 个不同的元件。一个体积为一立方米的小型机将包含 10^{45} 个元件。

在计算机技术中，另一个头等重要的因素是速度。一个元件需要花费的时间（例如一个逻辑门从一个状态转换到另一个状态的时间）构成瓶颈，任何形式的信息最快只能以光速传播。因此，一个元件转换状态的时间不能超过光通过它所需的时间，否则就意味着，元件的一端以超过相对论所允许的速度“得知”另一端发生的情况。

光穿过一粒质子的直径所需的时间是 3×10^{-24} 秒。在斯托克迈耶和迈耶的分析中，理想计算机的元件转换状态所需的时间采用这个值。

在现实中，计算机的速度还依赖于元件之间的连接方式以及为处理问题配置的可用资源的完善程度。大多数现在的计算机是串行的，也就是说，在某一个时刻计算机只处理一件事。在任意一个瞬间，计算机处于算法中的一个点。就潜力而言，并行计算机的速度快得多。并行计算机有很多处理器，总任务被分解为子任务，交给各个处理器。在大多数时间里，并行计算机能够同时做许多事。

我们不妨奢侈一些，假定这台理想计算机按超精密的并行结构设计。

每一个质子大小的元件是一个单独的处理器。各个处理器用某种类似于连接机器的方式连接起来，以确保相对直接的连接——即使处理器的个数是天文数字。

这台计算机向各个处理器分派子任务，每一个处理器分配到当前观念清单的一个不同的子集。每个处理器有能力瞬间完成新观念与当前的子集的比较。在一次转换状态的时间内，处理器可以确定是否出现矛盾，然后转而处理下一个子集，这个时间是 3×10^{-24} 秒（为了计算方便，把这个数近似设为 10^{-23}）。因此，每个处理器在一秒钟内可以进行 10^{23} 次检验。在体积为一立方米的计算机内部，有 10^{45} 个处理器。这台计算机每秒钟能处理 10^{68} 次检验。

这个速度很快。面对一个由 225 个观念构成的清单，在一秒钟之内计算机就完成了所有需要进行的比较。

但是此后，进程突然慢下来了。在增加第 226 个观念时，花费 1 秒钟；检验第 227 个观念花费 2 秒钟；检验第 232 个观念大约需要 1 分钟。计算机的速度一如既往，但是清单中每增加一个观念，检验的工作量增加一倍。检验第 250 个观念需要一个多月。当清单扩展到 300 个观念时，需要的时间是——3 800 万年！

没关系，这是一个思想实验，我们拥有世界上的全部时间。据估计宇宙的年龄大约是 100 亿年，折合成秒则在 10^{17} 和 10^{18} 之间。增加一或两个数量级，得到 10^{19}，这是对“永恒”的很恰当的估计。当宇宙的年龄达到现在的 10 倍时，所有恒星都将熄灭，生命很可能已经消亡。①因此，10^{19} 秒基本上是可以有意义地谈论的时间的最大值。如果一台理想计算机有 10^{45} 个处理器，从时间的起点开始工作，直到时间的终点，它可以进行的检验次数是巨大的 10^{19} 乘以 10^{45} 的结果，也就是说，它可以把这么多个子集与新

① 这个预言有一定的问题。宇宙的演化是新生和消亡并存的。不如说“到了那个时候，宇宙可能已经演化成与现在完全不同的形式”更合适一些。当然，这里所说的合适与否只是就本语句的语意而言，并不影响作者的逻辑结论。——编者注

观念比较。这个数等于 10^{87}，足以处理一个由 289 个观念构成的清单。

我们需要一个更强大的计算机。一旦元件的最小尺寸已经确定，为了获得更强大的运算能力，唯有增加体积，把这台计算机扩大到占据一个房间、一座房屋……一个国家乃至于一个大陆那么大。但是无论如何扩大，其终极限度都不能超过宇宙的尺寸。

迄今已知的最遥远的类星体据估计在 120 亿~140 亿光年以外。如果宇宙是有限的，一个大胆的估计是，其“直径”为 1 000 亿光年。1 光年略少于 10^{13} 千米，即 10^{16} 米。因此，宇宙的直径大约是 10^{27} 米，其体积大约是 10^{81} 立方米。

因此，一台大小同宇宙一样的计算机可以有 10^{45} 乘以 10^{81} 个质子尺寸的元件，这个总数是 10^{126}。当然，这是白日做梦。关键在于：无论科技发达到什么程度，任何计算机的元件个数不会超过 10^{126}。大脑或任何形式的物理实体都不能超过这个限度。这是一个我们必须接受的极限。如果这样一台计算机从时间的起点开始工作，直到时间的终点，可以执行 10^{126} 乘以 10^{42} 次基本运算，即 10^{168}。

10^{168} 这个数字是你做任何事的次数的绝对极限。最接近超级任务的情况不过如此，因为人们没有足够的时间和空间去实现或超过 10^{168} 次的任何事。不幸的是，运行 10^{168} 次逻辑检验并不能前进很远。当清单扩展到包含大约 558 个观念时，这台计算机就报废了。

我们最多只能知道 558 件事吗？不，当然不是的。我们根据简单推理、三段论和连锁推理可以知道很多事情。558 这个粗略的限制针对的是在逻辑上足够复杂、需要用指数时间算法来检验的观念。如果 558 个观念像卡洛尔猪排问题那样“不规则”，那么这些观念组成的集合很可能超出了计算机的处理能力——即使计算机和宇宙一样大。这就是新的悖论不断涌现的原因。

在逻辑上复杂的观念既不罕见，也非不自然。就连那些我们认为简单的观念（例如“所有乌鸦是黑色的”）实际上也配备了一系列的辅助性假设，可满足性的难度不仅限于逻辑谜题。

既然我们甚至不能辨别在我们的比较复杂的观念中是否包含矛盾，我们就没有完全理解它们。我们当然无法从这些观念推出所有可以推出的结论。如果你把逻辑推演当作观察世界的一个视域，那么这个视域是有限的。连锁推理是简单推理构成的链条，它构成了这个视域中的基本视线。通过这种视线，我们在黑暗中看得很远。对于更复杂的推理，我们则非常近视，无法看清所有东西，甚至无法看清所有蕴含在我们的思想实验中的东西。有些东西就摆在某个地方，但是我们永远也看不到。

如果说我们过于低能，无法理解那些我们没看到的东西，这种评价是不公平的。假如我们遇到了全知者（在关于悖论的讨论中全知者经常冒出来），全知者可以向我们指明我们没看到的东西，而我们有能力证明它们是真的。问题的答案是简单的——在你看到它以后。

这里的“我们”包括人类、计算机、宇宙生命以及一切物理机制。**NP**问题对于所有这些“我们”来说都是困难的。斯托克迈耶和迈耶的思想实验是奥尔贝斯悖论的一个信息时代的翻版。奥尔贝斯的出发点是我们能看见天空中的星星这个事实，而斯托克迈耶和迈耶的出发点是“整个宇宙不是一台计算机”这个事实。这里的结论是，这个宇宙中没有人无所不知。

L A B Y R I N T H S

第三部分

O F R E A S O N

第10章　意义：孪生地球

《伏尼契手稿》是一部非常古老的书，232页，配有插图，全书用密码写成，至今无人能破译。作者是谁？主题是什么？阐释什么意义？这些都是未解之谜。甚至没有人知道，这些密码在解码之后是什么语言。书中奇异的插图——裸体的妇人、怪异的发明、不存在的植物群落和动物群落，吸引密码破译者进行研究。彩色插图以中世纪医书的严谨风格绘制而成，而这些画表现的景象和意境却是在地球上和天空中前所未见的。一些平面图展示了古怪的、弯管风格的管道系统，图中美丽的少女坐在浴盆里嬉戏，浴盆连着有分叉、可转动的水管。这部手稿有一种非常奇异的风格，似乎是对另外一个宇宙的完美而精确的描述。这些画反映的是正文的主题吗？抑或只是一种伪装？没人知道。

一封写于1666年的信宣称，神圣罗马帝国皇帝、波希米亚的鲁道夫二世（Rudolf II of Bohemia，1551~1612）以600达克特金币买下了这部手稿。他可能是从约翰·迪伊博士（Dr. John Dee）手中买下的。迪伊是一个油嘴滑舌的占星术士兼数学家，游走于各国宫廷，追名逐利。鲁道夫认为，这份手稿的作者是英国僧侣兼哲学家罗杰·培根（Roger Bacon，1220~1292）。

这个猜想很有道理。罗杰·培根是一位方术大师，他死后，历代后人把他视为半人半神、半学者半巫师的人物。他是神秘书籍的收藏家。他知道火药，他还在著作中暗示，他知道其他一些东西，但是还没准备公布。他死时，他的著作被认为是极端危险（根据浪漫的幻想）的，人们把他的书钉在牛津大学图书馆的墙上，让它们在风雨侵袭下被剥蚀。

据说，《伏尼契手稿》曾经在意大利弗拉斯卡蒂的蒙德拉贡耶稣派学院沉寂多年，1912年被威尔弗里德·M·伏尼契（Wilfred M.Voynich）买下，此人是波兰出生的科学家兼藏书家。伏尼契是逻辑学家乔治·布尔（George Boole）的女婿，他的妻子埃塞尔·莉莲·伏尼契（Ethel Lillian Voynich）是在苏联和中国名气最大的英国作家之一（革命小说《牛虻》是她的作品，这部小说在很早以前就被西方遗忘了）。这部手稿没有我们能理解的标题，因此，就以伏尼契的名字命名。伏尼契把手稿带到美国，在那里，手稿得到了广泛的研究。在过去的75年里，学者和幻想家对手稿进行了几轮分析，然后又把它遗忘。它现在收藏于耶鲁大学贝内克珍本及手稿图书馆。

这部手稿采用的密码非同寻常。如果用的是普通密码，那么在很早以前就被解开了。它没有采用罗马字母，也没有用任何欧洲大陆人使用的字母或符号。它不是利用我们熟悉的字母做镜像或简单变形生成的。这个密码系统采用了大约21个花体符号，这隐约地暗示着它是一种中东文字。当然，在任何已知的中东文字字母表中都找不到这些符号。有些符号连在一起，就好像乐谱上的连音符号。有些符号极少出现，也许它们只是其他符号的潦草的变形。符号组成“单词”，词与词之间留有空格。

下表显示了手稿中最常见的符号，符号下面标记的字母根据小威廉·拉尔夫·班尼特（William Ralph Bennett，Jr.）设计的方案而来。班尼特是物理学家，利用计算机分析这部手稿。他分配字母的方案是任意的，目的只是为了录入计算机。

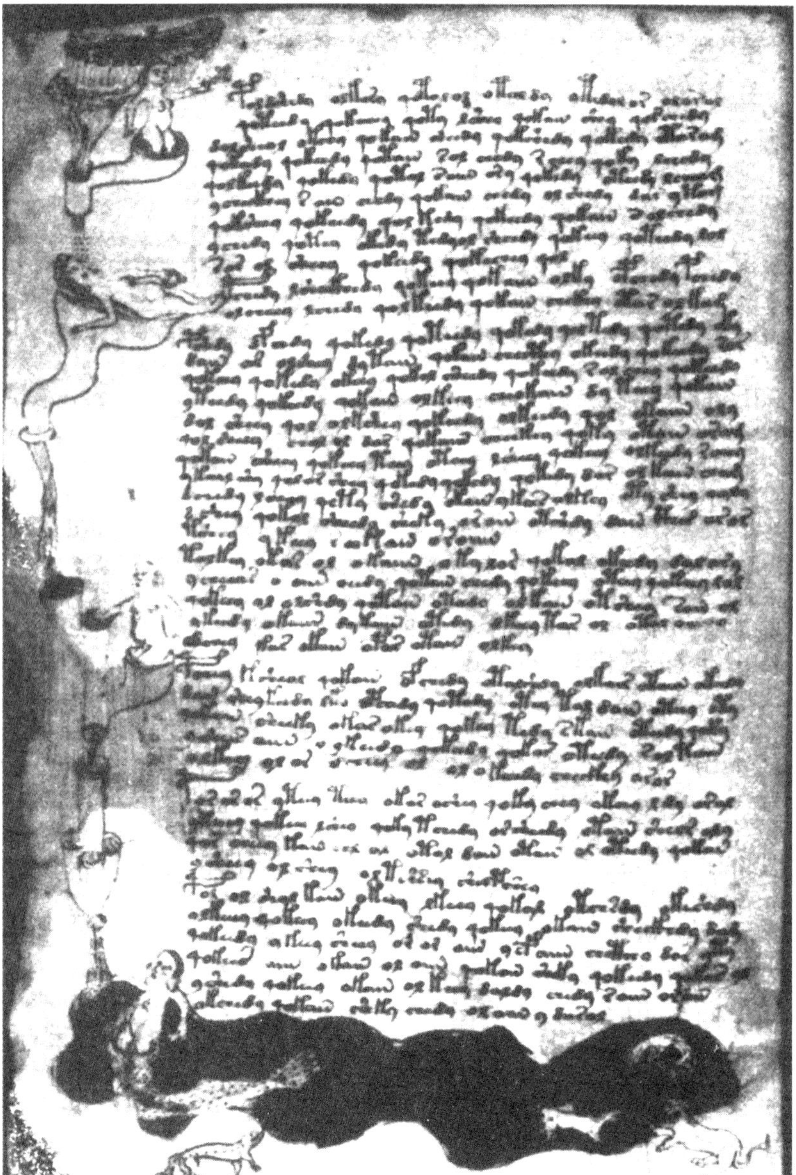

《伏尼契手稿》对开本第 79 页的左页

有些符号（与A、I、L、M、N对应的符号）和小写的罗马字母相似。班尼特认为，其他字母看起来像是西里尔字母（古代斯拉夫语）、格拉哥里字母（古代保加利亚语言）和埃塞俄比亚语的字母。和Y对应的符号则像是中文。

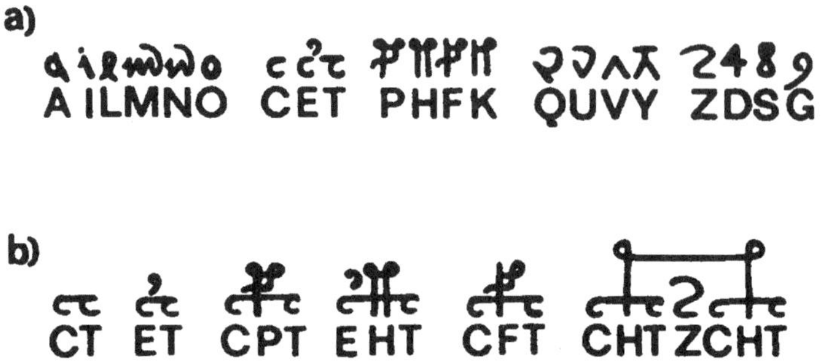

a）《伏尼契手稿》中最常见的符号以及小威廉·拉尔夫·班尼特为这些符号分配的字母

b）常见的符号组合以及班尼特分配的字母

更令人困惑的是，在手稿的第17页有些用中高地德语书写的注释。这些注释未必出自原作者，内容是关于马蒂奥柳斯草药的。手稿中有些占星用的图表，其中的月份标以西班牙语。封面上似乎有一个密码表，但是因为年久褪色变得不可识别。

手稿中大约有40页不见了。最初在手稿中，每16页折在一起构成一个单元，总共有17个单元。手稿的最后部分没有文字，只在页边绘有星图。这暗示，图是先画上去的，而文字是后加上的。如果确实如此，那么这些图也许只是装饰。尽管如此，还有很多人试图从这些画中发现秘密。有人主张，每页上星星、妇人和花朵的数目也是编码的一部分。植物学家取得了一些成绩，他们认出了图中的植物。93页图中画的好像是向日葵（也可能不是）。101页图中的果实像是辣椒。这二者都是美洲植物，在哥伦布从美洲返回（1493）以前，欧洲人不知道这些东西。此时距罗杰·培根去世已有200年。

人们设想过各种稀奇古怪的可能性：这部手稿是用一种已经失传的语

言写的；为了为难破译者，手稿故意避免使用原来的语言中最常见的字母；手稿是为了骗钱而伪造的，根本没什么实际内容（伪造者是约翰·迪伊，耶稣会的教士，还是伏尼契？）；作者像詹姆士·乔伊斯（James Joyce）一样，发明了一种自己的语言；这部手稿是被人遗忘多年的疯子的狂躁的胡言乱语。伏尼契手稿令我们想起博尔赫斯的短篇小说《特伦、乌克巴尔、奥尔比斯·特尔提乌斯》（可以设想，博尔赫斯受到伏尼契手稿的启发）。在博尔赫斯的故事中，一个古怪的百万富翁设计了一个阴谋：让一群学者编造一部关于"特伦"的百科全书，特伦是他们幻想出来的国度。第一稿是用英语写的，但是根据计划，百科全书要被翻译成"特伦语"（当然这也是编造出来的），并且用漂亮的手写体书写出来，最后炮制出一部天衣无缝的作品。

现在，伏尼契密码已成为密码破译师们竞相攀登的珠穆朗玛峰。许多20世纪最天才的军事密码破译师试图解开伏尼契密码，以显示自己的才华。赫伯特·亚德利（Herbert Yardley）是美国密码专家，曾在"一战"期间破解了德国人的密码，也曾攻克日本人的外交密码——虽然他并不懂日语。约翰·曼利（John Manly）破译过瓦贝斯基密码，威廉·弗里德曼（William Friedman）破译过40年代日本人的"紫色密码"。但是在伏尼契密码面前，他们都失败了。近些年，计算机被应用于这项破译工作，但仍然没有进展。

有些人会觉得奇怪，计算机竟然对伏尼契密码无能为力。在实际操作中，解密码的工作主要在于发现其"破绽"。在切割钻石时，必须沿着晶体本身的狭隙入手。同样的道理，破译密码的关键在于找到泄漏天机的规则。伏尼契密码看来是一种难以驾驭的密码，它只是一串符号，各种普通语言的统计规律在这里都消失了。人们对它无处下手，就好比在切割钻石时才发现，整个钻石完美无缺，无处下凿子。

除非这部手稿是编造的，否则，手稿的文本对于作者来说一定有某些意义。（下面我们将看到，几乎可以肯定它不是编造的。）这意味着，作者部分地根据自己在当时的思想写下了手稿。但是，这些意义是依附于这种符号模式之中，还是依附于已经失传的密钥中？或者依附于以上二者的结合之中？我们破解密码的可能性依赖于它的意义，而意义既隐藏在符号模式中，又存在于现在我们已不可能了解的作者的心理活动中。

我们很难相信，培根（或者其他中世纪作者）单枪匹马地设计出了一种比几十种后世的军事密码更安全的密码。有些人因而主张，伏尼契密码是无意义的符号串。一组符号未必有意义。那么，有什么办法鉴别一组符号中是否包含信息吗？这是知识研究中最困难的问题之一。

设想在非常遥远的未来，某人挖到了一个藏有文物的罐子，里面是一张我们这个时代的报纸。当时，英语已经失传，就连拉丁字母也被遗忘了。一位考古学家见到这张报纸，认为这一定是一部作品。他希望破解这部作品，以此了解埋下这个罐子的那个时代人们的生活。可是另一位考古学家说："不要浪费你的时间！那不过是墙纸！人们把它贴在房间的墙上。那些小小的黑色涂雅是装饰图案，当时流行这玩意儿。"

也许你会认为，第一位考古学家很容易证明，这份报纸是作品而非装饰图案。在报纸上可以找到规律——常见字母，常见单词，句子结束的地方有句号。这些规律说明，它是作品。问题在于，装饰图形也能找到规律。我们不能随随便便地下结论说，这种规律性一定属于某种未知的文字，而非某种未知的图案。这种文字（或图案）越奇异，我们做判断时越缺乏信心。

第一位考古学家为了证明他的观点，不一定非得破解出报纸上的文字。人们根据埃及象形文字作品本身从未找到破解之法，只是意外发现的罗塞塔碑文向现代世界透露了这个秘密。

伏尼契手稿提供了一种让人们忧喜参半的吸引力。解读这部手稿的意义不仅在于发现一部中世纪日记、一本魔法书或违禁的色情作品，更重要的是，伏尼契手稿难以解读的性质提示了知识的脆弱性。

罗杰·培根

有两位培根都是科学方法的先驱，一位是13世纪的方济各会修道士罗杰·培根，另一位是三个世纪以后的伊丽莎白时代的政治家弗朗西斯·培根爵士（1561~1626）。这两个人中，罗杰·培根要神秘得多。关于他的生平，我们所知甚少，只能根据他的著作做些推测。我们知道他是一个教育家，在牛津和巴黎讲课。在某个时间，他加入了方济各修道会，立誓过清贫的生活。

那个时代的人相信亚里士多德的学说，大约在1247年，培根对此越来越不满。他认为，直接观察和实验优先于对权威的信赖。他把强调实验的观点归功于迪朗·德圣普凯（Durand de Saint-Pourcain），此人是法国哲学家，关于此人我们同样知之甚少。1267年，培根报告说，若干年来他在实验和“秘籍”上已花费了2 000多巴黎镑。他从一本秘籍中学到了火药的配方。他语焉不详地介绍了配置炸药的过程。

培根的观点与方济各修道会产生了冲突。幸运的是，他的一位朋友做了教皇，即克莱门特四世。克莱门特从一部哲学百科全书中了解到培根的观点，命令培根送给他一份抄件。这位教皇认为，这些观点已经有人发表过了。实际上，培根只是在与朋友的通信中大致描述过这些观点。但是培根没有做解释，而是继续工作。他瞒着修道会的同事从事研究，也没请抄写员。一年半以后，他完成了三部曲——《大著作》《小著作》和《第三部著作》。

这些著作使培根以幻想未来技术而闻名。他描述了望远镜（但是没有做出实际的模型）。他设想了汽车，而且不大精确地设想了飞机。培根设想的是人力飞行器，用人的手臂拉动人造翅膀提供动力。他还得出结论：在气球内填充比空气轻的气体可以使气球飘起来。

培根相信地球是圆的。《大著作》描述了一段从西班牙到印度的海上旅行。红衣主教皮埃尔（Cardinal Pierre d’Ailly）在他的《世界图像》（1480）

一书中剽窃了培根的文字，哥伦布读过这段文字，在写给斐迪南和伊莎贝拉（西班牙国王和王后）的信中，哥伦布引用了这个段落。

最终，培根精通巫术的名声害了他。1278 年左右，方济各修道会把他监禁，罪名是“涉嫌异端”。据说他死后，他的敌人销毁了他的著作，但是这种说法显然是假的。据我们所知，他的主要著作都保留下来了。

假破译

有些人因为研究伏尼契手稿，即使没疯，也陷入了严重的妄想症。有不止一人至死都相信自己破解了伏尼契手稿。

1921 年，宾夕法尼亚大学的威廉 · 罗曼 · 纽博尔德（William Romaine Newbold）教授宣布，他已经破译了伏尼契手稿，并且将在美国哲学学会的一次会议上公布自己的发现。纽博尔德和许多人一样，相信这部手稿是罗杰 · 培根写的。他认为，这部手稿证明培根已经造出了显微镜和望远镜，比伽利略和范 · 列文虎克（van Leeuwenhoek）分别早几个世纪。纽博尔德认为，第 68 页的图是仙女座的螺旋星云，这个星云从培根的望远镜来看就是这个样子。他还报告说，望远镜的镜片花了培根相当于现在 1 500 美元的钱。其他图显示了精子和卵子。纽博尔德的简短披露吸引了媒体和大众。一位妇女对纽博尔德已掌握了培根的黑咒语充满信心，她跑了几百英里的路来求纽博尔德为她驱鬼。

不幸的是，现在看来，被鬼迷住的正是纽博尔德本人。最初，他不愿意公布太多自己的发现。密码本身并未解开，他不过是把自己的直觉加了进去。他公布的发现越多，这种情况就变得越明显。纽博尔德让培根用一架反射望远镜发现了仙女座星云的螺旋结构，但是天文学家指出，这种螺旋结构不可能用任何望远镜发现，只能通过定时曝光照片显示。纽博尔德还没让培根发明照相机。从地球观测仙女座星云，看到的几乎全是侧面。第 68 页的画无论画的是什么，总之画的是正面，它的轮廓是圆形的。

纽博尔德从手稿中“发现”的密码是一厢情愿的幻想的典型。他在手稿的最后一页找到了一个几乎无法识别的“密钥”。（不止一个学者曾经设想，这段铭文就是密钥。也有人认为，这段铭文的笔迹与正文不同，所以是作者以外的其他人加进去的。）纽博尔德宣称，这些符号翻译成拉丁语是“A mihi dabas multos portas”（你正在给我许多入口）。他认为这句话表示手稿用到了不止一种密码。

纽博尔德认为，培根的原文是拉丁语，用双字母密码加密。应用双字母密码，原文中的一个字母转换成密码表现为两个字母。以13世纪密码学的发展水平衡量，这是极为巧妙的设计，应当足以确保作者的文字不被破解。

纽博尔德主张，这仅仅是一个环节，手稿还采用了一环套一环的密码系统。在普通的双字母密码中，加密后的信息（称为“密文”）长度是原文（称为“明文”）的2倍。纽博尔德认为，培根为了使密文更精简，精心选择了字母对，使得一对字母中的后一个总是与下一对字母中的前一个相同。例如，当培根加密拉丁语单词“unius”时，他会以“or”代替u，以“ri”代替n，如下表：

U	N	I	U	S
OR	RI	IT	TU	UR

下一步，培根消掉了重复的字母，结果变成“oritur”。为了进一步增加密码的复杂程度，对于一个给定的字母，可以用不止一个字母对替代，而发音相似的字母（如b、f、p、ph）可以用同一个字母对替代。

你被搞糊涂了吗？反正纽博尔德的听众是糊涂了。那些认真研究纽博尔德的理论的密码学家发现，这种加密方法是完全不切实际的。

不仅如此。如果一个字母对包含单词“conmuta”中的某个字母，那么这个字母对需要进一步的加密，这个加密程序被纽博尔德称为“代偿”，但是为什么这样做却从来没有得到完整的解释。下一步，将整段文字前后颠倒，形成上一个阶段成果的回文形式。

下面到了最复杂的一步。纽博尔德说，在手稿中可见的符号不过是掩饰，它们没有任何意义。纽博尔德相信，如果你用放大镜观察这些符号，会发现，每个符号都是由大约10个独立的笔画构成的。他猜想，培根利用他新发明的显微镜造出了这些微小的符号。这些微小的笔画是古希腊语的简写符号。真正的信息隐藏在微粒般的简写希腊语中。为了解开手稿，你必须把这些微观符号翻译成字母，然后执行错综复杂的加密过程的逆过程：颠倒次序，代偿，分配字母对。

纽博尔德的微观符号像火星轨道一样不守规矩，更有甚者，纽博尔德是唯一能看到这些符号的人。这些所谓的符号其实只存在于纽博尔德的头脑中，如果当作客观的对象来研究，它们只是不均匀的墨水在粗糙的纸面上留下的不规则痕迹。

如果手稿的作者确实利用了纽博尔德的方法，对某些信息如此加密实在是一件疯狂的事。而且一旦加密，就没有可靠的方法解开密码。你得到的总是一系列由字母组成的回文，看起来像是真正的信息。

纽博尔德对他的微观符号的评论令人遗憾，堪称自我欺骗的典范。他写道：

> 然而，识别这些密码符号是非常困难的。我认为，当这些字母最初被写下时，在适当的放大倍数下它们是清晰可见的。但是历经600多年的岁月，许多页面上的字母褪色、脱落和磨损，受损严重，几乎已完全不可识别。除此之外，很多情况取决于培根在书写时使用的放大倍数是多少。有些线在肉眼看来非常简单，但是放大以后，经常发现这些线有三种、四种甚至五种不同的直径，内部包含一些独立的元素；如果进一步放大，这些元素还可以分解成其他元素。其中许多元素可以当作字符……还有一个巨大的困难是由于这些字符难以琢磨造成的。字符和字符之间的差异非常微小，在显微镜下书写这些符号，

即使由培根本人来写，这些差异也经常表现得模糊、晦涩。而且，这些字符严重地混杂在一起，以至于根本无法把它们分开……例如，我经常发现，我无法保证两次解读同一段文本得到完全相同的结论。

一位美国医生利奥 · 列维托夫（Leo Levitov）宣布破解了伏尼契手稿，他的方法更奇怪。1987 年，列维托夫声称，手稿是用一种未知的欧洲语言书写的，12 世纪前后一个崇拜伊希斯的教派使用这种语言。列维托夫相信，由于西班牙宗教裁判所的迫害，这个教派没有留下任何东西——除这份手稿以外。列维托夫对手稿插图的解释令人毛骨悚然：这个教派崇尚安乐死，具体方法是人在温暖的浴缸里割开血管，插图中神秘的洗浴者展示了这种放血的自杀方法！

列维托夫的古怪语言包括 24 个动词和 4 个拼写不固定的代词。他的翻译混乱而不统一，充满语病，很难让人接受。（例如，第一页开头是，“人们以死亡款待每一个垂死的病人；每个令伊希斯不快的人，死亡都在等着他。”[①]

以上两种破解方案令人叹息。我们都在用复杂而难以言传的方式解释语言乃至经验，我们也不能说，纽博尔德和列维托夫的解释一定是错误的。这至少是可以想象的——作者记录的就是纽博尔德或列维托夫提出的内容，而加密方式就是纽博尔德或列维托夫发现的方案。

大多数有理智的人会对纽博尔德和列维托夫的成果不屑一顾。但是精确地阐明为什么不屑一顾并不容易。苏珊 · 桑塔格（Susan Sontag）把才智定义为“在思想方面的品位”，而这种品位难以言传。

意义与胡话

人们经常谈论密码学问题与实验方法的关系。密码学家约翰 · 查德威克（John Chadwick）写道：

① 原文晦涩难解，充满语法错误，译文仅作参考。——译者注

> 密码学是一门科学，核心在于演绎和控制实验。形成假说，进行检验，频繁地抛弃假说。未被抛弃的假说通过了检验，它们不断发展、成熟，最后在某一时刻，实验者发现他已经获得了坚实的基础：他的假说前后一致，意义的片断脱去伪装呈现出来。于是密码被攻克。也许这个时刻最好这样界定：这个有希望的方向产生令人目不暇接的进展。这就像核物理中的连锁反应的开端一样：一旦突破临界状态，反应便会自我增殖。

为便于讨论，假定伏尼契手稿是完全无意义的胡话，作者是一位聪明而狡猾的人。看来确实有一种简单的办法，不必破解密码就可以断定它是不是无意义的胡话。

密码学家的工作依赖于对语言的统计分析。并非每个字母都同样常见。这意味着，在许多种密码中，可见符号出现的频率不同。

英语中最常见的字母是“e”。这个字母并非在所有语言中都最常见（在俄语中最常见的是“o”），但是，在每一种自然语言中，都有一些字母比其他字母更常见。

也许你会认为，随机地选出一些符号，构成一组无意义的、假冒的密文，则每个符号的频率都差不多。未必如此。你可以尝试“随机”地写出一串字母或数字。你会无意识地使某些字母或数字更加常见，你很难不这样做。人类的大脑不可能创造真正的随机性。一段假冒的密文可能使某些字母更常见，各字母出现的频率可能碰巧与作者的母语（或其他语言）频率相同。

这并不是说统计方法没有用；这里有更加细腻的考虑。在真正的密码中，字母被符号替代，此时，某些字母组成的“对”应当比其他的“对”更常见。例如，“th”和“is”在英语中是非常常见的组合，而“q”的后面几乎总是跟着“u”。

这种规律还可以反着用。有些字母对相对罕见。在英语里，字母“c”

和“d”很常见，但是“cd”的组合很难见到，同样的原理也出现在三个（或更多）字母的组合中。所有的元音字母经常出现，许多由元音字母组成的对也是常见的，但是由连续三个元音字母构成的组合是罕见的，甚至不存在。

这些原理确实提供了一种方法来鉴别真正的密码和无意义的胡说，例如，对巴尔扎克《婚姻生理学》中的假密码的分析。《婚姻生理学》出版于 1829 年，是一本关于婚姻和婚外情的讽刺性手册。书中有一句话：“L’auteur pense que la Bruyere s’est trompe.En effet，……”，在这句话后面插入了两页密码，这段密码从来无人破译。许多读者猜想，这段文字一定非常色情，以至于出版商不敢直接印出来，这种想法驱使许多人致力于破解这段密码。这本书问世多年以后，巴尔扎克给出了一些提示。

这段密码中包含大写字母和小写字母，许多字母带有重音符号，有些字母头朝下。其中还有数字和标点符号，但是只有几个空格。有些人认为，一个重要的线索在于，密码的结尾一定是“全文完”，而且其中一定有“可耻！”这个感叹句（在英语中也是这样）。

对巴尔扎克密码进行频率统计，结果发现它与法语和其他欧洲语言迥异。据此，几乎可以肯定这些符号是随机选出来的，而且很可能是排版工人干的。这本书后来再版时，这段“密码”甚至有了变化。

伏尼契手稿也受到了类似的详细审查。但是与巴尔扎克密码不同，伏尼契手稿表现出与真实语言非常相似的统计模式。有一些符号对经常组合在一起（例如AM、AN、QA、QC，根据班尼特的表示法）。有一些常见符号很少组合在一起。实际上，这些模式甚至比英语的模式更明显。伏尼契密码比任何已知的欧洲语言都更少了一些随机性。

字母（或其他符号）在文本中形成重复模式的程度可以用一个统计量“熵”表示。出于一种奇怪的巧合，伏尼契手稿中每个字母对应的熵与波利尼西亚语大致吻合。关于伏尼契手稿的猜想很多，但是从来没人设想过它是根据夏威夷人或塔希提人的语言加密而成的。

波利尼西亚语以字母精简而著称。夏威夷字母表中仅有12个字母，再加上一个极常用的撇号。伏尼契手稿中有21个常见符号，加上几个不常见符号。手稿的“熵”显示，它的原文本比大多数自然语言更符合一定规则。

这是支持伏尼契手稿是真正的密码而非无意义的胡话的有力证据。很难相信，一部赝品会做得如此精密，竟然骗过了语言统计学。

这也证实，手稿不是对某种欧洲语言的简单加密。手稿似乎使用了一种常见单词比欧洲语言少的“语言”。也许像纽博尔德推测的那样，作者把发音相似的字母合并起来了。还有一种可能，作者创造了一种类似于世界语的语言，原文是以这种语言写的。当代学者普遍认为，这部手稿是在哥伦布从美洲返回之后完成的（显然，作者不是培根）。

洞穴寓言

许多从密码学衍生出来的问题已经和日常生活没什么关联了。我们解释经验的方式很像破译密码。我们关于世界的心理图景是内嵌于流淌的感觉经验中，还是主要存在于一种解码方式——我们的大脑对这些经验的解释方式——之中呢？

柏拉图的《理想国》中有一个“洞穴寓言”，本书中的思想实验源自这个经典的前身。《理想国》第七卷开头是苏格拉底和格劳孔的对话：[①]

> 苏格拉底：接下来让我们把受过教育的人与没受过教育的人的本质想象成下述情形。让我们想象有一个洞穴式的地下室，它有一条长长的通道通向外面，可让和洞穴一样宽的一束亮光照进来。有一些人从小就住在这洞穴里，头颈和腿脚都被绑着，不能走动也不能转头，只能向前看着洞穴后壁。让我们再想象，在他们背后远处高一些的地方有东西燃烧着发出火光。在火光和这些被囚禁者之间有一条上升的

① 以下对《理想国》的引用摘自郭斌和、张竹明两位前辈的精美译文。——译者注

路。沿着路边筑有一道矮墙。矮墙的作用像傀儡戏演员在自己和观众之间设立的一道屏障，他们把木偶举到屏障上头去表演。

格劳孔：我看见了。

苏格拉底：接下来让我们想象有一些人拿着各种器物举过墙头，从墙后面走过，有的还举着用木料、石料或其他材料制作的假人和假兽。而这些过路人，你可以料到有的在说话，有的不说话。

格劳孔：你说的是一个奇特的比喻和一些奇特的囚徒。

苏格拉底：不，他们是一些和我们一样的人。你且说说看，你认为这些囚徒除了火光投射到他们对面洞壁上的阴影而外，他们还能看到自己的或同伴们的什么呢？

格劳孔：如果他们一辈子都被限制了头颈不能转动，他们又怎样能看到别的什么呢？

苏格拉底：那么，后面路上人走过去时举着的东西，除了它们的阴影而外，囚徒们能看到它们别的什么吗？

格劳孔：当然不能。

苏格拉底：那么，如果囚徒们能彼此交谈，你不认为，他们会断定，他们在讲自己所看到的阴影时是在讲真物本身吗？

格劳孔：必定如此。

苏格拉底：而且，如果一个过路人发出声音，引起囚徒对面洞壁的回声，你不认为，囚徒们会断定，这是他们对面洞壁上移动的阴影发出的吗？

格劳孔：他们一定会这样断定的。

苏格拉底：因此，毫无疑问，这种人不会想到，上述事物除阴影而外还有什么别的实在。

我们关于世界的心智图像与外部实在的关系至今仍吸引和困扰着我们。洞穴寓言的几个现代版本把这个问题推到了极致。

电子洞穴

对于柏拉图描述的情景，我们可以设计许多技术化的版本。设想一个囚徒被困在洞穴中，他只能通过一个闭路电视屏幕观察外部世界。和柏拉图寓言中的情景一样，这个囚徒一出生就被拴在洞穴的墙上。洞穴外的一个摄像机不断地把画面传送到囚徒的电视屏幕上。此外，囚徒的头位于一个旋转装置上。当他向右扭头时，电视通过一个完全平稳而无声的轴承滑到了右侧，电视屏幕仍然填满他的整个视野。同时，洞穴外的摄像机以同样的角度旋转，所以，屏幕上的视野同步变化，在囚徒看来，变化方式是完全自然的。

利用这种设置，洞穴囚徒的看守者可以玩一些更奇怪的把戏来欺骗囚徒。如果摄像机总是通过一面成45度角的镜子进行拍摄，而囚徒并不知道，将会如何？囚徒看到的一切都是左右颠倒的。洞穴里的人永远不会知道，他所看到的是实在的镜像。如果他学习如何读书，在阅读摄像机前面的书时，他将学着从后往前读。

电视屏幕的图像也可以上下颠倒。同样，洞穴居民会以为，他看世界的方式是正确的。事实上他看到的电视图像上下颠倒，但是这并没有什么影响，正如呈现在我们视网膜上的图像从物理的角度说也是上下颠倒的一样，但是这对我们并无影响。假如囚徒一生看到的都是上下颠倒的图像（他视网膜上的图像是正的），他不会意识到图像是颠倒的，就像鱼意识不到水一样。①

洞穴居民面对的最严重的限制在于缺乏反馈（在这个版本中以及在柏

① 1928年，因斯布鲁克大学的西奥多·埃里斯曼（Theodore Erismann）以志愿者为研究对象，用特殊的研究把他们的视觉扭转成奇异的形式。连续戴了几周眼镜以后，研究对象适应了眼镜。这些眼镜使视野上下（或左右）颠倒，或者通过一组镜子使得实验对象只能看见自己脑后的东西。一个研究对象戴着左右颠倒的眼镜骑摩托穿越城市街道。所有人在摘掉眼镜以后必须重新适应。

拉图最初的版本中都是如此）。洞穴居民不能推动某个东西以观察它在推动之下的运动。人们有数以千计的方法调整环境，但是洞穴居民观察不到其中的任何一种。

如果让一个洞穴居民学会一种机器人技术，他将获得更多的主动性。他的手臂和腿上装了传感器。实际肢体的运动会传递给洞穴外的机器人身体，机器人位于摄像机附近。当洞穴居民抬起手指时，机器人的手指做同样的动作，很像放射性实验室中的情况。在精密的机器人技术的辅助之下，可以模拟"缸中之脑"的情况。洞穴居民会以为，他存在于外部世界中的机器人体内，他永远无法知道自己实际上在洞穴里，而且，如果有人说他活在洞穴中，他也不会相信。

以上设想提出一个问题：为了创造一个关于外部世界的心智图像，有多少"信息"是必不可少的。下面是一个更极端的困境。囚徒面前的电视屏幕是一个可视图文终端。屏幕显示的不是图片，而是滚动的文字（以英文显示），文字的内容是对洞穴外面正在发生什么的介绍，在每个时刻，文字都充满屏幕。囚徒永远见不到鸟，也看不见鸟的电视图像，他只能看见屏幕上的文字信息滚过屏幕，例如，"一只鸟刚刚落在洞口外的一株树上"。

这种情景非常像破译一种失传的语言时面临的局面。同样，洞穴居民根本没有关于外部世界的经验。他一生下来就被绑在洞穴的墙上。除非他猜出了充满他视野的奇怪符号的意义，否则，他不懂阅读。他可能猜出符号的意义吗？

囚徒很可能掌握很多关于英文书写的知识。他会把每个字母和标点的形状记在心里。在洞穴里没有别的事占用他的时间，他的大量想象力都用在屏幕上的这些图形文字上了。也许他会自然地逐渐记住所有常见单词，就像一个牧童可以辨认出几十种野花一样——虽然他不知道花的名字。

但是学习单词的意义是另外一回事。语言以共同经验为基础。我们无法向一个天生的盲人解释什么是红色。洞穴居民的生活如此贫乏，以至于几乎没什么东西可供指示。

可以设想，囚徒会注意到，每隔一定时间“太阳正在升起”这句话就会出现。只要有足够的耐心，他会发现，有些词或词组（例如“早晨”“猫头鹰”“满月”和“雪”）会在某些时间出现，但在其他时间不会出现。这些时间线索也许会提供理解文字含义的入手点（虽然看起来囚徒不大可能取得多大进展）。

二进制洞穴

关于某事的、可传达的、绝对最小量的信息是一个简单的“是”或“否”，用计算机科学的术语说，就是“比特”或二进制数。下面考虑洞穴寓言的终极版本。洞穴外是电视摄像机，和以前一样。摄像机把外部景象转化为电信号。关于亮度、色调、饱和度的信息，包括视觉上的所有清晰印象，全部编码为一系列的“1”和“0”：0101101001100101011011001101111……这就是数字视频设备可以识别的信号。这些信息通过电缆传入洞穴。在洞穴内没有电视屏幕，这些二进制的信息流通过一个设计简单得多的设备显示出来。当接收到一个“1”时，有一束白光射到囚徒对面的墙上，产生一个亮点；当接收到一个“0”时，墙是黑暗的。囚徒一生都盯着墙上的情况：或是亮点闪烁，或是什么也没有。

从严格的意义上说，我们的处境与这个囚徒相同——我们关于这个世界的全部经验都是一系列的神经信号的集合，这些信号可以表达成一连串的“1”和“0”。令人惊异的是，我们根据这些如此贫乏的输入信号竟然可以得出结论。所有事情——从“世界是三维的”这个事实到对世界职业棒球大赛结果的预测——都是从这些抽象的输入衍生出来的。这些符号似乎不能表达关于这个充满多样性的世界的任何东西，但是我们是如何从这些符号中获得意义的呢？这是一个关于知识的谜团。

在这个洞穴居民旁边还有一个居民。第二个居民的处境与第一个完全相同。他一生都在盯着代表一系列的“1”和“0”的闪烁的光点。借助神奇的想象力，他建立起了关于外部世界的丰富的心理图景，包括世界的几何学、远古历史和遥远的未来。但是由于机械故障，他看到的光点随机明灭，他的世界图像是完全错误的。[①]

一颗“缸中之脑”是否可能发现真相?

现在看来似乎是不可能的。我们稍微改变一下讨论背景。假定有两颗“缸中之脑”。大脑*A*接受的信息流经过精心处理，创造了一个关于世界的幻象；但是由于硬件故障，大脑*B*收到的是随机的信号流。当然，在*A*得到的输入中有一个类似于“世界”的东西，但是在*B*得到的随机输入中没有。*B*根本无法理解自己得到的输入。我们会猜想，意义蕴含在*A*得到的输入中。

有几个哲学家用“缸中之脑”思想实验展开关于意义的讨论。在《理性，真理与历史》(1981)中，普特南断言：我们不是“缸中之脑”，我们可以知道。他的说法引起争议。哲学界传来反对的呼声。普特南的论证很聪明，但是并不像表面上看来那样有说服力。

我们将采用归谬法。首先引入相反的假设：假设我们是“缸中之脑”。于是，当我们说“保龄球”时(当然我们并不是真正用嘴说，我们的嘴唇没动)，我们指称的不是一个圆形的、有三个孔的物理对象，世界上可能没有保龄球。(缸中之脑实验室以外的“真实世界”中，也许根本没有保龄球馆。)即使如此，“保龄球”这个词依然指示某种东西。它指示一种特定的电信号模式，实验室的疯狂科学家利用这种模式创造了保龄球的幻象。这

---

① 本节的思想实验非常精妙，发人深省，但是技术细节似应再做推敲。由于人眼的视觉暂留现象，亮点闪烁的频率不能高于每秒24次，也就是说，从外界输入信息的效率非常可怜：低于每秒24比特。据粗略估算，一张中等品质的数码照片按这个速度传输，需要大约5天。囚徒活到80岁时，从外部获得的全部信息量相当于一张DVD光盘。如此低效率的通讯方式恐怕不足以达到智能水平，因为智力的发展需要非常充分的信号刺激。这个思想实验的关键缺陷在于，不能假定囚徒最初就是有智力的。　——译者注

就是与思想对应的物理结构，是语词指称的对象。

我们可以说，存在着两种语言："缸内语言"以及"缸外语言"。缸外语言中的"保龄球"指称一个有三个孔的球形东西；缸内语言中的"保龄球"指称一个电信号，这种信号创造了有三个孔的球形东西的心理意象。

在缸内语言中，如果"保龄球"这个词指称电信号，那么，"脑"这个词指称什么呢？它指称的不是一团灰色的神经细胞，而是另外一组电信号，这组信号创造了物理性的"脑"的幻象。"缸"这个词指称的也是电刺激。于是，如果我们是缸中之脑，那么"缸中之脑"这个词指称的不是一个物理性的"缸"里面的一颗物理性的"脑"，而是一种电信号"内部"的另一种电信号。"是的，我是缸中之脑"这种说法是错误的，因为我们不是电信号，我们是真正的缸中的真正的脑！①

普特南根据以上分析得出结论："我是一个缸中之脑"这个判断一定是错误的。这个判断也许可以和"宇宙位于一只大乌龟的背上"这个判断相提并论。我们可以这样论证：这个判断一定是错误的，因为"宇宙"意指所有东西，包括这只大乌龟在内——如果大乌龟确实存在的话。宇宙不可能位于任何其他东西之上，因为根据定义，宇宙以外别无他物。

以上论证并非不可反驳，因为它忽略了语言的灵活性。根据普通人的理解，"宇宙位于一只大乌龟的背上"的含义是，由星星和星系构成的已知宇宙位于一只未知的大乌龟的背上。我们很自然地对"宇宙"这个词做了重新界定，以适应这句话的语境。在做出"我们是缸中之脑"这个判断时，也是如此。

一个缸中之脑可以做到，在不造成语义混乱的前提下表示事件的"真实"状态。它必须意识到缸内语言与缸外语言的差异。正确的表述应当是这样的："我是缸外语言所说的'缸中之脑'"。于是，这种说法避免了误用

① 以上分析是一个精巧的归谬法。首先假定我是缸中之脑，而后导出一个矛盾：如果我是缸中之脑，那么"我是缸中之脑"这个判断就是假的。——译者注

指称的问题，因为在缸内语言中，“缸外语言”是一个形而上学的词汇，不具备物理相关性。

孪生地球

普特南最著名的思想实验向“意义是‘头脑中’的某种心理状态”这种观点提出挑战。普特南说，假定在我们的星系中存在另一个星球，我们称之为“孪生地球”。孪生地球几乎在每个方面都与地球完全一样。在孪生地球上，生活着外表普通的人们，他们甚至也说英语（像许多科幻电影中的情景一样）。孪生地球与地球之间的相似性极其惊人，孪生地球上的居民把他们的星球称为“地球”。（如果他们把自己的星球称为“孪生地球”，确实有点傻。）

两个星球之间有一个差别：孪生地球上的海洋、河流、湖泊、雨滴和眼泪等是由一种看起来与水完全相同的透明液体构成的，但是这种液体并不是水。具体地说，它的化学结构与水分子不同——它的分子式不是H_2O而是另一种形式，我们写为XYZ。但是孪生地球的居民经历了与我们相同的进化过程，惊人的相似性使得他们也把这种液体称为“水”。当他们谈论浇草坪时，他们的意思是用XYZ浇。如果把H_2O浇在他们的草坪上，会把草杀死。

在孪生地球上也有水，水保存在化学实验室里，装在几只密封的瓶子里，但是他们不把它称为“水”。在地球上也有XYZ。两个星球上的化学家利用简单的手段可以区分二者的化学结构。

请考虑这个场景：几个世纪以后，我们派出宇宙飞船前往孪生地球。我们的宇航员走出飞船，脱去宇航服，用英语向当地居民做自我介绍。过了一会儿，一个宇航员渴了，要水喝。孪生地球上的一位东道主打开水龙头，用漂亮的高脚杯接了一杯“水”。我们的宇航员把杯子举到唇边，呷了一口，然后吐了出来！地球人化验之后发现，孪生地球上的“水”是有毒的、不能饮用的XYZ。

我们把日历调到1750年。无论在地球上还是在孪生地球上，这个年代都被称为“公元1750年”，因为两个星球上的日历完全一样。人类尚未驾驭太空旅行，我们的天文学家用制作粗糙的望远镜无法发现孪生地球的存在，同样，孪生地球上的天文学家也不知道我们的存在。当时，化学也处在萌芽期。我们的化学家尚未发现水是由氢和氧构成的。同样，孪生地球上的化学家也不知道他们的“水”是由X、Y和Z构成的。

在1750年的地球上，有一个叫“奥斯卡”的人；在孪生地球上，有一个极其相似的人，也叫“奥斯卡”。这两个奥斯卡如此相似，以至于他们在生命中的每个时刻想法都是一样的。当地球上的奥斯卡使用“水”这个词时，这个词引起的记忆和心理联系与孪生地球上的奥斯卡使用这个词时的心理状态完全一样。这两个人都回想起学校操场上的某个喷泉；第一次见到大西洋（在两个星球上大西洋的地理特征相同）；大雨天从他们的屋顶滴下来的水。如果你让地球上的奥斯卡解释什么是水，他会说成如此这般；你再去问孪生地球上的奥斯卡，得到的回答一模一样。在两个奥斯卡的意识中，对水的理解没有任何差别。然而，两种水是不一样的。普特南的结论是：“不管怎么说，‘意义’就是不在头脑里面！”

然而，如果意义不在头脑里面，它在哪儿呢？

孪生地球的化学

许多哲学家确实相信，意义主要存在于“头脑中”。一个像“水”这样的词可以意指任何东西。这个词的含义是它偶然所意指的东西，是当我们说“水”这个词时我们所想到东西，与这个词的书写形式无关。如果我们发现一份很短的卷轴，是用一种已经失传的文字书写的，全部内容只有一个字：“水”，那么我们不可能把它翻译出来。

我们每个人都经历过不知道“水”这个词的含义的阶段。父母以及其他成年人在特定的语境中说“水”这个词，由我们自己来确定这些语境有什么共同之处。作为成年人，我们认为，我们的经验足以消除模糊性。在我们长大以后，“水”这个词还有可能表示与我们想的不一样的东西吗？

针对普特南的思想实验，有两种反对意见经常被提出。孪生地球在化学上似乎是不可能的，虽然这个问题未必至关重要，但确实如此。为了避免这个问题妨碍我们深入讨论，我们先整理一下孪生地球应当具备的化学性质。

在 1975 年的一篇论文中，普特南把假想的“XYZ”描述为一种“化学分子式非常长而复杂”的液体。据说，它在一定的温度和压力范围内保持液态，这个范围与水的相同。当然，在孪生地球上，它可以用来解渴，而且，在生态学和生物化学方面，它扮演了水在地球上所扮演的角色。

在所有已知的物质中，没有任何东西与水的相似性达到这种程度。是否会有某种分子式复杂的东西满足这些要求，这也是可疑的。水之所以在地球的生化反应中如此重要，原因在于它的分子较小。分子式长而复杂的液体通常是油性的、呈黏稠状的，还有其他一些与水不同的性质。

过氧化氢（H_2O_2）是除水以外唯一的氢氧化合物，它很不稳定，不能以海洋的形式存在。（药店里卖的“过氧化氢”其实是浓度很低的过氧化氢水溶液。）硫化氢（H_2S）在化学结构方面与水相似，但它是气体。气态的氨（NH_3）和氟化氢（HF）与水有点相似。氟化氢是剧毒的酸，沸点刚好在地球环境的室温之下。

某些科幻小说作家设想过一些外星生命，在这些生命形式中，氨取代了水的地位。这些生命所处的星球必须比地球冷很多，因为氨只有在零下 36 华氏度（相当于零下 33 摄氏度）以下才是液体。（作为窗户清洁剂出售的液态“氨”是氨气的水溶液。）

很可能有很多星球，其体积与地球或月球相仿，而且其温度范围使得氨表现为液态。与上面提到的其他化合物不同，氨是常见的（木星上有氨气云），而且可以形成湖泊、海洋和河流。和水一样，氨也是极性化合物，这意味着它可以溶解很多种物质。对于任何一种可设想的生物化学系统来说，这个性质看来都是至关重要的。

然而，普特南的XYZ不可能是氨——如果孪生地球果真与地球完全相似。随便列举几件事：孪生地球的居民用什么来清洁窗户？他们不能用NH_3，因为对他们来说这就是“水”。如果孪生地球和地球非常相似的话，他们应当有一种商品，商标也是Windex，但是成分却不是“水”。如果温度使得氨是液态的，那么水银就是固态的。在温度计和气压计里不会有水银。牙齿填充剂也不会用水银化合物。他们也不会把其他液体金属称为“水银”，因为在这种温度下所有金属都是固态的。当然，以上只是最简单的例子。我们不需要沿着这个思路走太远，就可以发现成千上万的差异。以氨为基础的生化系统很可能无法推动进化出与人类相似的物种（即使我们承认以氨为生存基础的智慧生物是有可能存在的）。

另一种反对意见直接针对普特南的表述（“意义不在头脑里面”）。人体主要由水构成。我们不仅说到和想到“水”，当我们在说和想的时候，水就在我们的头脑里。如果孪生地球的化学系统确实以XYZ为基础，那么每个孪生地球人的头脑中应当有XYZ型的“水”。意义毕竟是在头脑里的！

我认为，以上两种反对意见都没有切中普特南论证的要害——当然，有些人对此会不太同意。普特南在文章中给出了一些不太生动，但同样可以说明论点的例子。例如，他指出，如果孪生地球上的“铝”锅其实是钼制的，而他们所说的“钼”实际上指铝，结果会如何？

从化学家的角度看，这个例子并不高明，普特南应当可以找到更有说服力的例子。钼比铝重很多，而且二者在其他方面也有重要差别。不过，有些元素在化学属性和物理属性方面非常相似。稀土元素中的许多种，除非借助于极其精密的化学分析，否则是无法区分的。此外，这些元素与人体没有关系。如果有必要，我们可以假定人类和孪生地球人的大脑中一丁点儿这类元素都没有。

这些稀土元素都不常见，除化学家以外，没有人熟悉它们。镍和钴这两种元素非常相似，人们对它们了解得比较多。在外观上，镍和钴没有差别，它们的密度和熔点也几乎相同，二者都属于少数几种可磁化的金属，而且化学性质接近。

假定孪生地球的居民所说的“镍”其实是钴，他们的“钴”其实是镍。在孪生地球上也有两个国家：“美国”和“加拿大”，这两个国家发行的硬币也叫作“镍币”。之所以这么叫，是因为硬币含有金属“镍”，不过实际上是钴。尽管如此，孪生地球上的镍币与我们的镍币看起来一模一样。在人体中，镍和钴都不占重要地位，所以孪生地球上的宇航员不会存在缺乏这两种元素的问题。注意到这个差别恐怕要花很长时间。

最终，某个化学知识水平较高的宇航员也许会研究孪生地球上的化学元素周期表，发现“Ni”和“Co”这两个符号好像颠倒了。（不过我觉得，即使在大学里化学成绩很好的人，也很容易对这个差别视而不见。）另外一个情况可能泄露这个差别：在地球的日常语言中，“钴”这个词经常表示一种深蓝的颜色，而非钴元素。钴蓝是画家的一种颜料，由氧化钴制成。在孪生地球上恐怕没有钴蓝，这种鲜艳的、有点发绿的蓝色颜料不得不称为“镍蓝”。

普特南的思想实验表明，一切经验都是不确定的。两个奥斯卡对于“水”的经验是相同的。在孪生地球上的奥斯卡喝XYZ的味道与地球上的奥斯卡喝H_2O的味道甚至都是相同的。 两个人大脑中的神经元的运作方式可能完全一样，然而，与神经元的状态相一致的外部实在不止一种。

亚特兰蒂斯图书馆

假定在地球和孪生地球之间有另一个细微的差异：在孪生地球上有一块地球上没有的大陆——亚特兰蒂斯。这块大陆有自己的语言，这种语言与孪生地球上的其他语言没有亲缘关系。（孪生地球上的其他语言与地球上的语言相同，除了几个有问题的单词——如“水”、“钼”等——以外。）

一位地球宇航员在翻译的陪同下参观了亚特兰蒂斯的一家图书馆，翻译会说英语和亚特兰蒂斯语。宇航员惊讶地发现，书架上有一本乔纳森·斯威夫特（Jonathan Swift）的《格利佛游记》，至少看起来像是这本书。书的封面上用英文和罗马字母写着这些字，宇航员翻了一下这本书，看到书中是自己熟悉的斯威夫特式的讽刺文字，是用英语写的。这是两个星球平行演化的又一个例证！

宇航员对翻译发表评论说，地球上有同一个作者的同一本书。"真的吗？"翻译说，"你知道的，这本书基于一个真实的故事。"

"别告诉我，孪生地球上真有一个叫作'小人国'的地方！"

"什么？噢，当然没有。你正拿着的这本书是一个剧本的亚特兰蒂斯语译本，原剧本名为《亨利六世》，作者名叫威廉·莎士比亚。把《亨利六世》翻译成亚特兰蒂斯语之后，表面看来，就像是英语的《格利佛游记》——这件事经常让人们困惑。"

他们进一步交流后发现，真正的《格利佛游记》被翻译成亚特兰蒂斯语后，看起来像是英语的《愤怒的葡萄》，而《愤怒的葡萄》被翻译成亚特兰蒂斯语后，看起来像是1982年的塔拉哈西电话号码本。据翻译说，说英语的人和说亚特兰蒂斯语的人可以读同一本书，对于其中一个人来说，这本书是《祝酒笑话1001则》，但是对于另一个人来说，这本书是《可兰经注释》。因此，孪生地球上有一句谚语："意义在书外。"

这个翻译是在开宇航员的玩笑吗？

当然，两种语言碰巧具备以上描述的关系是极不可能的。问题在于，这是否完全不可能。上面提到的所有书（可能除了那个电话号码本以外）重复了许多常见词，如"这个"、"的"和"一个"。例如，英语中的"这个"翻译成亚特兰蒂斯语可能就变成了"的"。也许亚特兰蒂斯语中每一个词的拼写都与一个（不同的）英语单词拼写相同。于是，把英语翻译成亚特兰蒂斯语之后，再以英语的角度看就是一团乱麻。这些词当然不能组成有意义的句子。无论如何，在《格利佛游记》中单词的重复模式不同于

《亨利六世》。把《亨利六世》从英语翻译成任何语言，都不会得到《格利佛游记》。

一定不会——只要翻译是一个词对应一个词的直译。然而，在亚特兰蒂斯语文本中，表面上的单词是不是单词，这个问题完全没有搞清。存在这种可能：在亚特兰蒂斯字母表中，“单词”之间的空格是真正的字母，而某些“字母”实际上是插在单词之间的、表示间隔的空白符号。

实际上，大多数翻译不是一个词对应一个词的直译。在某些场合（例如英译德）直接对译是不可能，因为句子中的词序不同。也许有些语言与英语的差异很大，以至于在翻译的时候必须把一个段落（或更大的部分）当作一个整体处理。这样，某一本书以某种外语来读就成为另一本书是可以设想的——虽然这种情况过于奇幻，可能性不大。

密码系统比语言的自由度大。举一个极端的例子：《伏尼契手稿》有可能是对《葛底斯堡宣言》文本的加密。如何实现呢？如下加密法就是可行方案之一：“如果你想加密《葛底斯堡宣言》的文本，先写下一连串的花体字（把《伏尼契手稿》的内容抄一遍），然后把想加密的东西颠倒字母顺序加进去。”我们不能肯定，《伏尼契手稿》用的是不是这种加密方法。

爱伦 · 坡的“iiiii……”密码

埃德加 · 艾伦 · 坡是一个业余密码学家，他曾经在杂志上发起过一场密码竞赛，请读者提供需要解密的密码。在一篇关于密码学的跟踪报道中，他提到一种可能性：密码中可能出现这样一串字母：iiiii……。我们知道，在英语里，任何单词都不会包括这么多的重复字母，我们如何进行解码呢？

出现连续的10个i是有可能的。当然，如果采用简单的密码，在全文中用一个字母替换另一个字母，不会遇到这种情况。我们甚至可能遇到这种情况：整个信息是由同一个字母的不断重复构成的。

有一种可能是，密码的含义是完全不确定的，字母i可以代表26个字母中的任何一个，加密者在密文的基础上自由地设计原文。另一种可能是，在这段密码采用的加密方法中，原文中的每个字母应用了不同的字母替换规则。

在这样一段密码中，意义与密文无关。为了说明这一点，我们设想这个场景：某人发现了一部密码手稿，里面全都是i，除此以外什么都没有。此人宣称，这些密文破译之后就是《葛底斯堡宣言》的内容。这种说法是胡说八道。我们可以说，这些密文破译之后是一切我们指定的东西。如果这些密文有意义的话，其意义存在于密码系统中，或者存在于写出原文的那个人的头脑中。由于密文无意义可言，它是不可破译的。

大多数常见的“代码”其实是密码。莫尔斯“代码”是一种密码；许多重要的军事“代码”也是密码。在真正的代码中，符号表示观念。在一个红圈里画一支香烟，在香烟上画一条斜杠，这个图案表示“禁止吸烟”——这是代码的一个例子。在机场等公共场合，可以见到数十种其他的国际通用符号，它们都是代码。代码为意义赋予了单独的符号。

用代码很难传达信息。代码的符号只能传达那些被代码设计者考虑到的常见的词和信息。利用代码通讯，一旦遇到未曾预料的情况，就会发现代码是笨重的、无用的。因此，军事、谍报和外交等方面的重要“代码”采用密码。

在密码中，符号代表字母。在使用密码时，你可以先用普通英语（或任何其他语言）把你的信息写出来，然后转化成符号。信息的接收者可以破译这些符号，把密文还原成原文，与最初的形式一模一样。

密码把一个字母（或其他造字符号）替换成另一个。有些替换规则很简单，有些则比较复杂。为了表示字母之间的替换关系，可以把字母表按照通常的顺序列出来，然后在这些字母下面标出要替换的字母。（如果密码用到标点符号和数字，也要列出来，标出对应的符号。）下表是一个简单的替换方案：

A B C D E F G H I J K L M N O P Q R S T U V W X Y Z

B C D E F G H I J K L M N O P Q R S T U V W X Y Z A

A变成B、B变成C、C变成D，依此类推。在字母表中，每一个字母被编码成下一个字母，最后一个字母被编码成第一个字母。“MESSAGE”这个词转化为“NFTTBHF”。密码的接收者很容易利用逆过程还原。

在这种加密方案中，一个字母始终用某个其他字母替换。这种密码被称为“恺撒密码”，因罗马诸皇帝使用过这种密码而得名。奥古斯都 · 恺撒使用上表的密码，朱利乌斯 · 恺撒使用一种相似的密码，把原文的A替换成D、B替换成E，等等。

恺撒密码有26种。在上表中，下面那行字母可以串两个位置，也可以串三个位置，等等（第26种恺撒密码就是以每个字母替代它本身）。每种恺撒密码可以用一个数字或字母指明。奥古斯都 · 恺撒使用的密码被称为“密码B”，朱利乌斯 · 恺撒使用的密码被称为“密码D”。

恺撒密码很容易破译。例如，在一种恺撒密码中，E可能总被替换成U。由于在许多语言中E都是最常见的字母，在密文中，U很可能成为最常见的字母。这样秘密就完全暴露了。破译者可以识别出最常见的几个字母，然后利用这些字母识别出常见的简单词，而后迅速地解破整个信息。

从恺撒的时代起，密码学取得了长足的进步。现在，任何国家都不会使用像恺撒密码那样简单的密码了。然而，以恺撒密码为基础可以设计出不可破解的密码，现在的超级大国使用的就是这种改造过的密码。

关键在于，应该对于每一个字母应用不同的恺撒密码。对于第一个字母，应用一种恺撒密码；对于第二个字母，应用另一种；对于第三个字母，再换一种，如此等等。

一方面，这种方案使得密码的复杂性剧增。你需要一个“密钥”告诉你，对于每一个字母应用的是哪种恺撒密码。密钥的长度至少和信息一样长。这种方案的优点是密码非常安全。密文中的任何一个字母可以代表任何字母。应用一种确定的密钥，可以把《葛底斯堡宣言》加密成一连串的

“i”；换一种密钥，又可以加密成《格利佛游记》的一部分；再换一种密钥，会得到我们期望的“随机”字母组合（实际上这种情况是最有可能的）。

这种密码即“一次性便笺密码”。密钥被写在一个便笺簿上，每一页上写一个密钥，只用一次，用完销毁。例如，每一页上的密钥针对信息中的一个字母，指明对这个字母应用哪一种恺撒密码，对信息中的每个字母连续应用便笺簿上的密钥。如果用字母指明恺撒密码（如上文介绍的），那么整个密钥看起来就像一长串随机字母。

对于“MESSAGE”这个单词，用恺撒密码“C”、“R”、“F”、“B”、“Z”、“F”和“D”进行加密。在恺撒密码C中，M替换成O；在恺撒密码R中，情况是这样：

A B C D E F G H I J K L M N O P Q R S T U V W X Y Z
R S T U V W X Y Z A B C D E F G H I J K L M N O P Q

E替换成V。最终，“MESSAGE”变成“OVXTZLH”。

与“NFTTBHF”（用密码B加密的结果）相比，“OVXTZLH”要好得多。如果密码只采用单一的替换方案，会留下线索，让破译者很容易入手，解开任意长度的密文。通过对密文的“熵”进行分析，我们可以识别出原文是哪种语言。从“NFTTBHF”可以看出，原文中间有两个相同字母，而且第二个字母和最后一个字母相同。即使仅从这一个单词出发，你也可以（正确地）猜出，F代表英语中最常见的单词E。然而，在“OVXTZLH”这段密文中，没有任何线索。原文中连续的两个S变成了两个不同的字母。由于对每个字母都应用了不同的、随机选择的替代方案，显然，“OVXTZLH”完全可能代表任何由7个字母组成的单词。由于一次性便笺密码系统具备彻底的不确定性，在没掌握密钥的情悦下，任何破译企图都注定不可能得逞。

一次性便笺密码系统的问题在于，如何向密文发送者和接收者提供密钥。密钥不能和密码一起发送。如果一起发送，任何截获信息的人都可以解开密码。鲁道夫 · 亚伯（Rudolf Abel）是苏联间谍，1957 年在纽约被捕。他用的就是一次性便笺密码系统，密钥被记在一个邮票大小的便笺簿上，每一页都密密麻麻的。如果真的把密钥记在便笺簿上，每一页则需要写上数以百计的数字或字母，这样才能应付信息长度的实际需要。这个问题使得一次性便笺密钥的应用范围局限于重要且不是很长的信息。

通过选择适当的密钥，利用一次性便笺密码可以把任何文本转化成 iiiii……，然而，你必须先拿到文本，而后针对文本制作特定密钥。这与设计密码的初衷相悖，通常，密码的目的是交换未来的未知信息。既然已知密文是 iiiii……，无论它代表什么，它都无法传达未知的新信息。这段密码只能告诉我们信息有多长。

“iiiii……”这段密文的熵已达到最低限度，远低于任何一种实际语言。通常，密文的熵等同或高于原文。当熵下降时，这意味着部分信息量被塞进了密码系统中。(《伏尼契手稿》就是这种情况，除非原文就是塔希提语！）此时，密文是不确定的。解开这段密文依赖于密文之外的信息：一种密钥，或者信息的原作者所具备的、从意义不明的密文重建原文的能力。

暴力法

假定《伏尼契手稿》的原文是一种基于罗马字母的欧洲语言，手稿中的每一个花体符号对应一个字母，加密方法是不可破译的、不确定的一次性便笺密码。像班尼特那样把每个花体符号表示为字母。假设一共有 26 个不同的有意义符号。把这些符号排列成任意一种顺序，做出一个“字母表”，有 26 种恺撒密码可以把罗马字母转化为伏尼契符号。

我们不知道伏尼契符号的字母表顺序（如果这种字母表存在的话）。我们也不能肯定，《伏尼契手稿》的密码系统只使用了恺撒密码。除恺撒密码以外，还有很多办法可以把字母转化为符号。但是为简单起见，我们假定字母表的顺序是已知的，而且手稿的密码系统只应用恺撒密码。

密钥的功能就在于，指出手稿中的每一个符号应用了哪种恺撒密码。如果有人宣称找到了密钥，我们可以把密钥应用于几十个符号，看看是否能得到属于某种欧洲语言的有意义的单词。如果通过检验，我们可以把密钥应用于整个手稿。如果结果是有意义的信息，这样密码就解开了。

我们没有密钥。看起来我们可以用暴力法破解这个密码。我们可以检验所有伏尼契文本可能采用的加密方案。

有两个原因注定这个办法行不通。对于第一个字母需要检验 26 种可能性，对于第二个字母又有 26 种可能性，对于第三个字母也有 26 种可能性……（实际问题的复杂性远超于此，因此此处尚未考虑伏尼契符号的字母表顺序有很多种可能性，而且有可能应用了非恺撒密码。）用n表示在密文中抽取的样本所包含的符号数，则需要考虑的可能性为 26^n 种。如果样本包括 100 个符号，则需要考虑 26^{100} 种可能性，即 10^{141} 左右。这个数太大了，即使拥有宇宙的全部时间，也无法完成检验。

确实如此。但是我们还是可以设想，检查 10^{141} 种可能性的超级艰巨任务是有可能完成的。虽然在现实中做不到，但是在理论上是可以完成的。然而，即使如此，完成这些检验也是无用的。由于我们已经检验了所有可能的密钥，我们一定已经找到了一种密钥，逆向应用于《伏尼契手稿》后得到了《格利佛游记》。比方说，我们可以这样做：对于《格利佛游记》中的第一个字母，有一种恺撒密码可以把它转化为《伏尼契手稿》中的第一个字母；对于《格利佛游记》中的第二个字母，找到另一种恺撒密码，把它转化为《伏尼契手稿》中的第二个字母，如此这般。（两部作品中比较长的那部会留下一些多余的符号。）

另外一种密钥可以把《伏尼契手稿》转化为《葛底斯堡宣言》。其他一些密钥可以把手稿转化为任何可能的文本，只要目标文本的长度相符。暴力法的繁复搜索工作即使在物理上可行，也是毫无意义的，因为它可以把手稿解释为任何可能的有意义的信息。每种解释与密文的匹配程度都同样高[①]。

检验破译结果

那么，人们怎样才算破解了某个密码呢？（更实际的问题是，人们怎样向自己和他人证明自己破译的结果是正确的呢？）我们这样考虑：

一个得到经验证实的事实是，随机选择的密钥不会导致有意义的破译结果——这种概率太低了。在《伏尼契手稿》上随机地尝试一种密钥，将得到一串无意义的字母。

因此，一种任意选择的错误密钥导致有意义的破译结果的概率是微乎其微的。如果一种密钥从密文解出了有意义的信息，实际上可以肯定此密钥是正确的，除非事先给定了破译结果，而后针对破译结果特意设计出密钥。

为了证明某种破译方案是正确的，需要进行四个步骤：

> 第一，指出密码系统及其密钥。这里的"密钥"是指为了破译密码必须掌握的最低限度的信息，它是否表现为可以书写的形式则无关紧要。
>
> 第二，针对密文进行加密过程的逆过程，得出待检验的明文。
>
> 第三，确保明文是有意义的信息，不是胡言乱语。
>
> 第四，密钥可以简洁地表达。例如，"全文应用恺撒密码J"；"密钥是写在一张纸上的一串字母，这张纸是在罗杰·培根的财物中发现的"；"密钥是《格利佛游记》第一版第一页上的字母"——这些都是简洁表达的密钥的例子。

① 以人类目前掌握的计算能力，暴力法的应用相当有限。暴力法能够得手，通常因为密钥或者密码系统的设计有破绽。在实际应用中，暴力法通常只尝试潜在的设计漏洞。——译者注

第四个要求是必不可少的，目的是为了排除倒推出来的密钥：先选定预期的明文，然后把密钥拼凑出来。密钥必须是“特殊”的，它在本质上必须是简单的，或者必须具备历史性的合理理由。在所有可能的密钥中，大多数是人类的头脑永远无法清晰地构想出来的。人类实际应用（乃至构想）过的密码只是其中特选出来的极少数。一种解码方案必须给出理由令我们相信，其密钥是在应用于破译这份密文以前就存在的。

最简单的密码就是保持原文原封不动，次简单的密码是在全文中采用一个不变的字母替代方案。在谜题书中出现的密码都属于这种类型（例如，埃德加·爱伦·坡的《金甲虫》和柯南道尔的《跳舞小人》中的密码）。所有这些密码属于极少数，一旦表明一份密文可以用这类密码转换为一段有意义的信息，就足以令我们信服，即密码就是这样，得到的信息是正确的。

在更复杂的密码中，密钥是可变的，可以用一串任意的字母（或数字）表示密钥。如果以《葛底斯堡宣言》为密钥，把一份密文转换为一段有意义的信息，则同样可以令我们信服其正确性。（在实际应用中，以书或其他文本作为密钥的情况很常见。）虽然有许多种密钥都能把一份给定的密文转换为有意义的信息，但是密钥本身就是有意义的信息的概率是微为其微的。

这并不是说，有效的复杂密钥只能是从书本上的段落衍生出来的。在一次性便笺密码中，密钥是随机的（否则这种密码就无用了）。从历史的角度说，这种随机密钥是特殊的。在所有无法构想的可能密钥中，有一种被选出来印在了一个便笺簿上。从便笺簿上翻出一页，发现上面的字母可以把一份密文转换为一段有意义的信息，这足以令我们信服解密方法的有效性。

意义何在?

那么，意义在哪里呢？是在信息里，还是在“密钥”里，抑或在理解它的人心中？很少有人反对，意义最终在人心中。意义在人心中，正如颜色和声音在人心中。一个更精妙的问题是，意义的客观对应物是存在于信息中，还是存在于语言中，抑或存在于密码系统中？

答案是，应视具体情况而定。一段密码可能由一连串的i构成，这个例子代表了一类情况：意义全部在密钥中。更常见的情况是，意义同时处于信息和密钥中。然而，我们很难设想一种情况，即意义完全处于信息中，与密钥无关。从理论上说，如果某种语言是完全透明的，对于所有人来说其意义都是明显的，则属于这种情况。但是，设计一种这样的语言的努力远未实现其目标。（例如：机场的图形符号、世界语、为了与外星生命进行无线电通讯而设计的人工语言。）

我们期望科学理论帮助我们理解世界的意义，其功用非常类似于密钥。某些理论把大量信息放在分析中，另外一些理论则只是揭示世界本身的信息。

关于第一种情况，缸中之脑假说是一个极端的例子，这个例子相当于爱伦·坡的“iiiii……”密码。缸中之脑假说需要对每一件事设计特定的假设。例如，昨天下雨了，这是由电信号的一个特定模式造成的；玫瑰是红色的，这源起于电刺激；杰拉尔德·福特（Gerald Ford）当选总统，这也是一种电信号；心情、天气、动物、人、运气，乃至于所有东西都用电刺激解释。缸中之脑没有做出预言的权利，如果我们是缸中之脑，我们看到的下一颗苹果完全有可能从下往上“落”。（对比“iiiii……”密码，这种密码无法表示未知的未来信息。）所有事都有可能发生，我们永远无法了解下一步邪恶天才将如何行事。

相反的极端情况，可以牛顿的引力理论为例。牛顿的理论建立起世界范围的内在规律性。苹果不会向上“落”，这是在世界内部规定的，不需要借助于一系列特定假设。这种理论是简单的，而且有预言能力。

和其他场合一样，此处我们也不能说，某一种理论不容置疑地正确，另一种则是错误的。归根结底这是一个方便与否的问题。应用和记忆一种比较简单的假说更容易。

第 11 章　心灵：塞尔的中文屋

在世界上的所有奥秘之中，心灵是最神奇的。心灵远比大脑复杂。我们可以说，一大块果冻一样的大脑是自然选择形成的，它具有大量的复杂功能。但是，意识是从哪儿来的呢？

关于大脑是如何工作的，生物学研究正在取得巨大进展。然而，有人认为，我们关于意识的理解仍然像过去一样浅薄。心灵的问题长期以来一直是哲学家关注的核心。近来，随着神经学、认知科学和人工智能等领域的进展，这个问题几乎成为热门话题。有一组迷人的悖论，可以清晰地展现人们当前（指本书成书的 20 世纪 80 年代）对心灵问题的思考。

思维机器

上一章提到二进制的柏拉图洞穴囚徒。这个囚徒面对的是形式最为抽象的感性经验。颇具讽刺意味的是，我们的大脑就是这样的囚徒，洞穴就是我们的颅骨。看起来，任何人都不可能再现大脑处理感性信息的全过程。

本章的思想实验以此为起点。

关于心灵的最原始的理论认为，心灵根本不存在。笼子里的一只鹦鹉在镜子里见到自己的形象，它会把镜像当作另一只鹦鹉。它不需要用“心灵”来形成一套世界观。这并不是说鹦鹉是愚蠢的，而是说它没有自我意识。鹦鹉可以意识到它的世界里的许多东西，它的鸣叫、给它吃的骨粉，等等。这种意识可以成熟到能够预测有生命的对象的活动的程度，例如，它可以预测主人每天早晨会来给它喂食。主人是否需要做什么事来向鹦鹉显示自己有“心灵”？不必。这只鹦鹉（它的智商很高）可以把自己观察到的行为归因于已知或未知的原因，而无须相信心灵的存在。

值得注意的是，某些极端的怀疑主义哲学把这种观点推广到了极致（例如休谟对自我心灵的怀疑）。那么，是什么令我们相信，他人和我们一样有心灵呢？在很大程度上是因为语言。我们与他人的交流越多，我们越倾向于相信他人有心灵。

另一种理解心灵的方式是二元论。二元论认为，心灵（或精神、意识）是某种与物质不同的东西。其实，无论我们是否接受二元论，我们经常说这样的话：某人特别有精神；他们丧失了灵魂；钱未必让心灵安宁。我们经常会有这种感觉：他人的心灵是存在的，而且心灵或多或少地依附于身体，正是这种感觉滋养了二元论。

随着生物学家对人体研究的深入，他们越来越清楚地发现，构成人体的物质与无生命的物质并无本质差别。人体的主要成分是水；“有机”化合物可以合成；渗透压、导电性等物理因素在细胞层起作用，细胞的机能大量地依赖这些物理作用。在局部领域，关于人体和人脑的机械模型构想获得了如此巨大的成功，以至于我们很容易相信，机械论模型也许可以解释大脑的整个宏伟结构。于是，有人认为大脑是某种“机器”或“计算机”，而意识是机器以某种方式运行产生的结果。这是理解心灵的第三种方式。

虽然这种理解装饰了许多现代观念，实际上对意识的机械论解释——以及对这种解释的质疑——由来已久。莱布尼茨在1714年讨论过

“思维机器”，现在看来仍令人叹服：

> 进一步说，我们必须承认，知觉以及建立在知觉之上的东西不可能用机械的原因解释，也就是说，不可能用物质及其运动解释。假定有这样一台机器，它的结构造就了思想、感觉和认知。我们设想这台机器被等比例放大了，我们可以走进它内部去参观，就像参观工厂一样。假定你可以走进去，但是你能看到什么呢？除了各个部件的运动和相互作用以外，什么也没有，没有任何东西可以解释知觉。

莱布尼茨的论证并无特别之处，但是它确实令我们大多数人对心灵的机械论模型产生反感。确实，这台思维机器在进行思维，但是走进去一看，里面空空如也。你指望在里面看到什么呢？

大卫·科尔（David Cole）对莱布尼兹提出了一个简洁的反驳：把一小滴水放大到工厂那么大，此时H_2O分子已经和化学课上用的水分子塑料模型一样大了。你可以走进水滴内部参观，但是却见不到任何湿的东西。

功能主义悖论

挑战机械论模型的其他思想实验则很难反驳。劳伦斯·戴维斯((Lawrence Davis）的“功能主义悖论”即为一例。

功能主义认为，如果一台计算机能够实现和人脑一样的功能，那么就应当承认，它在其他重要方面都与人脑平等，它也有意识。人脑可以被当作一个“黑箱”，从神经细胞接收输入信号，以某种方式对信息进行加工，然后向肌肉发送信号。（每一间缸中之脑实验室都有两条电缆，一条输入，一条输出。）如果有一台计算机，接收与人脑相同的信号，总是产生与人脑相同的反馈，我们该如何评价呢？这台计算机有意识吗？这个问题就像爱因斯坦和因费尔德的密封手表的例子（见第1章），我们永远无法确知。然而功能主义认为，我们有最充分的理由相信：如果“意识”这个词有某种客观性的含义的话，那么这台计算机是有意识的。功能主义主张，基于同样的理由我们应当相信他人有心灵，其根据是他人的行动方式。

戴维斯在一篇未发表的论文中提出了这个悖论，这篇论文曾被提交给1974年的一次会议。这篇论文值得关注，虽然它未受到应有的重视。戴维斯说，假定我们已经了解了关于疼痛的全部细节。如果功能主义是正确的，那么我们可以造一个可以感受疼痛的机器人。这个机器人非常巨大，我们可以走进它的内部——就像莱布尼茨的思维机器一样。机器人的脑袋里面就像一座巨大的办公楼。里面不是集成电路，而是穿着西装、坐在办公桌后面的职员们。每张桌子上有一部电话，电话连着几条线，电话网模拟大脑的神经连接，可以感受疼痛。这些职员受过训练，每个职员的任务是模拟一个神经元的功能。这个工作很无聊，但是工资和红包非常诱人。

假定就在此刻，这个办公系统中的一组电话工作起来了，这种工作状态对应一种非常剧烈的疼痛。根据功能主义的观点，机器人处于剧痛之中。但是疼痛在哪里呢？在办公大楼里转一圈，你看不到疼痛。你看到的只是一群平静、冷漠的中层经理，喝着咖啡煲电话粥。

下一次，机器人感到无法忍受的疼痛，你进入大楼参观，发现这些职员正在举办圣诞联欢，每个人都非常尽兴。①

图灵检验

我们稍后再讨论戴维斯的悖论，下面介绍一个与之密切相关的思想实验——约翰·塞尔（John Searle）的“中文屋”。关于中文屋，我们先介绍一点儿必要的背景。

中文屋基于艾伦·图灵的“图灵检验”。图灵在1950年的一篇论文中

---

① 这个思想实验的初始假定是，“我们已经了解了关于疼痛的全部细节”。然而，了解关于疼痛的全部细节并不等于了解疼痛本身，我想，这个问题的要旨就在于此。戴维斯和莱布尼茨共同的错误在于，把“知道”和“看到”混为一谈。——译者注

提出一个问题：计算机有没有思想？图灵论证说，除非我们指定某件事，这件事是有思想的对象会做而没思想的对象不会做的，否则，这个问题就是无意义的。什么事才能把有思想者和无思想者区分开呢？

计算机已经掌握了计算能力，在此之前，计算只能由具备专注力而且有智力的人类完成。图灵意识到，检验必须非常严格，例如，标准至少要比下一手漂亮的象棋更高。计算机很快就能掌握下棋的技能，但是这距离有思想还差很远。①图灵提出了一种检验方法，他称之为“冒充游戏”。

一个人坐在计算机终端前，向两个对象——*A*和*B*——提问，*A*和*B*隐藏在另一间屋子里。在*A*和*B*中，有一个是人，另一个是号称有思维能力的精密的计算机程序。提问者的目标是分辨出哪一个是人，哪一个是计算机。另一方面，人和计算机都竭尽全力令提问者相信自己是人。这很像一种电视竞猜节目——目标是把一个你不认识的人和冒充者区分开。

提问者只能通过计算机终端进行交流，这个事实使得他只能利用两个对象的实际回答判断，除此之外没有任何依据。他不能指望借助于机械合成的说话声音或是其他线索。隐藏在另一间屋子里的人可以说：“嗨！我是人！”但是这样做恐怕没什么用，因为计算机也可以说同样的话。计算机不必坦率地承认自己是计算机，即使提问者直截了当地提问。*A*和*B*都可以撒谎，只要他们认为撒谎符合自己的目的。如果提问者问一些私人信息，例如*A*的妈妈的闺名，或是*B*的鞋子尺码，计算机可以捏造答案。

计算机程序必须做出人类才会做出的反应，从而使得提问者在半数的检验中把计算机误认为人，这样才算是通过检验。图灵认为，如果把智力定义为外部的行动和反应，那么，一台通过了这种检验的计算机应被视为确实展现了智能。这是一个非同寻常的要求。

这样说来，计算机是否有思想？图灵的结论是，“计算机是否有思想”

---

① 本书出版时（1987 年），计算机程序已经可以抗衡人类的国际象棋大师。现在，人类最优秀的棋手已难以匹敌个人计算机。——译者注

这个最初的问题是“一个缺乏明确意义的问题，不值得讨论。尽管如此，我相信，到20世纪末语言的用法和受过教育的大众的观点会发生很大的变化，我们将可以谈论‘机器的思想’而不用担心措辞本身有矛盾。”

自图灵的论文发表以后，这些年来人们把心理过程和算法相提并论已变得稀松平常。如果你按照一个确定的算法计算圆周率的各位小数，而一台计算机利用同样的算法也进行计算，那么你的思想过程将有一小部分与计算机的运行直接对应。一种被广泛接受的观点是，智力乃至于意识同计算机程序一样，可以在不同类型的“硬件”上运行，人脑是其中的一种生物性的硬件。从理论上说，你的大脑的神经元功能、神经元的状态和神经元之间的联系可以被复杂得惊人的计算机程序丝毫不差地模拟。如果这个程序运行起来（即使是在由微型芯片和导线组成的计算机上运行的），它也可以展现与你相同的智力甚至意识。

长期以来，心灵被当作灵魂、生命冲动以及笛卡儿二元论中的一元。知识界大体上已经放弃这些有机械论倾向的意识理论。约翰·塞尔1980年的思想实验设计了一个竞猜游戏，直观地展现了微妙的心灵问题。如果意识无非是算法，那么意识是从哪儿来的？塞尔只给我们留下一个候选项，而这个备选项也是成问题的。

中文屋

设想你被锁在一个房间里。房间里除了有一本厚厚的书之外，空空如也，书名令人泄气：《如果有人从门缝塞进来一张写有中文的纸怎么办？》。

一天，一张纸从上了锁的门底下被塞进来，纸上写着汉字。你不认识汉字，对于你来说，这些字不过是些无意义的符号。你正在急于找一件事做来打发时间，于是你求助于手头这本《如果有人从门缝塞进来一张写有中文的纸怎么办？》这本书。书中不厌其烦、细致周密地介绍了如何“处置”纸上的这些汉字，你把这个工作当作消磨时间的扑克游戏。书中介绍了复杂的规则，你需要做的是依照这些规则在文本中搜索特定的汉语字符，确定它出现过。这个工作毫无意义，但是你别无他事，只有遵循这些规则行事，消磨时间。

第二天，你又收到一张纸，上面写着更多的汉字。奇怪的是，对于如何处理这些汉字，书中也有介绍。书中有进一步的指示，告诉你如何对第二张纸上的汉字字符进行关联和加工，以及如何把这些信息和你从第一张纸上取得的成果结合起来。书的最后介绍了如何把一些特定的符号（有些符号在纸上，有些在书上）抄到一张空白纸上。把哪些符号抄上去，这取决于你此前的工作，并且会受一种复杂的规则制约。最后，这本书告诉你，把写好符号的纸从你的囚室门底下塞出去。

但是你不知道，第一张纸上的汉字是一个简短的汉语故事，而第二张纸是基于这个故事提出的问题，就像在阅读测验中提出的问题一样。你按照指示抄在纸上的那些符号就是这些问题的答案（对此你也不知情）。你所做的是，按照一个复杂的算法处理一些字符，算法是用英语写就的。这个算法模拟了一个说汉语的人的思维方式，或者说，至少模拟了一个说汉语的人在读到这些材料时进行阅读、理解和回答的方式。这个算法非常完美，以至于你给出的“答案”与那些母语是汉语的人读完这些材料后给出的回答没有差别。

建造这间屋子的人们宣称，屋里有一头受过训练的猪，可以理解汉语。他们把这间屋子搬到了国家展览会会场，让大家在外面提交用中文写的一则故事和针对故事的一组问题。屋外的人不相信屋里是一头懂中文的猪。从屋里传出的答案太“人性化”了，每个人都猜想，里面是一个懂中文的真人。由于屋子始终是锁着的，没什么办法能打消屋外人的这种怀疑。[①]

塞尔的要点是：你理解中文吗？你当然不懂！有能力执行复杂的英语

---

① 塞尔之所以用“中文”说事儿，是因为在英语中“中文”有神秘莫测、艰深晦涩之意。——译者注

指令不等于有能力理解中文。你连一个汉字都不认识，你没有从汉字里读出一丁点儿含义。你有一本书指示你的行动，需要强调的是，这本书不是枯燥的中文教程，他并没有教给你任何东西。你只是在生搬硬套书中的规定，至于为什么这样规定，某个字符的含义如何，书中只字不提。

对于你来说，你所做的不过是消磨时间。你按照规则把纸上的中文字符抄到一张空白纸上。你的工作就像一个人玩扑克牌，按照游戏规则拿起一张红色的J，把它接在一张黑色的Q之下。如果有人在你玩牌时问你，一张扑克牌的含义是什么，你会回答，它没有含义。当然，扑克牌作为符号曾经有过含义，但是你会坚持说，在你玩牌时这些含义不起作用。我们把某张牌称为“方块七”，只是为了与其他牌区分开，以简化应用规则的过程。

即使你有能力执行针对中文的算法，也不能说你理解中文（汉语意识就更谈不上了）。如果对于人，我们得出以上结论，那么对于机器也是如此：单凭一台机器可以执行算法就说它有意识，会显得非常荒唐。因此塞尔得出结论：意识并非算法。

大脑和牛奶

与许多怀疑计算机具备思想的可能性的其他人相比，塞尔的怀疑已经相当温和了。他的思想实验假定有一个行得通的人工智能算法。这个算法是针对汉语字符的一系列操作指令。显然，这个算法要比汉语语法简洁得多。它接近于对人类思维过程的全面模拟，必须比较简单，从而使任何人都能执行。

向屋里提供的故事可以是任何故事，提出的问题可以针对任何相关的事实、推论、解释和观点。这些问题不是（至少不必是）选择题、复述题和划线题的题型。塞尔给了一个例子。故事可以体现为这样的简短形式：“一个男人走进一家餐馆，要了一个汉堡包。汉堡包送上来了，但是烤得很脆。这个人怒气冲冲地离开餐馆，既没有付账，也没有给小费。”问题是："这个男人吃汉堡包了吗？”当然，故事中没提这个人吃没吃，而且，连“吃”这个汉字在故事中都没出现。但是每一个理解这个故事的人都会猜想，此人没吃汉堡包。

问题可以是，“巨无霸”[①]是不是一种汉堡包（从故事本身看不出来；除非你以前知道，否则答不出来），也可以问，这则故事是否令你发疯（故事中没出现“疯”这个汉字）。问题可能是，要求你指出令你发笑的句子，或者要求你利用同样的字符写出另一则故事。这个算法处理故事的方式必须和人类的处理方式很相似。如果这个算法是用LISP或Prolog之类的计算机语言写出来的，它必须能够通过图灵检验。塞尔避免了假定黑箱里的一台计算机运行一个复杂算法，他把这个任务交给了一个人。

塞尔认为，图灵检验也许并不像人们所声称的那样关键。如果一台计算机的行为和人一模一样，这是很了不起的，但是这并不足以说明它有“意识”。这个问题其实还是“他人心灵”问题，只不过采取了更为尖锐的形式。即使怀疑论者在哲学思辨以外也不怀疑他人心灵的存在，但是机器是否有可能具备与我们相似的意识，对此我们通常表示怀疑。

塞尔对这个问题的看法令人惊讶。他相信，人脑确实是某种机器，但是意识与人脑的生化结构和神经学结构有关。一台由导线和集成电路构成的计算机即使完全再现了人脑的全部神经元的功能，它仍然是没有意识的。（虽然它与人脑的功能相同，而且通过了图灵检验。）相反，一颗弗兰肯斯坦[②]式的大脑却可能有意识，虽然这种大脑也是人工制品，但是组成其的化学物质与人脑的相同。

塞尔把人工智能类比于计算机模拟光合作用的发生。利用计算机程序

---

① 麦当劳快餐店的一种大号汉堡的名称。——译者注

② 在玛丽·雪莱的著名小说《弗兰肯斯坦》（1818年）中，科学怪人弗兰肯斯坦利用死尸器官造出了有生命的怪物。现在，英语中“Frankenstein”这个词专门指人造的类人怪物。——译者注

可以很好地模拟光合作用的全部细节。（例如，在显示屏上设计出栩栩如生的叶绿素原子和光子，以这种方法模拟。）虽然全部的相关信息都囊括在程序中，但是它永远不能像真正有生命的植物那样生产出真正的糖。塞尔认为，意识是一种类似于糖和牛奶的生物制品，而且属于副产品。

在这一点上很少有哲学家赞同塞尔，但是他的思想实验引起了广泛的讨论，其他思想实验则极少如此引人注目。我们来看一下大家对塞尔的回应。

回应

一种观点是，这个实验是完全不可能实现的。《如果有人从门缝塞进来一张写有中文的纸怎么办？》这本书不可能存在。我们解释语言和进行思考的方式不可能表达为按部就班的操作步骤，永远无法充分了解并写进一本书中。（也许可以借用贝里悖论和普特南的孪生地球来说明。）因此，这个算法是行不通的。从屋里送出的"答案"应当是无意义的胡话或者不知所云的喋喋不休。它们骗不了任何人。

在我们确实找到这样一种算法以前（假如这种算法确实存在），以上论证都是稳固而不可反驳的。需要注意的是，只有塞尔本人乐于承认这种算法存在的可能性。严格说来，我们不一定非得做出这一假设：只有在我们发现大脑的全部工作机理之后，才可能进行这个实验（或类似实验）。我们可以按戴维斯设计的办公大楼进行模拟试验。人脑大约包含 1 000 亿个神经元。据我们所知，单个神经元的功能相对比较简单。设想我们完全确定了某个人大脑的状态：所有神经元的状态、神经元之间的联系以及每个神经元如何工作。然后，我们动员全世界的所有人参与实验，模拟这个人的大脑运转。全球 50 亿人，其中每个人负责处理大约 20 个神经元的动作。对于神经元之间的每一个联系，相应地在代表这些神经元的人之间连上一条线。神经元之间每传递一次冲动，就拉一下这根绳子来表示。每个人都来操纵一些这样的绳子，以模拟他们所扮演的那些神经元之间的联系。然而，无论这个模拟工作完成得多么完美，对于他们所模拟的“思想”是什么，所有人都一无所知。

还有一种观点支持塞尔的结论：这种算法是有可能的，但是这并不意味着具备了与懂中文的人相同的意识。塞尔的支持者援引了句法性理解和语义性理解之间的区别来说明。[①]实际上，书中给出的规则提供了对中文的句法性理解，但是没有提供语义性理解，屋子里的人不知道某个词的含义是“房子”而另一个词的含义是“水”。显然，对于意识来说，语义性理解是至关重要的，而计算机之类的东西永远不会具备这种能力。

几乎每个反对塞尔的人都主张，在中文屋周围游荡着某种类似于意识的东西。也许这种东西是潜在的、原始的，也许它表现得迟钝、幼稚，但是它确实存在。

笨法学中文

在所有支持“在中文屋中有关于中文的意识”的观点中，最简单的一种认为，屋子里的人实际上学会了中文。在句法性理解和语义性理解之间并不存在绝对的分野。在此人遵循规则操作了很多次以后，也许会逐渐形成本能。也许此人根据操作这些符号的方式可以猜到符号的含义。

这种论点的关键在于，是否必须明确地告诉此人，这是“水”、那是“房子”，此后，此人才理解了文字符号的意义。换个说法，我们是否有可能通过观察词的用法掌握所有词的意义？即使你从未见过斑马，你依然可以获得对“斑马”这个词的语义性理解。你当然没见过独角兽，但是你对这个词有语义性理解。

如果你从来没见过马，你依然能获得这种语义性理解吗？再推进一步，

① 简单地说，句法性理解和语义性理解之间的区别在于：前者把语言视为单纯的符号游戏，对符号进行组合，对符号串进行变形，如此而已；而后者包括把符号匹配于语言之外的某些东西（即所谓的“意义”或“指称”）。——译者注

如果你从来没见过任何动物（甚至没见过人），你能获得这种语义性理解吗？如果你在一定程度上与要认知的对象隔绝，那么将连理解本身是否存在都成问题。

假定今天是上算术课的第一天，你因为生病缺课了。就在这次课上，老师讲了什么是数。你回学校以后，不好意思问什么是数，因为别人好像都知道。你加倍努力地学习以后的课程，如加法表、分数等。你非常用功，最后成为算术最棒的学生。但是你心里面觉得自己是个冒牌的好学生，因为你连"什么是数"都不知道。你只知道数如何运用，数如何相互作用以及数如何与世界上的所有其他东西相互作用。

有人认为，我们对于"数"的全部理解不过如此（虽然在这方面，"斑马"和"数"可能不尽相同）。一个类似的例子是欧几里得几何学。在几何学研究之初，通常不对"点"、"线"等概念做出如此的定义，只有通过关于这些概念的公理和定理，我们才获得了对它们的理解。①

对于以上观点的一个反驳是，在屋里的人记住规则、猜出字符的含义以前，就可以给出中文答案——他一开始就能做到。在屋里的人学会以前的很长一段时间里，出题者一直可以问一些需要使用"生词"回答的问题，这些生词是屋里人以前从未用过的。（"人们放在汉堡包里的、用腌菜水加工出来的东西是什么？"面对此题，塞尔的实验对象能否推断出"泡菜"这个词的意义呢？）

杰基尔博士和海德先生

有人主张，中文屋里的模拟者懂中文，但是他不知道自己懂中文。戴维·科尔把塞尔的实验对象比作一个病人，他懂两种语言，但是因为患了

① 此处所说的几何学是指严格公理化的几何学。非专业人士学习的初等几何学大量借助于生活常识，学习过程确实是从定义基本概念开始的：我们先学习什么是"点"和"线"，然后才有公理和定理。——译者注

一种奇怪的大脑疾病，他不会在两种语言之间做翻译。他可能有多重性格，患有人格分裂症或是失忆症。（具体属于哪种情况，由你决定。）

杰基尔医生[①]走进中文屋，他只会说英语。通过执行算法，创造出会说汉语的海德先生。杰基尔医生不知道海德先生，反之亦然。因而，实验对象不会在英语和汉语之间互译。他不知道自己的汉语能力，甚至否认有这种能力。

我们的头脑中有许多自己没意识到的功能。此刻，你的小脑正在调节你的呼吸、眨眼以及其他自动实现的功能。通常，这些功能无须大脑干预。你可以有意识地控制这些功能，如果你愿意的话。另外一些功能（例如脉搏）则自动化程度更高，只能在一定程度上通过生物反馈技术加以控制。还有一些功能的自动化程度更加彻底，根本不可控制。所有这些功能都在你的大脑的监控之下。

既然如此，分别掌握一种语言的两种人格为什么会处于如此分裂的状态？也许是因为，汉语能力是以一种怪异的方式被移植到实验对象头脑中的。

系统观点回应

塞尔最初发表论文时，已预见到其思想实验会得到一些反馈。其中一种被他称作“系统观点回应”。该回应认为，实际上此人不懂中文，他本人只是整个过程中的一个环节，从理论上说，这个过程可以懂中文。塞尔中文屋中的人不可类比于我们的心灵，他只能类比于我们大脑的一小部分（虽然这个部分很重要）。

这个系统观点回应不是随便说说。一般来说，解决中文屋悖论的这种思路在认知科学专家中最为流行。即使最极端的机械论者也不认为单个的神经元有意识。意识是一个过程，神经元是这个过程中的中介。锁在屋子

---

① 杰基尔医生，英国小说《化身博士》的主人公，人格分裂，海德先生是他的化身。——译者注

里的人、提供指导的书、从门底下塞进来的纸、此人用来写字的笔，这些也都是中介。

塞尔对这个回应提出了反回应。他的观点大致是：我们承认意识存在于整个系统中，这个系统包括人、屋子、提供指导的书、一些纸片、铅笔以及其他东西。但是我们可以拆掉屋子的墙，让此人开放工作；让他记住书中的指令，所有操作都在头脑中进行；在需要写字的时候，让他用指甲把答案画出来。这样，整个系统还原成了一个人。他懂中文吗？显然不懂。

这些思想实验的一个危险在于，在操作过程中太容易跑题了。你必须确保，你正在设想的（而非你正在进行的）实验不会破坏你的设想。大多数支持系统观点回应的哲学家和科学家认为，塞尔中文屋的核心问题就在这里。

说明书中的一页

分析一下这个问题的技术细节是有好处的。为便于讨论，我们调整一下假设：假定屋里的人是说汉语的，但是他对英语一无所知，甚至不认识罗马字母。（这样假定可以使讨论更方便，因为我们的讨论变成了如何理解英语。）向屋里提供的故事是《伊索寓言》中狐狸和鹳的故事，次日向屋里提出的一批问题是关于这两只动物的。屋里有一本说明书，书名是《如果有人从门缝塞进来一张写有英文的纸怎么办？》，书是用汉语写的。我们考虑一下这本书的内容。

这本书必须有一部分内容教你如何识别“fox”（狐狸）这个单词。我们知道，英语中只有单词（而非字母）才有意义。于是，为了模拟对角色和故事中的事件进行推理的心理过程，任何算法都必须把对应于角色和事件的单词分离并识别出来。懂英语的人瞟一眼就能认出“fox”这个词，但是说汉语的人做不到，他必须遵循一个繁复的算法。这个算法可以是这样：

1. 搜索文本，寻找类似于以下符号的符号：

F f

如果发现了类似符号，转到步骤 2。如果文本中没有这样的符号，转到说明书的第 30 761 070 711 页。

2. 如果此符号的右侧紧跟着一个空格，则回到上一个步骤。如果此符号的右侧紧跟着另一个符号，把第二个符号与下列符号比较：

O o

如果相符，则转到步骤 3。否则，回到步骤 1。

3. 如果步骤 2 中的第二个符号右侧紧跟着一个空格，则转到步骤 1。否则，比较其右侧符号与下列符号：

X x

如果相符，转到步骤 4。否则，回到步骤 1。

4. 如果步骤 3 中的符号右侧紧跟着一个空格或下列符号之一，则转到说明书的第 84 387 299 277 页。如果其右侧是一个不同的符号，则回到步骤 1。

. , ; : ” ’ ! ?

这些指令距离最终目标还差很远。当涉及如何对狐狸进行思考时，谁知道指令会复杂到什么程度呢？

我们手里没有塞尔设想的理解中文的算法，但是我们有简单一些的算法。假设有一个非常幼稚的人，他以前从来没见过袖珍计算器，这个可怜的家伙可能会形成一个错误的观点：计算器有思想。你可以用塞尔实验的方式令他醒悟。向他提供计算器使用的微处理器的说明书和接线图，把计算器按键在输入问题时产生的电信号传递给他。让他模拟计算器在算题时进行的操作。这个由真人模拟的微处理器可以产生正确的结果，但是没有意识到自己实际上算了一道数学题。他不知道自己计算的是 2 加 2，还是 14.881 度角的双曲余弦。这个人不会有抽象的数学运算的意识，同样，计算器也不会有。如果有人利用系统观点回应提出反驳，你可以让实验对象记住所有东西并在头脑中完成操作。是这样吗？

别这么确信。计算器为了进行一个简单的计算需要经过数以千计的步骤。这个实验很可能需要许多个小时。除非实验对象记忆力超群，否则他不可能在头脑里完成对微处理器的模拟。在执行过程中，他几乎肯定会遗忘某些中间过程，从而毁掉全盘工作。

现在考虑塞尔的实验对象的状况。给他的说明书必须非常大，甚至要比地球上的任何房屋都要大。

由于还没有人设计出可以操纵汉语字符正确地“回答”问题的算法，我们无法估计这种算法的庞大程度和复杂程度。但是，由于这种算法必须模拟人类的智能，所以有理由认为，它的复杂程度不会比人脑差太远。

可以设想，1 000 亿个神经元中的每一个在实际的（或潜在的）心理过程中发挥某种作用。因此我们可以认为，那本模拟人类操作汉字符号的说明书至少需要包括 1 000 亿条不同的指令。如果每一页上写一条指令，就意味着要写 1 000 亿页。于是，这本名为“如果有人从门缝塞进来中文文本怎么办？”的书更像是一套丛书，这套丛书包括 1 亿卷，每卷 1 000 页。这大致相当于纽约市图书馆藏书量的 100 倍。这个数字后面也许可以去掉几个 0，但是很明显，没有人能够记住这些指令。同样，没有人可以不用到纸片，或者更好的工具——一个庞大的档案管理系统。

问题的关键不在于这个算法偶然地因过分庞大而不可执行。中文处理算法中嵌入了大量的人类思维过程，其中包括基本常识的储备。（例如，人们在餐馆里如何行事的常识。）人脑是否有能力记住同人脑本身一样复杂的东西？当然不能。这个问题类似于，你不能吃下比你本人大的东西。

你很可能见过这样的统计结论：“平均而言，一个美国人每 6 个月吃掉一整头牛。”对于这种说法可以做类似分析。一头牛比人大，但是作为统计对象的人每次只消灭牛的一小部分。在任何一个时刻，你的体内都不会包括太多的牛肉。塞尔的实验对象也是如此。

人脑是由物理材料构成的，记忆存储是通过这些物理材料的化学状态和电状态实现的，因此，记忆力的容量是有限的。人脑有多大部分是用来记忆东西的尚不清楚，但是显然不会是全部。也许只有一小部分有记忆功能。人脑的其他部分必须用来执行其他功能，例如，对记忆进行操作，获取新的感觉材料，等等。

显然，如果假定实验对象可以记住规则，所有这些思想实验（包括塞尔的以及批评者的）则误入歧途。一个人只能记住整个算法的一小部分，不可能再多。他不得不反复求助于说明书和纸片（或者档案系统）。他经常遇到这种情况：说明书要求他参照某张纸，他看着那张纸，边摇头边说：“唉！我都忘了我曾写过这些东西。”还有一种可能：他翻到说明书的某一页，发现那里夹着一个咖啡杯垫，这表明他曾看过这一页，但他不记得了。

从本质上说，这个人只是整个过程中的一个很小的部分。他就像一个查号台接线员，每天数以千计的电话号码经过他的眼，但是他在念完一个号码以后，很快就忘了。关于电话号码的信息其实全在电话号码簿里。在塞尔实验中，算法主要存在于说明书和纸片中，实验对象以及他在某一刻记住的极少一部分指令在整个算法中几乎不占什么比例。

中文屋里的人是有思想的，但是这与整个思想实验无关，而且，这是一个误导我们的因素。我们可以用一个机器人代替屋里的人。（这个机器人不是老套的科幻小说中的人工智能机器人，而仅仅是一个装置，也许只比自动算命机稍复杂一点。）屋里的人在实验过程中体会不到自己的意识以外的其他意识，这个事实平淡无奇，就好像说明书的第 411 095 卷也体会不到意识一样。

这可以解释为什么屋里的人不承认自己懂汉语。如果要问，这个过程中意识存在于何处以及意识如何存在，更不可能得到满意的答案。我们会指着那些纸片、说明书等，说："意识就在那儿，在文件柜旁边。"我们猜测，这就是所谓的只见树木、不见森林，我们所能做的一切恐怕就是做出这样一种猜测。我们的处境就像在科尔的例子中走进巨型水滴内部的人遇到的——此人见不到任何湿的东西。

中文屋在时间方面的膨胀更甚于其在空间方面的膨胀。设想我们有一部时间机器，可以把中文屋的运行速度加快1万亿倍。这样，说明书被飞速翻动，变成一团影子；一堆一堆的纸片看起来像生物繁衍一样生成；屋里的人走动太快，已经看不见了，成为机器里的一个幽灵。也许，我们对意识的某些构想要求其运行速度达到令人目不暇接的程度。

与爱因斯坦的大脑对话

道格拉斯·霍夫施塔特（Douglas Hofstadter）在1981年设计了一个思想实验：把爱因斯坦的大脑在死亡时刻的状态全部记录在一本书中，配上模拟爱因斯坦大脑活动的指令。通过细致地执行这些指令，你可以实现一次与爱因斯坦的对话，虽然对话过程非常迟缓，而且是在爱因斯坦死后。你从操作中得到的回应就是爱因斯坦会对你说的话。你必须把这本书当作"爱因斯坦"，而且不仅把它视为一本书，因为这本书"认为"自己就是爱因斯坦！

霍夫施塔特的思想实验完全把所谓的意识分成了信息（在书中）和操作（由人执行书中的指令）两部分。任何使得这本书成为爱因斯坦的东西都在这本书里。但若是把这本书放在书架上，它显然和其他书没什么两样，它没有意识。这样我们就面对一个精妙的困惑，它相当于塞尔实验的死人版。

假定某个人每天按照一定的节奏一丝不苟地执行书中的指令。于是，爱因斯坦的意识就被再现了（或者说，看起来被再现了）。过了一段时间，这个人又把书放回书架，休了两周假。书中的“爱因斯坦”是死了还是没死呢？

当然，在操作停止时，这本书不会像我们一样注意到终止。如果把这本书比作“爱因斯坦”，那么这个人相当于保证我们的大脑运转的物理定律。

如果这个人执行指令的速度下降到每年执行一条，将会如何？这个速度是否足以令这本书“活着”？如果每个世纪执行一条指令呢？如果两条指令之间的时间间隔逐次倍增呢？

第 12 章　全知者：纽康悖论

很少有什么概念比“全知者”这个概念包含更多的内在矛盾。大多数文明相信，存在着一个（或一些）知道一切的超级实体。然而，全知者很容易导致矛盾。问题部分地在于，关于这种在任何方面绝对完美的实体，有些可疑之处。最起码，全知者有一些意想不到的属性——如果它确实存在的话。

关于全知者的最令人困惑的悖论是近些年出现的（1960）。物理学家威廉 · A · 纽康（William A. Newcomb）设计的一个悖论在科学界引起了人们空前的兴趣。(《哲学杂志》称之为“纽康热”。）纽康悖论不仅涉及对知识和预言的讨论，而且对“自由意志”这个哲学的核心概念也提出了挑战。

在讨论纽康悖论之前，研究博弈论中的两个相关的简单问题是有好处的。博弈论涉及对冲突的抽象讨论。

全知者悖论

“全知者悖论”表明，知道所有事可能对你不利。这个悖论的背景是博弈论专家介绍的一种玩命游戏，被20世纪50年代的青少年称为“胆小鬼”游戏。这是年轻人比胆量的游戏，在游戏中，两个人各自驾车向对方疾冲，两车处于会相撞的路线上。你驾驶一辆车，在一段废弃的高速公路上疾驰，占据马路中间的位置。你的对手开着同样的车，以同样的速度向你驶来。如果你们两个都不向旁边打方向，两车会相撞，两人都完蛋。两个人都不希望出现这种结果。你真正希望的是：自己不让路，从而显示男子汉气概，让对方让路（否则两败俱伤）。如果不能实现这种最佳结果，还有两种居中的可能性。一种是你们两人同时退缩。这种结果不算糟，至少你活下来了，而且避免了更差的一种可能性：你退缩了，而对方气焰嚣张，你丢了面子。当然，即使如此也不是最差结果。最糟的是两车对撞，双方立刻完蛋。

这是博弈论中的一个有趣的例子，因为最佳策略不是马上出现的。这种局面在博弈论中有一些。首先考虑这个游戏在两个普通人之间进行。两个驾驶员的位置对等。从长期来看，任何一方的最佳策略是退缩，同时希望对方足够聪明，也采取同样的策略。如果某个驾驶员不让路，他的对手会生气，下一次这个对手可能不会让路，结果导致两败俱伤的惨剧。简而言之，除非参与这个游戏的人始终采用退缩策略，否则每个玩家都活不到中年。

下面假定你的对手是个全知者。他拥有屡试不爽的超感官知觉，有能力丝毫不差地预测你的行动，而且他确实对你做了预测。（你还是一个普通人。）你这样考虑：“糟了！‘胆小鬼’游戏的关键就是猜对方的心思。这下我麻烦了。”

随后你深入分析了自己的处境，发现自己处于不可战胜的优势之中。如果对手是全知者，那么退缩是愚蠢的选择。对方会预见到你退缩，于是他不会退缩——这样你将成为大输家。

你的最佳策略是不退缩。你的对手预见到这一点，他只有两个选择：要么退而求生（虽然丢面子），要么进而找死。如果他是有理性的，他就不会主动找死，退缩是唯一选择。因而，在游戏中全知者居于不利地位。

全知者悖论再次证明："熟知非真知"。结论也许令人意外，却是有效的，这与意外绞刑悖论中囚徒所做的可商榷的推理不同。参与游戏的全知者也不能通过谈判摆脱劣势。假定两个人在游戏之前私下谈判，全知者可以采取以下两种谈判策略中的一种：

策略一："快意恩仇。"如果你让路，我也让路；如果你不让路，我也不让路。这是一种强硬策略。

策略二："目光远大。"全知者依赖于你的理智（或者你的博弈论知识）："如果这一次你不让路，确实有利可图。但是把目光放远一点，从长期看，唯一可行的出路是我们两个都让路。"

第一种策略是软弱无力的威胁。全知的一方可以吹嘘他将如何如何，但是如果他预见到你不会让路，他真的会勇往直前地驶向坟墓吗？不会的！除非他想自杀。[①]第二种策略看来与第一种完全相反，但是同样导致失败。你需要做的依然是下定决心不让路，摆出一种"挡我者死"的姿态。

《旧约》中类似于胆小鬼游戏的情况（以及含蓄的全知者悖论）很常见。全知的上帝曾告诫亚当、夏娃、该隐、扫罗以及摩西，违背上帝的旨意会有眼前的欢娱，但是未来会招致大祸。然而，这些人挑战上帝。幸亏全知的神同时又具备全能的神力，大致弥补了因全知而引起的劣势，所以悖论性得以削弱。

今天，胆小鬼游戏仍然到处上演。博弈论专家指出，1962年的古巴导弹危机就是胆小鬼游戏的一个例证，美国和苏联是游戏双方。全知者悖论令我们产生一个怀疑：在地缘政治背景下，间谍是否有价值？如果某个国

① 有人可能提出第三种策略：假装心情沮丧，想要自杀。如果全知者可以令你相信他想死，那么你出于自救会让路。这个想法挺聪明，但是不完全符合游戏规则。（符合竞技精神吗？）根据博弈论专家对这个游戏的定义，双方清楚对方的实际偏好。

家是全知的，那么在某些场合可能居于劣势。（需要注意的是，我们没有说，在所有场合全知是劣势。）为了使悖论成立，*A*国必须有一个非常庞大的谍报网，*B*国的所有高层决策都在掌握之中。*B*国一定会感到绝望：国家已经被“鼹鼠”①掏空，任何决定都无法对*A*国保密。（为了使悖论成立，非全知的一方必须始终知道对方是全知的。）颇具讽刺意味的是，有一个原因也许避免了这个悖论频繁发生于真实世界：几乎没有哪个政府愿意承认他们的安全漏洞。

囚徒困境

纽康在研究“囚徒困境”的过程中设计出了他的悖论。囚徒困境是博弈论中的又一个著名问题，值得简单介绍一下。

在囚徒困境中，两个做坏事的人因一次犯罪被捕。警方对二人分别审讯，这样他们没法串供。两个犯人都可以与警方合作。腐败的警方只需要一个替罪羊。如果一个囚徒坦白了所有事，而他的同伙没有坦白，警方会放他走。每个囚徒必须独自做决定，不能和同伙协商，而且每一方都知道另一方可以和警方合作。从一个囚徒的角度看，什么是最佳策略？

从单个囚徒的立场看，每个囚徒的最佳结果是：自己坦白而同伙不坦白。在这种情况下，他可以摆脱全部处罚。反之，最糟糕的结果是：自己不坦白而同伙坦白。因为同伙已经提供了证词，法官会严惩拒不坦白的囚徒。

如果双方都坦白，情况差不多同样糟。二人都定罪，但是每个人的处境都要好于同伙免受处罚而自己遭到严惩的情况。在这种情况下，两个人分担法律制裁。此外，如果两个人都不坦白，则对双方都很有利。警方依然怀疑他们，但是也许没有足够的证据定罪。

囚徒困境揭示了个体利益和集体利益的冲突。实际上囚徒不应当坦白，

---

① 冷战时期，间谍被称为“鼹鼠”。——译者注

因为这对整体最优。但是假设另一方不会坦白，那么这一方面临一个诱惑：充当控方证人可以改善自己的处境。在实际生活中，这种情况多如牛毛，而且一目了然，我们就不必举例了。

也许你已经看出，囚徒困境和胆小鬼游戏密切相关。有一件事，如果双方都去做则会导致灾难，但是每一方都面临去做的诱惑（例如不让路或做控方证人），我们把这类策略称为“背信”。在胆小鬼游戏中，最坏的可能结果是双方都背信；在囚徒困境中，最坏的结果是同伙背信而你不背信。因而，在囚徒困境中背信的诱惑更加强烈。在胆小鬼游戏中，如果你知道对方将背信（比方说通过全知的异能），你只能咬紧牙关不背信；但是在囚徒困境中，如果你知道同伙将背信，你则有格外充分的理由背信。

纽康悖论

纽康悖论大致如此：一个巫师宣称，他可以提前若干天预言你的思想和行动。像大多数巫师一样，他并不保证自己的预言百分之百准确。迄今为止，他的准确率在90%左右。为了验证巫师的异能，将进行一次特殊实验，你同意参加实验。电视新闻频道为这次实验提供设备，并资助了一大笔钱。你的全部义务是遵循实验规定的条件。

桌子上有两个箱子*A*和*B*摆在你面前。

箱子*A*中有一张1 000美元的支票。箱子*B*中或者有100万美元，或者什么也没有。你看不到箱子*B*的内部。你必须凭自己的自由意志做出决定（如果自由意志存在的话）：或者拿走箱子*B*，或者两个箱子都拿走。只有这两个选项。

关键在于，24个小时以前，巫师预测了你将做出哪种选择。由他来决定是否在箱子*B*中放100万美元。如果他预测你将只拿箱子*B*，他会在里面放100万美元；如果他预测你将拿两个箱子，他会让箱子*B*空着。

从你的角度看，你不在乎巫师的异能是否可信，你只关心一件事：在实验结束时拿到尽可能多的钱。你还没富到不在乎钱的程度。对你来说，箱子*A*里的1 000美元是一笔巨款，100万美元则是天文数字。

实验条件经过精心设计，并将严格执行。你可以确切无疑地相信，箱子*A*里面有1 000美元。箱子*B*里面可能有100万美元，也可能空空如也——这取决于巫师的预测。在这个问题上，没有人会骗你。当巫师做预测时，有一个值得信赖的朋友在一旁监视，这个朋友担保巫师遵循了向箱子里放钱的规则。

同样可以肯定的是，你没有机会破坏规则。现场有武装警卫，预防你采取视钱财如粪土的态度，哪个箱子也不要。此外，你不能以这种方法瞒过巫师：依靠某些自己的心理过程之外的东西来做决定。你不能靠抛硬币或者当日股票市场成交数是单是双来做决定。你必须分析自己的处境，判断哪种选择对自己最有利。当然，巫师已经预见到了你的分析。你该如何选择呢？两个都拿，还是只拿*B*？

反应

对于以上背景，一种反应是：巫师？谁都知道巫师是骗人的！所以，所谓的“预测”是个无关因素。简单地说，最后决定是：这里有两个箱子，可能两个箱子都有钱，你应当统统拿走。

既然箱子*A*里肯定有1 000美元，只拿箱子*B*是愚蠢的。这个举动和在马路上见到1 000块钱而不捡起来没什么差别。你拿走两个箱子，箱子*B*里的东西也跑不掉（如果有东西的话）。包括巫师在内，谁也没说会有一种超自然的力量取走*B*里的东西。箱子在24个小时以前就严严实实地封好了。你应当两个都拿。

另一方面，同样有很有力的推理支持只拿箱子*B*。请注意，这个巫师通常是正确的。这是一个预设前提。最有可能的情况是，他准确地预见到你会拿两个箱子，于是，你只能拿到1 000美元。相反，轻信巫师的人却会得到 100 万美元。

如果此前这个实验已经进行了数百次，而且几乎每一次都验证了巫师的异能，应当如何选择？这对我们的选择应当没有影响，因为前提已经预设了巫师的准确率。赌博公司就实验结果设立赌局，接受局外人下注。如果你只拿箱子 *B*，他们则以 9 赔 1 的赔率赌里面有 100 万美元。如果你两个箱子都拿，你得到 100 万美元的概率很低，赔率则反过来为 9 赔 1。赌博公司这样设赔率不是为了学雷锋做好事。这就是实际概率，任何人都会把赔率设在这个值附近。

在这个实验中，你考虑的唯一因素是钱。如果只拿箱子 *B*，那么你的收益可以用钱来衡量。如果两个箱子都拿，那么你一定可以得到箱子 *A* 里的 1 000 美元，另外还有 10% 的机会拿到 100 万美元——如果巫师错误地预测你将只拿箱子 *A*。平均而言，有 10% 的机会得到 100 万美元相当于可得到 10 万美元。两个箱子都拿，你的预期收益是 1 000+100 000，即 101 000 美元。

如果你选择另一个策略，只拿箱子 *B*，巫师正确地做出预测并放入 100 万美元的概率是 90%。平均而言，这相当于 90 万美元。两相比较，只拿箱子 *B* 的策略要有利得多。巫师的准确率越高，只拿箱子 *B* 就越有利。如果迄今为止他的准确率为 99%，收益情况是 11 000（两个都拿）比 990 000（只拿 *B*）。在极限情况下，巫师的预测从未失误，两种选择的收益分别是 1 000 美元（两个都拿）和 100 万美元（只拿 *B*）。

以上分析导致相反的结论。然而，并非所有人都对这种观点满意。为了解决纽康悖论，人们提出了若干种方案，这些方案表现出了惊人的才智。在所有认真提出的惊人的解释中，有一种观点是，密封的箱子的状态相当于薛定谔的猫：在打开箱子以前，箱子既非空也非满。

将囚徒困境的常规分析方法应用于此则无效。先看一下二者的相似之处。在纽康悖论中，你和巫师实际上应当采取“合作”策略：巫师预测你只拿箱子 *B*，而你确实只拿箱子 *B*，这与囚徒困境相同。但是，如果巫师确实采取了合作策略，你面临一个强烈的诱惑：把两个箱子都拿走，就会得到更多的钱。在博弈论中，有一个结论认为，在类似于囚徒困境的情景中，一方永远不应首先采取背信策略。[①]可是，这个结论在这里怎么能生效呢？巫师已经出过牌了，而且他不在乎将来的后果。

玻璃箱子

以上介绍了纽康悖论的基本版本，为了使最佳策略更加明显，在基本版本的基础上又衍生出多种版本。预测者可以变成外星人、上帝，和你共同生活 20 年、对你了如指掌的伴侣，或是一台处理掌握了关于你大脑神经元状态的充分信息的计算机。我们可以调整预测者的准确率，取值在 50%~100%之间变动，看看有何影响。有些版本通过精心设计，使得某一种策略更有利，但是无法消除悖论。

这个悖论依赖于对预测者能力的信心。假定这个巫师没有任何预测能力，只是用抛硬币的办法决定是否把 100 万美元放入箱子*B*，那么所有人都会同意，在这种情况下你应当两个箱子都拿。无论预测者对你的预测是否正确，两个箱子都拿比只拿一个要多得 1 000 美元。对两种策略进行收益分析，结论相同。两个箱子都拿，一定可得 1 000 美元，外加有 50%的机会得到 100 万美元，总计 501 000 美元；只拿箱子*B*，有 50%的机会得到 100 万美元，相当于 50 万美元。

这个悖论还要求预测者的准确率足够高，从而抵偿放弃箱子*A*的损失。根据给定的两个箱子里的钱数，预测者的准确率必须高于 50.05%。我们以*A*表示箱子*A*中的钱数，以*B*表示箱子*B*中的钱数，则准确率必须高于（$A+B$）/2B。

如果箱子*A*是玻璃的，而箱子*B*背对着你的那一面是玻璃的，则两个箱

---

① 这个结论只适用于多次博弈，而纽康悖论显然是一次性的。此外，用博弈论的术语说，巫师的地位相当于“自然”，他不是一个普通的玩家。——译者注

子都拿的理由更充分。你亲眼看见箱子A里有1 000美元。一个修女坐在桌子对面，她可以透过玻璃看到箱子B的里面。而且，修女起过誓，她不会透露箱子B中的内容，收买或用其他办法都无法奏效。但是在实验结束以后，修女会证实，在你做决定的时候箱子里的钱没有凭空消失或凭空冒出来。有了这些设计，你不觉得只拿箱子B是愚蠢的吗？巫师的动作已经完成了，如果你只拿箱子B，在修女的注视下，你要么放弃明摆着的1 000美元而取了一个空箱子（你会觉得自己太蠢了），要么得到了100万美元但同时没有来由地放弃了额外的1 000美元。

在实验以前，你宣布将把自己收入的10%捐献给孤儿院。修女可以看见两个箱子里的东西，她默默祷告你会做出使捐献额最大的选择。修女希望你如何选择是毫无疑问的，她希望你两个箱子都拿。无论她看见的是什么，你拿走两个箱子都意味着贫苦的孤儿多得了100美元。

纽康提出了另一个版本：两个箱子都是完全透明的。箱子B里面是一张纸，上面写着一个很大的奇数。实验的赞助者许诺，如果这个数是质数，则付给这张纸的持有者100万美元。这个数是由巫师选定的，仅当他预测你将只拿箱子B时，这个数才会是质数。你可以看见这个数，还可以把这个数记下来以待日后检验，但是在你做出决定以前，不允许你检验这个数是不是质数。当然，数学事实是不会变化的。数在星球出现的很久以前就已存在①，你此时此地在这个无关紧要的行星上所做的一切都不会在数学领域内产生任何影响。如果你怀疑自己的决定也许会以某种奇异的方式反过来影响巫师已经做出的预测，悖论的这个版本可以彻底打消你的疑虑。

把这个悖论分解以后，矛盾依然存在，就好像汽车发动机遇到噪音问题时，拆解发动机未必能找到病灶一样。假定这个实验采用了对你极为有利的形式。把规则改为：允许而且鼓励你先把箱子B打开看一眼，然后你再决定是否把箱子A一块儿拿走。在你打开箱子B检查以后，你可以把100万

① 这是一种文学性的说法。数和星球的差别在于，前者不是时空性的存在。——译者注

美元紧紧抱在怀里（如果里面有 100 万美元的话），如果你还孩子气地担心这些钱“嗖”地一声不见了，你甚至可以把钱存入你的银行账户。下一步，你必须决定是否把箱子*A*里的 1 000 美元一块儿拿走。这是你唯一需要决定的。

难道不是所有人都同意，不拿走箱子*A*的人是一个十足的白痴吗？如果你发现箱子*B*是空的，你当然应当把箱子*A*拿走。如果你发现箱子*B*里有 100 万美元，在把这笔钱存入银行以后，放着箱子*A*不拿走，依然是没道理的。

我们承认，人并不总是能保持理性的。偶尔会冒出这么一个傻瓜：他打开箱子*B*，找到 100 万美元，却把箱子*A*丢在一边。当然，如果打开箱子*B*发现里面什么也没有，只要没傻到家的人都会把箱子*A*拿走。

对人类行为的预测使得自由意志面临拷问。在纽康悖论中，你可以这样消灭自由意志：巫师并没有自己所宣称的能力。他其实没有开天目，相反，他有一个装置，可以控制实验对象去选择巫师指定的选项。巫师决定你将两个箱子都拿走，按这个决定在箱子里放好钱，然后一摁电钮，你就把两个箱子都拿走了。

这种设计消除了一种疑虑：纽康悖论中的预测就物理学而言是不可能实现的。当然，我们不能再问这样的问题：“你将何去何从？”你所做的就是巫师让你做的。我们顶多会问：“你希望成为拿走 1 000 美元的傀儡，还是希望成为拿走 100 万美元的傀儡？”当然，你还是希望得到 100 万美元，在放弃自由意志以后，最起码你还有资格得到钱。

如果你同意以上分析，那么巫师如何实现其准确性——是通过预测还是通过心灵控制——还重要吗？你只在乎钱，并不在乎哲学上的含义。即使你有自由意志，而所谓的心灵控制也并不存在，你不是依然应当拿箱子*B*吗？

关于纽康悖论存在两类针锋相对的观点。人们分属于两个阵营，一个阵营主张两个箱子都拿，另一个阵营主张只拿箱子*B*。只拿箱子*B*的人期待得到 100 万美元，因此做出选择。两个箱子都拿的人又分为两类，第一类人脚踏实地，只期待得到 1 000 美元，第二类人不仅希望拿到 100 万美元，还不想放过板上钉钉能得到的 1 000 美元。

如果我本人在真实世界中面临纽康悖论的抉择，我会只拿箱子B。我并不是说这个抉择是“正确”的，只是说我会这么做。看起来这是最流行的观点，而且与博弈论对囚徒困境的分析一致，这是值得考虑的。纽康认为你应当只拿箱子B，许多哲学家持相反立场。[①]

诺齐克关于选择的两条原则

关于这个悖论的最富洞见的分析之一见于罗伯特 · 诺齐克（Robert Nozick）的《纽康问题以及关于选择的两条原则》，这篇论文发表于《卡尔 · G · 亨佩尔纪念文集》（1969）。诺齐克指出，博弈论中有两条久经考验的原则，但是纽康悖论使这两条原则陷入冲突状态。其中一条原则是占优原则：如果某一特定的策略在任何情况下总是强于另一策略，那么前一策略被称为优于后一策略，比较而言，应当优先采取前一策略。在纽康悖论中，两个箱子都拿优于只拿箱子B。无论巫师怎么做，两个箱子都拿总比只拿一个多得 1 000 美元。

另一条原则——期望效益原则——同样是不容置疑的。这条原则说，计算出各种策略带给你的总收益（前文演示过），你总应当采用期望效益较高的策略。从来没有人想过，这两条原则可能发生冲突。

然而，问题并不简单。一种策略是否优于另一种策略，取决于你如何观察形势。假定你必须在两匹马S和H之间选一匹下注。在S身上下注需要投注 5 美元，如果S获胜，你将赢得 50 美元（此外还可收回你最初的 5 美

---

① 历史上关于纽康悖论的研究很多，但是多数分析聚焦于细节而忽略了要点。其实纽康悖论中的全部矛盾都内在地蕴含于前提假设中，厘清技术细节对分析的干扰之后，我们发现，纽康悖论与斯宾诺莎对自由意志的反省并无差别。巫师的功能相当于“上帝”和“规律性”，自由意志与上帝（或规律性）的冲突在哲学史上是一个相当古老的问题。——译者注

元）；在H身上下注需要投注6美元，如果H获胜，你将赢得49美元。概括为下表：

	S获胜	H获胜
下注于S	+50	–5
下注于H	–6	+49

对此你应当如何选择？只有两种可行的下注方式，每种都不占优。显然，如果S获胜，最好买S；如果H获胜，最好买H。此处只能应用期望效益原则，这条原则依赖于两匹马获胜的概率。假设H实际获胜的概率是90%，而S获胜的概率只有10%，此时你肯定愿意买H。

下面调整一下观察角度。在对可能事态进行分类时，我们不再以哪匹马获胜为分类依据，而以你的运气为依据。考虑你在走运和背运两种情况下的得失：

	你买的马获胜	你买的马失败
下注于S	+50	–5
下注于H	+49	–6

现在出现了一种占优策略：买S优于买H。如果你买的马获胜，买S多得一美元；如果你买的马失败，买S少输一美元。

这种情况很奇怪。两张表都是对支付状况的精确描述，但是结果不同。这使我们回想起古德曼的"绿蓝"和"绿"的差别。但是这两种分类方法（以哪匹马获胜为分类依据以及以你的运气为分类依据）都是自然的表述方式，与"绿蓝""蓝绿"之类的人造概念不同。

诺齐克猜想，这个冲突来自于一个事实：第二种分类方式（你买的马获胜/你买的马失败）在概率上不独立于你的选择。你选择买哪匹马影响到你走运或背运的概率。买S马是冒险，如果你下注于S，最大的可能是背运。如果买热门的H，走运的概率上升。

诺齐克由此得出结论，只有在玩家的选择不影响结果时，应用占优原则才是有效的。在纽康悖论中尝试一下这个规定。占优原则告诉你应当两个箱子都拿，但是，如果你的选择可以影响巫师的预测，则占优原则无效。只有在因果倒置的情况下，这种影响才是可能的。通常我们认为这是不可能的，这条结论不足以解决纽康悖论。

诺齐克转而考虑另一种有趣的可能性：一个玩家的选择对结果不产生因果性的影响，但在概率上与之相关。

考虑以下情况。一个臆想病患者记住了所有已知疾病的症状，并做如下推理："我有点口渴，我想喝一杯水。近来我肯定一直在大量喝水。天哪！过分口渴是尿崩症的症状。我真的想喝水吗？不想。"

所有人都会认为这种想法是荒唐的。喝水不会引起尿崩症。把是否想喝一杯水作为判断病理征兆的证据，并据此确定行动，这是极其荒谬的。但这并不是说，这种病理征兆与病无关。想喝水（微弱地）证实了一个猜想：此人患有某种以想喝水为征兆的疾病。错误在于，不应当根据这种关联确定行动。严格地说，这个臆想病患者在治疗自己的症状（治标），而非治疗自己的病（治本）。

诺齐克设想了一对同卵孪生兄弟陷入囚徒困境的情况，并把这种情况与纽康悖论对比。两个囚徒是同卵孪生兄弟，两人被隔离监禁，各自独立地决定是否做控方证人。诺齐克说，假定已经证明，一个人在囚徒困境中的抉择是由基因决定的。某些人的基因决定他们在囚徒困境中会采取合作策略，而其他人的基因倾向于背信。环境和其他因素也会产生影响，但是假定当局者的选择90%取决于基因。两个囚徒都不知道他们的基因属于哪一类。每一方都可能这样想：如果我属于背信型，由于我们的基因相同，我的孪生兄弟很可能也是这种类型的，这对我们两个都很糟糕。如果我属于合作型，我的孪生兄弟很可能也是合作型的，这种结果挺不错。因此，我应当采取和我的孪生兄弟合作的态度（拒绝充当控方证人）。

如下表。双方的结果以任意单位表示。"（0,10）"表示对1号囚徒最糟、同时对 2 号囚徒最优的结果。斜体字表示双方行动一致时的结果，双方的基因倾向于行动一致（是这样吗？）。

	2 号囚徒做控方证人	2 号囚徒拒绝作证
1 号囚徒做控方证人	*1，1*	10，0
1 号囚徒拒绝作证	0，10	*5，5*

以上想法不是和臆想病患者的想法同样可笑吗？1 号囚徒的选择不可能影响 2 号囚徒的决定，某个囚徒的行动反过来影响他的基因同样是不可能的。尽管合作也许不是一个很糟的主意，但是根据基因相关性做出这个决定是荒唐的。

诺齐克的论文最后提出一个问题：纽康悖论的场景与以上孪生兄弟的想法有什么不同吗？诺齐克的结论是："如果某人的行动（或决定如何行动）不能影响（或倾向于促使、作用于，等等）当前处于哪种状态，那么无论处于何种条件的概率之下，他都应当采取占优策略。"因此，诺齐克建议两个箱子都拿。

这一定是骗局吗？

马丁 · 加德纳发表了一种有趣的观点：纽康悖论中的预测是不可能的，如果在现实中进行这个实验，那一定是一个骗局，关于预测者的准确率的证据是无效的。加德纳说，如果他本人参加这个实验，他会觉得："这就像某人让我把 91 只鸡蛋放进 13 个箱子里，每个箱子里有 7 只蛋，然后告诉我，已经有实验证明 91 是质数。既然 91 是质数，那么一定有一个（或多个）鸡蛋放错了。我每找到一只放错的鸡蛋，研究者就给我 100 万美元；如果没有放错的鸡蛋，就给我 10 美分。但是我不相信 91 是质数，我会老老实实地在每个箱子里放进 7 只蛋，拿走我的 10 美分，不在乎是否与 100 万美元失之交臂。"

如果纽康设想的实验根本就是不可能的，那么整个问题就变样了。既然没有预测，也就没有悖论，你当然应当拿走两个箱子。然而，这个实验在实际上难以执行应当与问题本身无关。这个问题的核心不在于超感官知觉或者全知的存在者是否存在，问题的关键在于，是否有可能产生这样的预测。对他人行为的预测有可能本身就包含矛盾（尤其在当事人知道自己的行为已被预测的情况下）。

没有人能以纽康悖论中的准确率预测任意一种人类行动。然而，这一根本性缺陷让它很难应用于这个场合。科学界和哲学界共同接受一种观点：人类的身体（包括大脑在内）与宇宙中的其他物质遵循相同的物理定律。如果人类的行动是被决定的，那么我们必须承认预测人类行为是有可能的。

在我看来，纽康实验有可能实际执行。我提出的实验方法是一个诚实的欺骗，但是也许没有影响实验的基本要素。我们假定巫师是一个冒牌货，他用一种我们不了解的诡计获得了目前的业绩，这个诡计不需要（并且不能）违反实验的规定。情况很可能是这样的：巫师在深入研究之后发现，90%的普通大众一定会只拿箱子*B*，因此，他总是预测实验对象会只拿箱子*B*，而且他确实达到了宣称的90%准确率。

马丁·加德纳在1973年的某一期《科学美国人》上讨论了纽康悖论，随后加德纳报告说，读者给编辑部写信介绍自己的选择，其中只拿箱子*B*的人更多，只拿*B*与两个都拿的人的比例是2.5∶1。如果这些读者具有代表性，那么任何人都有能力做出准确率高于70%的预测，只要总是预言实验对象将只拿箱子*B*就可以了。当两个箱子对应的钱数分别是1 000美元和1 000 000美元时，临界值是50.05%，70%的准确率远远高于这个临界值。狡猾的巫师偶尔会预言实验对象两个箱子都拿，以这种方法迷惑一旁的监视者，即便如此，他的准确率依然是有保证的。

当然，必须保证实验对象不知道巫师采取这种“预测”方法。许多冒牌巫师已经获得了成功（这些巫师同样瞒过了他们的实验对象），我认为，某个吹牛高手有可能获得准确预言的历史记录，他可以组织一次纽康实验。

尽管如此，我们依然面对一个更复杂也更有趣的问题：与人类行动一样复杂的事件是否可以预测？人类有能力违抗预测。

两种预测

科学善于对某些事做出预测。例如，对于公元 5000 年的日食，我们可以准确而且比较简单地做出预测；但是今天早晨做出的天气预报，通常到中午就不准了。为什么会有这种差别呢？

显然，某些事比其他事更难预测。根源在于，存在着两种预测：一种预测利用模型或模拟实现，能够让我们创造出一种与预测对象本身同样复杂的研究模型；另一种预测相对比较简单，可以利用某种“捷径”完成预测。

今天以后的第 100 天是星期几？日历代表了模型化的预测方法。在日历上，每一个小方块代表未来的 100 天中的一天，向前数 100 天，就得到了答案。

解这个问题也有捷径。100 除以 7，得出余数。经过余数天后是星期几，100 天后就是星期几。100 除以 7 余 2，如果今天是星期一，两天后是星期三。因此，今天以后的第 100 天也是星期三。

只要有可能，我们总是喜欢走捷径。如果你想知道今天以后的第 100 万天是星期几，怎么办呢？恐怕没有哪本日历覆盖这么多天。如果应用日历，你不得不亲自编一本日历，涵盖今后的几千年。如果走捷径，就可以避免这项繁复的工作。100 万除以 7，得出余数，这个过程不见得比 100 除以 7 麻烦。

遗憾的是，我们经常不得不诉诸模型，因为有些现象不允许通过捷径进行预测。我们找不到一种比现象本身更简单的方法或模型。

混沌

把一个玩具气球吹大但不吹破，然后松手。气球将沿着一条不可预测的轨迹在屋里飞动。如果你精确地测量了松手时气球的位置和膨胀程度，是否可以预测它的轨迹？很可能不行。无论你的测量多精确，精确度都是不够的。

确定气球和房间的初始状态需要大量信息，远比上面提到的要多。气压、温度、房间里的每一点周围的气流速度，这些数据都必须被掌握，因为气球与它穿过的空气产生相互作用。最后，气球有可能撞上墙壁或家具，所以关于房间里所有东西的精确信息都是必不可少的。

即便如此，信息数据还是不够。每次松开气球时，它都会到处乱窜，最后落在一个不同的点。预测的失败显而易见。这只气球并非遵循某种未知的物理法则。它的运动是由气压、重力和惯性决定的。既然我们可以预测千年以后的海王星轨道，我们怎么就对一只小小的气球无能为力呢？

答案是混沌。这是一个比较新的术语，指那些不可预测的确定性现象。科学的功能主要是预测。然而，我们周围遍布着不可预测的东西：一道闪电，香槟酒的喷射，洗一副扑克牌，河流的蜿蜒。我们有理由认为，混沌现象是自然的，而可预测的现象才是异常的。

"随机"现象和其他现象一样，受同样的物理法则约束。它们之所以不可预测，原因在于：在混沌现象中，初始状态的测量误差随时间推移呈指数增长。庞加莱已预见了混沌，他在 1903 年写道：

> 如果有一个很小的因素我们没有注意到，这个因素会导致一个我们不能忽视的重大效应，然后我们会说，这是随机发生的。如果我们完全掌握了自然法则和宇宙在初始时刻的状态，我们就可以准确地预言这个宇宙在后继时刻的状态。然而，即使自然法则已经全部向我们敞开，我们依然只能近似地了解初始状态。如果在这些条件下我们能够以同样的

近似程度预测后继时刻的状态，这就是我们的全部目的，我们可以说，现象已经得到预测，符合同样的法则。但是这并不是总能实现的。有可能出现这种情况：初始条件中的一个微小的差别在最终现象中导致了一个非常大的差异。在前一阶段的一个微小误差导致后一阶段的巨大误差。此时，预测成为不可能的事，我们面对的是偶然性的现象。

任何测量都会有点误差。如果你的驾照显示，你身高 6 英尺 1 英寸，这并不是说这个数字是你的精确身高——测量值四舍五入到了最接近实际值的数；测身高用的标尺在上次校正之后有点变形了；在测量时你站得不太直；在上次测量以后你的身高稍微有点变化。对人体身高的测量很容易产生 1% 左右的误差，我们接受这个事实，但并不在乎。我们容忍这种测量误差，因为误差不会增长。但是在其他场合，一个微小的误差会增长到巨大的程度，最后，我们对于测量对象已经一无所知。

混沌原理隐藏在洗扑克牌的过程中。在打完一局牌之后，发牌人把所有牌收集在一起，开始洗牌。不可避免地，有些人会看到某些牌在一整副牌中的位置。一个人注意到最下面是两张黑桃，另一个人看见自己的上一手牌在最上面，那手牌是一个顺子。关于整副牌的构成，每个人都有一些了解，同时也有一些不确定性。洗牌的过程使得不确定性增加。

假定你的上一手牌是同花顺，红桃 6、7、8、9、10，这五张牌的顺序按大小排好了。你看见发牌人在搜集牌时原封不动地把这 5 张牌放在一起。如果在发下一手牌以前不洗牌，你会得到关于其他玩家的牌的信息。比方说，你拿到一张红桃 8，你可以推断出上家拿到了一张红桃 7，而下家拿到了一张红桃 9，等等。

平均而言，洗一次牌就会使得原先相邻的牌之间插入了一张牌。原先的 6H—7H—8H—9H—10H 这个序列就变成了 6H—？—7H—？—8H—？—9H—？—10H，再洗一次牌就变成了 6H—？—？—？—7H—？—？—？—8H—？—？—？—9H—？—？—？—10H。每洗一次牌，原来相邻的牌之间的距离增加了一倍。洗完两次牌以后，最初的同花顺的第一张和最后一张牌之间有15张牌，洗第三次牌时，这两张牌很可能被分到不同的两摞里。这样，这五张牌将彻底分散在整副牌里。

实际情况比以上描述复杂得多。显然，洗牌时没有人会严格地在每相邻两张牌的间隔里插进一张牌。①有时会在一个间隔插进两张而非一张；有时几张牌一起洗过去了，中间没插入别的牌。每洗一次牌，过程中的不确定性都增加了整体的不确定性。我们做一个实验：把黑桃A放到一副牌的最上面，然后洗几次牌，这张黑桃A在整副牌中的位置很快向下移动。（洗了几次以后黑桃A有可能保持在最上面，这取决于牌是怎么洗的。）如果整副牌的张数无穷多，则每洗一次牌，这张黑桃A与最顶端的牌之间的距离大约增加一倍，同时，关于这张牌的微小的不确定性也增加了一倍。在洗整副牌有限多次的情况下，一旦这张牌被洗到了整副牌的下面半摞中，下一次洗牌时它会被分到下面那一摞中，然后它就有可能出现在整副牌中的任何位置。在标准情况下，为了使这张牌无迹可寻，需要洗六到七次牌。

混沌现象被认为是不可简化的，这些现象不能被简化为比它们本身更简单的模型。“模型”可以有很多形式：一个方程式，一个工作比例模型，一组你大脑里的、与你对此现象的思考对应的神经元回路。一个稳定的轨道可以用几个方程或一个天象仪描述。然而，为了描述一只松开的气球在房间里如何运动，做出一个鞋盒大小的模型，让模型里的气球精确地再现原始尺寸的气球在原始尺寸的房间中的运动状态——这是不可能的。用模型准确地描述一条河流、一次龙卷风，或者一颗大脑，更是不可能的。为了描述一个混沌现象，最简单的模型就是这个现象本身。布谷鸟要比布谷鸟钟更复杂。

大脑活动的不可简化性可以显示于如下实验中：回想一段模糊的往日

---

① 实际上有人能做到这一点。某些高明的赌徒和魔术师掌握了“完美”的洗牌的技术，可以严格地在每个间隔中插入一张牌。——译者注

经历，想想一个曾经和你在一起而且你已经很长时间没想过的人，数一下这个人的名字拼写中包含几个字母，最后，当且仅当字母的个数是奇数时，把你正在读的这一页书折起来。就连你最亲密的朋友，恐怕也不能预见到你会把哪页书折起来吧？在许多类似的场合，你记忆中的一个微小的部分（也许只是少数几个神经元）的作用会放大，进而成为焦点，并决定了整个思想历程。在这种情况下，任何人都不可能预测你的决定，除非对方在细胞（甚至分子）水平上分享你的全部记忆。任何比你本人简单的东西都不可能做出和你完全相同的动作。

混沌不同于量子的不确定性。即使世界由具有完全确定性的原子构成，混沌依然存在。混沌和量子的不确定性合在一起，使得预测更加困难。即使在理想状态下，不存在其他的误差来源，量子的不确定性总是存在的。混沌现象把量子的不确定性不断放大，最终量子的不确定性膨胀到日常世界中的不确定性的水平，使得日常世界不可预测。

自由意志与决定论

哲学家在自由意志和决定论之间制造了大量冲突。在确定性的世界里，怎么可能有自由意志呢？自机械论兴起以来，这个问题就困扰着哲学家。纽康悖论中的疑难之处很大程度上根源于此。

关于这个问题至少有三种思路。你可以说，压根儿就没有自由意志这回事儿，就这么简单。自由意志是幻象。

这个答案的麻烦在于，每个人都觉得自己在大多数事情上是有自由意志的。在普通的日常生活中，缺乏自由意味着你想做某件事，但是某些外部力量会阻止你。在特兰西瓦尼亚，你想表达自己对总督的看法，但是如果你真的说出来，他们就会把你发配到盐矿坑里。如果有人告诉你，你大脑中夸克和胶子的状态被物理定律严格地决定，那么你很可能认为，你的自由意志不会向确定性屈服。

另一种思路是，你可以把决定论视为幻象。这个世界——或者说至少人的心灵——并非完全由过去决定的。很多当代思想家不喜欢这个思路。过去五百年的科学（量子力学除外）建立起一种观念：事件处于自然规律的约束之下，而非随机发生。如果采用这个思路，你就不得不颠覆以上观念。

第三种思路是折中：在自由意志和决定论之间并无本质性的矛盾。决定论未必推出可预测性（更不会排除自由意志）。我们越来越深切地感受到混沌在这个宇宙中扮演的角色，这使得第三种思路易于接受。

自由意志意味着由着自己的意愿行事——即使你的意愿已经被自己大脑的神经元状态预先决定了。如果你的行动已经预先决定，而且无论你本人还是其他人在行动之前都无法预知，那么表面上的矛盾就被解决了。你当然可以问，这种决定论与传统决定论有什么差别？差别在于，未来依然是未知的。放心做你想做的事吧，没有人会从上面俯视着你，以确凿无疑的口吻念叨："没错，他一定会两个箱子都拿。"

只有在我们被告知自己一定会如何时，决定论才会和我们对自由意志的理解发生冲突。想必上帝知道，明天早晨你挤牙膏时会不会从中间开始挤，但是，只要上帝不告诉你，就没有任何问题。我们无法接受的是：我们被告知自己注定会如此这般地选择，而且决定我们的是所有这些自身没有感觉功能的原子。只有在这种情况下，确定性的物理法则才会成为阻碍我们的自由意志的强制性力量。

预测和无穷倒退

有许多问题涉及对不可简化现象的预测。在讨论纽康悖论时，有时会提到一个思想实验，这个思想实验大致是这样的：在一个封闭的房间里，有一台超级计算机，计算机存入了关于房间内的所有原子的全部精确信息，所有物理学、化学、生物学方面的定理都已输入计算机，因而计算机可以预测房间内将发生的一切。（这个房间必须始终密封，从而避免外部力量对预测的干扰。）房间里有一个玻璃缸，里面养了几只青蛙和一些植物。计算机预测了青蛙的出生、死亡、交配、领地争端和心理状态，所有这些预测都是通过分析玻璃缸中原子的运动做出的，这些原子数量巨大但却有限。电灯泡灯丝烧坏、油漆涂层脱落这样的事情也逃不过计算机的预测。

在房间里还有几个人。同样，这些人具有的所有原子也被记录在计算机中。有一个人感到自己的自由意志受到侵犯，她厌倦了这种感觉，于是向计算机提出一个问题："今天午夜我会不会倒立？"她宣布："无论计算机如何预言，我将采取相反的行动。如果它说我午夜会倒立，我会尽我所能确保自己不倒立；如果它说我不会倒立，我就偏要倒立。"在这种情况下，会发生什么？

计算机有几种办法保证自己不会说错。它可以拒绝回答；可以在午夜零点过一分以后再回答；也可以用一种房间里的居民不懂的语言回答。它可以预言提问者不会倒立，而此人当晚很早就睡下了，把这件事忘了。虽然我们设想的这些场景可以避免悖论，然而，事情未必如此发生。

假定计算机给出了一个及时的预言，那么，没有什么力量可以阻止提问者履行她的誓言。如果你愿意，你完全可以说自由意志是幻象，但是我们每个人都可以下决心做一个倒立（也可以下决心不倒立）。计算机的预言不会侵犯任何人这么做的自由。

事实上，计算机无法做出一个有效的预言。为了澄清这个问题，我们考虑一下计算机是如何预测的。它是否依赖某种"捷径"——一条法则、一种机关，或一个数学方程式？我们无法相信，通过某种简单法则可以判定一个特定的人在一个特定的时刻会不会倒立！预测某天是星期几、某天属于什么季节、彗星何时回归，则是另一回事，在这些现象中存在规则性。但是，某人倒立没有规则性可言。即使存在规则性（例如，此人习惯在每个月的第二个星期二的午夜倒立），当事人的誓言——她将采取相反行动——也会破坏这种规则性。

显然，计算机通过对房间内的状态建立模型进行预测。前面说过，计算机通过测算每个原子的运动预言青蛙的行动。这里我们已触及这个悖论的核心。由于提问者一定会受到计算机预测的影响，计算机在预测提问者对预测的反应的同时，必须预测它自己的预测。计算机的模型必须描述它本身的全部细节。①

这个自相矛盾的要求令我们回想起博尔赫斯和阿道夫·比奥伊·卡萨雷斯（Adolfo Bioy Casares）在《非常传说》中介绍的地图：

> 在这个帝国中，地图绘制技术已经达到完美的程度，一个省的地图占据整个一个城市的面积，而这个帝国的地图占据一个省的面积。最终，这些地图的比例仍然不让人满意，绘图学院绘制了一幅与整个帝国一样大小的地图，地图上的每一个点与帝国上的相应点重合。研究绘图法的热忱在后代人身上消退了，他们认为这幅巨大的地图毫无用处，以败家子的做派把它置于酷日和严霜之下。在西部沙漠里，还残存着一片一片的地图残骸，动物和乞丐栖息其上。整个国家的其余部分已经找不到地理学科的痕迹了。

这台计算机需要拿出特定的一部分内存模拟自己的行动。不幸的是，如果这一部分比计算机整体小，则不可能实现对整体的模拟。为了模拟自身，最有效的办法就是用自身的整体模拟自身。这就像博尔赫斯和卡萨雷斯虚构的地图，没给其他东西留下空间。

即使这台计算机有很高的冗余空间，也不能解决问题。某些计算机（例如应用于太空飞行和生命支持的那些计算机）具备两个或更多的独立子系统，各个子系统同时运转。这种设计大大降低了出错的概率。从理论上

① 作者的以上分析基于两条假设：第一，假定有一台全知的计算机，其地位相当于上帝；第二，作者假定我们可以用逻辑推理的方法理解这台计算机的运作方式，这相当于以人类的理性理解上帝的意志。这两条假设相互矛盾。其实，第一条假设已经决定，这是一个信仰问题而非逻辑问题。德尔图良早就说过：因为荒谬，所以我有信仰。——译者注

说，每个冗余的子系统都可以“预测”整个计算机的状态。

这可以类比于一张比例尺为 1∶2 的博尔赫斯—卡萨雷斯式地图。这样一张地图的宽度等于国家实际宽度的一半。一张绘制出美国地形的 1∶2 的地图，应当横跨旧金山和堪萨斯城，覆盖山区各州。这张如此巨大的地图本身就是一个壮丽的人造奇观，值得本国的所有地图把它绘制进去。也就是说，这张 1∶2 的地图应当把自己画出来。此外，这张地图中的地图还应当画出自己，依此类推，直至无穷。

同样的道理，一台有冗余空间的计算机在建立自身的模型时，应当包含计算机的模型、模型的模型、模型的模型的模型……你可以一直这样设想下去。但是实际的计算机是由原子构成的，不可能无穷倒退。模型中的诸模型必须依托于某种物理实体，例如存储芯片的状态，而存储芯片不可能无穷小。因而，预测是不可能的。

现在回到纽康悖论的情景。你有充分的理由得出结论：通常表述下的实验是不可能的。也就是说，预测是不可能的。理由和上面的论证基本相同。无穷无尽的倒退排除了 100% 精确的预测。

然而，如果可以做出 90% 精确的预测，我们不也会满意吗？由于人类心灵的执着的天性，实验对象和预测者心灵上的一点儿小小的不确定性会呈指数形式增长，最终导致完全的不确定性。预测一个由预测者和被预测对象组成的系统就像预测任意混沌系统一样不可能。于是，90% 的准确率与 100% 的准确率并无根本差别。这就好比在洗牌以前以 90% 的准确率预测洗牌结果。除非预测者彻底掌握了房间的状态（这是不可能的），否则，以任何准确率进行预测都是不可能的。[①]

如果说本书搜集的悖论有什么共同之处的话，那就是它们都可笑地拒绝承认自己的无知。单凭某事就认为如此，不足以保证我们可以了解它。我们的无知是必然的，认识到这一点至关重要，它可以帮助我们摆脱简单

① 这个结论过于绝对。作者在此没有严格定义“准确率”。——译者注

的唯我论。

悖论的祖先是这样一个信仰：一切真实的事物都是可知的。这一信仰的最基本形式构成了“布里丹语句”和无穷机器的基础；亨佩尔和古德曼的迷雾在于一个幻象：任何观察信息都是先验地可知的；意外绞刑悖论的牺牲品陷入一个错误：他以为自己可以推出一些他推不出的东西；纽康实验立足于一个不可能的假设：某个预言家了解自己的心灵。

物理学家路德维希·玻耳兹曼（Ludwig Boltzmann）猜想，我们对这个世界的有序性的震惊是没道理的。我们已知的宇宙也许只是无限宇宙的一个微小的随机波动，整个宇宙包含原子的所有可能排列。我们也许有理由怀疑，我们的知识同样淹没于一个更大的整体之中。也许这个世界的真正奥秘在于：任何可以想象的东西都是真实的——以某种方式、在某种场合下；而我们的心灵先入为主地被全部存在的一个无穷小的部分占据，因为我们从探索世界之初就被束缚于一条固定的路径上。

公元3000年的纽康悖论

面对一个要求做出决定的悖论，最令人满意的解决方案就是指出问题中的局面不可能出现。然而，我对纽康实验做了细微调整后便不得不承认，调整之后的局面是可以设想的。为了实现这一点，我求助于两种科幻小说中出现的装置，其中任何一种都可以达到目的。

纽康实验在公元3000年进行，预测者配备了两种器械：时间机器和物质扫描仪。在使用时间机器完成实验时，预测者钻进时间机器，把时间调整到实验对象刚刚做出选择的时刻。他到达“终点”以后，从机器里出来，知道了实验对象的决定。之后，他回到机器里，返回今天实验开始前的时刻。他在关于未来的确切无疑的知识基础上做出预言。

如果某个实验对象原先打算两个箱子都拿，他现在有必要停下来想一想。假定你是实验对象，你注意到房间的角落里有一架摄像机。就在你做决定以前，预测者进来递给你一盘录像带。这盘录像带记录了你做出的决定，这是预测者从未来拿回来的。预测者不仅可以做出正确的预测，而且把过程拍摄下来了。

时间旅行是一个如此可疑的想法，以至于过分关注这种设计也许是不明智的。另外一种未来机器——物质扫描仪——也可以实现预测，也许你对它会更满意。这种机器可以完全精确地复制物质。你设置好机器，扫描一张 1 000 美元的支票，机器就造出一张新支票，与原来的一模一样，它们在量子层次上也完全相同。用物质扫描仪扫描一个人，就可以造出一个一模一样的复制品。在这台机器的帮助下，同样可以精确地预言纽康实验的结果。

然而，我们需要处理一些逻辑上的细节。我们不会这样简单行事：复制出实验对象的一个孪生兄弟，然后先对复制品做一个预备实验。两个实验在细节上会有差异：实验日期会不同；兄弟俩的心态可能不同；实验中的预测者对情况的解释可能有细微差别。这些小事也许不重要，但是你并无把握。两次实验的结果可能相反。实验对象也许会这样做：他知道有人为他制造了一个“影子”，为了证明自己的自由意志，他故意逆着自己的“最初决定”行事。我们希望保证预测是绝对精确的。

为了确保预测的有效性，需要采取两个极端步骤。你必须严格地复制整个场景，包括实验对象、箱子、桌子、房间、警卫，以及实验涉及的全部人和物。复制的区域非常广阔，以至于在实验对象做出决定以前，外部影响不会到达实验对象。你创造了一个严格封闭的房间，用人工光线照明。否则，阳光穿过窗户的角度变化都有可能对实验产生影响，而你无法复制太阳。

另外一个困难是时间。现在你必须在两个房间里、对两个对象做实验。你希望复制品的实验提前完成，这样才能根据其结果预测原来的实验对象如何行动，否则全部工作都是白费，因为你无法做出预言。

可以设想两个解决方案。方案一：把原来的实验对象连同实验环境一起打包送上一个巨大的火箭，让火箭以接近光速的速度从地球发射出去。火箭上的计算机设计出一条几光年长的路线，火箭深入太空，然后转弯，以接近光速的速度返回。火箭的加速度产生了与地球重力加速度相同的效果，封闭在房间里的实验对象对整个旅程一无所知。当实验对象乘火箭返回时，你已经知道他的复制品做出了什么选择；另一方面，由于孪生子悖论效应，原来的实验对象尚未做出他的选择。

方案二更具可行性：把复制品作为实验对象进行实验。扫描和复制工作必须持续一段时间。先对实验对象进行扫描，然后观察他做出了什么选择，在此之后再进行复制。你预测这个复制品将如何选择。

一切就绪。现在是公元3000年，你是纽康实验中的实验对象。在你做决定之前，你被告知：你可能只是"真你"的一个复制品，5分钟以前刚刚被造出来。你没有理由怀疑：公元3000年的物质扫描仪就像今天的微波炉一样普通。你相信，预测者通过观察一个完全相同的房间中的相同的"你"，可以100%精确地预测你的行动。

你也许会问，如何才能知道自己是复制品还是原型？你无法知道。罗素设想过一个思想实验：这个世界是5分钟以前创造出来的。你现在面对的场景与罗素的思想实验一模一样。复制品和原型拥有完全相同的记忆，包括几分钟以前走进这间屋子的记忆，他们扫描并创建了全部回忆。原型和复制品都要选择如何拿箱子。

而且，实验的赞助者不得不告诉现在的你，他本人也可能是一个复制品。这个实验是以你为中心设计的，你是一个复制品，在原型做完选择之后，你做选择。因此，赞助者不得不告诉原型，他也有可能是复制品，这样赞助者才能对你说你可能是复制品。只有在做完选择之后，出了实验室，你才能发现自己究竟是原型还是复制品。

这种设计已经把你的反抗策略消灭在摇篮里。你也许希望用这种方法破坏对你的预测：在第一轮实验中做出一种选择，而在第二轮实验中做出相反选择。然而，你根本不知道这是哪一次实验。即使你已通盘了解这种预测方法，情况依然如此。

另一个技术要点在于，如何决定往箱子里放钱。在原型房间的箱子里的东西必须与复制品房间的箱子里的东西完全相同。当然，在原型房间里的实验结束之前，他们无法决定如何往箱子里放钱。解决的办法是，让两个箱子都空着，或者干脆取消箱子。你不是真的去拿箱子，只是说出自己的选择，在离开房间时，你会拿到钱——如果事实上你是复制品（即第二轮实验中的实验对象）的话。①

物质扫描仪丝毫没有改变这个悖论，它不过提出了一种避免无穷倒退的可能方法。这样，我们就不能根据纽康实验必须立足于无穷、全知的神、超感官知觉或是其他不足信的东西而得出结论：这个悖论是不会实际发生的。我们承认，由于量子的不确定性的存在，物质扫描仪很可能完全是空想，然而，单凭物理方面的反对而摒弃一个逻辑悖论恐怕是不能令人满意的。

如果物质扫描仪是可能的，我们就得到了一个完全严格的悖论。有两个完全相同的人，居于两个完全相同的房间中，这两个人在苦苦思索之后，会将信将疑或满怀信心地做出选择；预测者看见了第一个人的选择，就知道了他的“影子”随后将做出何种选择，他的预测完全精确，就像看一场电视重播的足球比赛一样。如果实验对象两个箱子都拿，总是得到 1 000 美元；如果只拿箱子 B，总是得到 100 万美元。情况就是这样，而且一如既往地令我们困惑。

---

① 以上设计极为精妙，展示了令人钦佩的想象力。然而，这些设计也许是不必要的。实际上，这些设计的全部目的不过在于树立实验对象对预测者的信心，而这一点几乎每一种成功的宗教都已经实现了。例如，一个虔信的基督徒如果接受了奥古斯丁的神学决定论，那么他的实际生活就是一个大型的纽康实验。当然，他实际的人生选择相当于在纽康实验中只拿箱子 B。——译者注

参考文献

本书仅仅是对科学著作和哲学文献中广为讨论、引人注目的悖论和思想实验的一个汇集。有兴趣进一步钻研的读者请参考最近的*Analysis*（《分析》）、*British Journal for the Philosophy of Science*（《英国科学哲学》）、*Mind*（《心灵》）、*Philosophical Studies*（《哲学研究》）、和*Philosophy of Science*（《科学哲学》）等期刊，这是一个很好的入手点。

[1] Bacon, Roger(?). The Voynich"Roger Bacon"Cipher Manuscript.Central Europe, probably sixteenth century.At Yale University's Beinecke Rare Book and Manuscript Library, New Haven

[2]Barber,Theodore Xenophon, and Albert Forgione, John F. Chaves, David S.Calverley,John D.McPeake, and Barbara Bowen."Five Attempts to Replicate the Experimenter Bias Effect," *Journal of Consulting and Clinical Psychology*, 33：1~6(1969)

[3] Bennett, William Ralph, Jr. *Scientific and Engineering Problem-solving with the Computer*. Englewood Cliffs, N.J.：Prentice-Hall, 1976

[4] Borges, Jorge Luis. *Labyrinths*：*Selected Stories and Other Writings*, ed.by Donald A.Yates and James E.Irby.New York：New Directions, 1964

[5] ——.*Other Inquisitions*：1937-1952.Austin：University of Texas Press, 1964

[6] ——.*A Personal Anthology*. New York：Grove Press, 1967

[7] ——.*The Book of Sand*. New York：E.R Dutton, 1977

[8] ——.and Adolfo Bioy Casares, *Extraordinary* Tales.London：Condor Books, 1973

[9] Burge, Tyler.“Buridan and Epistemic Paradox, ” *Philosophical Studies*, 39：21~35(1978)

[10] Carroll, Lewis. *Symbolic Logic*, ed.by William Warren Bartley Ⅲ. New York：Clarkson N.Potter,1977

[11] Coate, Randoll, Adrain Fisher,and Graham Burgess. *A Celebration of Mazes*. St.Albans, Eng.：Minotaur Designs, 1986

[12] Cole, David.“Thought and Thought Experiments, ” *Philosophical Studies*, 45：431~444(1984)

[13] Cook, Stephen.“The Complexity of Theorem Proving Procedures, ”*Proceedings of the 3rd Annual ACM Symposium on the Theory of Computing*.New York：Association of Computing Machinery, 1971

[14] Einstein, Albert, and Leopold Infeld. *The Evolution of Physics*, New York：Simon & Schuster,1938

[15] Gardner, Martin. *The Scientific American Book of Mathematical Puzzles and Diversions*. New York：Simon & Schuster, 1959

[16] ——.*The Unexpected Hanging and Other Mathematical Diversions*.New York：Simon & Schuster,1969

[17] ——.*Knotted Doughnuts and Other Mathematical Entertainments*.New York：W. H.Freeman, 1986

[18] Garey,Michael R., and David S.Johnson.*Computers and Intractability*：A Guide to the Theory of NP-Completeness.New York：W.H.Freeman.1979

[19] Gettier,Edmund.“Is Justified True Belief Knowledge?” *Analysis*, 23：121~123(1963)

[20] Goodman, Nelson. *Fact, Fiction, and Forecast*. Indianapolis：Bobbs-Merrill, 1965

[21] Grünbaum, Adolf.“Are‘Infinity Machines’Paradoxical?” *Science*. 159：396~406(Jan.26, 1968)

[22] Hazelhurst, F. Hamilton. *Gardens of Illusion*：*The Genius of Andre le Nostre*. Nashville：Vanderbilt University Press, 1980

[23] Heller,Joseph. *Catch-22*. New York：Simon & Schuster,1961

[24] Hesse, Mary. “Ramifications of‘Grue’” *British Journal for the Philosophy of Science*, 20：13~25(1969)

［25］Hofstadter, Douglas R. *Gödel, Escher,Bach*：*An Eternal Golden Braid.* New York：Basic Books, 1979

［26］——and Daniel C.Dennett. *The Mind's I.* New York：Basic Books, 1981

［27］Hume, David. *A Treatise of Human Nature*. New York：Penguin, 1986

［28］Jevons, Stanley. *The Theory of Political Economy* .London, 1911

［29］Karp, Richard."Reducibility among Combinatorial Problems, " in R.E.Miller and J.W. Thatcher,eds., *Complexity of Computer Computations*. New York：Plenum Press, 1972

［30］Ladner, R.E."On the Structure of Polynomial Time Reducibility, " *Journal of the Association of Computing Machinery*, 22：155 ~ 171(1975)

［31］Leibniz, Gottffied. *Monadology*, trans, by Paul and Anne Schrecker.Indianapolis：Bobbs-Merrill, 1965

［32］Levitov, Leo. *Solution of the Voynich Manuscript*：*A Liturgical Manual For The Endura Rite Of The Cathari Heresy, The Cult of Isis* Laguna Hills, Calif.：Aegean Park Press, 1987

［33］Olds, James."Pleasure Centers in the Brain, " *Scientific American*, Oct.1956, pp.105 ~ 116

［34］Penfield, Wilder."The Cerebral Cortex in Man, " *Archives of Neurology and Psychiatry*, 40：3(Sept.1938)

［35］Plato.The *Dialogues of Plato*, trans.by B.Jowett.New York：Random House, 1937

［36］Putnam,Hilary.Mind, *Language and Reality*. New York：Cambridge University Press, 1975

［37］——.*Reason, Truth and History* .New York：Cambridge University Press, 1981.

［38］Rado, Tibor."On Non-Computable Functions, " *The Bell System Technical Journal,* May 1962

［39］Rescher,Nicholas, ed. *Essays in Honor of Carl G.Hempel*. Dordrecht, Holland, 1969

［40］Rosenthal, Robert. *Experimenter Effects in Behavioral Research*. New York：Appleton-Century-Crofts, 1966

［41］Rucker,Rudy. *Infinity and the Mind*：*The Science and Philosophy of the Infinite.* Cambridge, Mass.：Birkhauser,1982

［42］Russell, Bertrand. *The Principles of Mathematics*. London：Allen and Unwin, 1937

［43］——.*Human Knowledge*：*Its Scope and Limits*. New York：Simon & Schuster,1948

［44］Salmon, Wesley, ed. *Zeno's Paradoxes*, New York：Irvington, 1970

[45] Searle, John."Minds, Brains, and Programs, " *Behavioral and Brain Sciences* 3：442~444(1980)

[46] Smullyan, Raymond. *What Is the Name of This Book?The Riddle of Dracula and Other Logical Puzzles*. Englewood Cliffs, N.J.：Prentice-Hall, 1978

[47] ——.*This Book Needs No Title*：*A Budget of Living Paradoxes*.Englewood Cliffs, N.J.：Prentice-Hall, 1980

[48] Turing, Alan M."Computing Machinery and Intelligence, " *Mind*, 59, no.236(1950)

[49] Vonnegut, Kurt, Jr. *Cat's Cradle*. New York：Delacorte Press, 1963

[50] Walker,Jearl."Methods for Going Through a Maze Without Becoming Lost or Confused, " *Scientific American*, Dec.1986

[51] Watkins, Ben. *Complete Choctaw Definer*. Van Buren, Ark.：J.W. Baldwin, 1892

[52] Whitrow,G.J."On the Impossibility of an Infinite Past, " *British Journal for the Philosophy of Science*, 29：39~45(1978)